网络
强国 负熵源

网络空间法治

主　编　董国旺

副主编　逯保乐　曾贝

知识产权出版社

全国百佳图书出版单位

图书在版编目（CIP）数据

网络强国负熵源：网络空间法治/董国旺主编. —北京：知识产权出版社，2017.10
（强力推进网络强国战略丛书）
ISBN 978-7-5130-5112-5

Ⅰ.①网… Ⅱ.①董… Ⅲ.①互联网络—管理—研究—中国 Ⅳ.①TP393.4

中国版本图书馆 CIP 数据核字（2017）第 218469 号

责任编辑：段红梅　张雪梅　　　　　　　　责任校对：谷　洋
封面设计：智兴设计室·索晓青　　　　　　责任出版：刘译文

强力推进网络强国战略丛书
网络法治篇

网络强国负熵源——网络空间法治

主　编　董国旺

副主编　遽保乐　曾　贝

出版发行：知识产权出版社 有限责任公司		网　　址：http://www.ipph.cn	
社　　址：北京市海淀区气象路 50 号院		邮　　编：100081	
责编电话：010 - 82000860 转 8119		责编邮箱：duanhongmei@cnipr.com	
发行电话：010 - 82000860 转 8101/8102		发行传真：010 - 82000893/82005070/82000270	
印　　刷：北京嘉恒彩色印刷有限责任公司		经　　销：各大网上书店、新华书店及相关专业书店	
开　　本：720mm×1000mm　1/16		印　　张：16	
版　　次：2017 年 10 月第 1 版		印　　次：2017 年 10 月第 1 次印刷	
字　　数：270 千字		定　　价：68.00 元	

ISBN 978-7-5130-5112-5

总　序

20世纪人类最伟大发明之一的互联网，正在迅速地将人与人、人与机的互联朝着万物互联的方向演进，人类社会也同步经历着有史以来最广泛、最深刻的变革。互联网跨越时空，真正使世界变成了地球村、命运共同体。借助并通过互联网，全球信息化已进入全面渗透、跨界融合、加速创新、引领发展的新阶段。谁能在信息化、网络化的浪潮中抢占先机，谁就能够在日新月异的地球村取得优势，获得发展，掌控命运，赢得安全，拥有未来。

2014年2月27日，在中央网络安全和信息化领导小组第一次会议上，习近平同志指出："没有网络安全就没有国家安全，没有信息化就没有现代化"，"要从国际国内大势出发，总体布局，统筹各方，创新发展，努力把我国建设成为网络强国。"

2016年7月，《国家信息化发展战略纲要》印发，其将建设网络强国战略目标分三步走。第一步，到2020年，核心关键技术部分领域达到国际先进水平，信息产业国际竞争力大幅提升，信息化成为驱动现代化建设的先导力量；第二步，到2025年，建成国际领先的移动通信网络，根本改变核心关键技术受制于人的局面，实现技术先进、产业发达、应用领先、网络安全坚不可摧的战略目标，涌现一批具有强大国际竞争力的大型跨国网信企业；第三步，到21世纪中叶，信息化全面支撑富强民主文明和谐的社会主义现代化国家建设，在引领全球信息化发展方面有更大作为。

所谓网络强国，是指具备强大网络科技、网络经济、网络管理能力、网络影响力和网络安全保障能力的国家，就是在建设网络、开发网络、利用网络、保护网络和治理网络方面拥有强大综合实力的国家。一般认为，网络强国至少要具备五个基本条件：一是网络信息化基础设施处于世界领先水平；二是有明确的网络空间战略，并在国际社会中拥有网络话语权；三是关键技术和装备要技术先进、自主可控；四是网络主权和信息资源要有足够的保障手段和能力；五是在网络空间战略对抗中有制衡能力和震慑实力。

所谓网络强国战略，是指为了实现由网络大国向网络强国跨越而制定的国家发展战略。通过科技创新和互联网支撑与引领作用，着力增强国家信息化可持续发展能力，完善与优化产业生态环境，促进经济结构转型升级，推进国家治理体系和治理能力现代化，从而为实现"两个一百年"目标奠定坚实的基础。

实施网络强国战略意义重大。第一，信息化、网络化引领时代潮流，这是当今世界最显著的变革特征之一，既是必然选择，也是当务之急。第二，网络强国是国家强盛和民族振兴的重要内涵，体现了党中央全面深化改革、加强顶层设计的坚强意志和创新睿智，显示出坚决保障网络主权、维护国家利益、推动信息化发展的坚定决心。第三，网络空间蕴藏着巨大的经济、科技潜力和宝贵的数据资源，是我国社会经济发展的新引擎、新动力。它与农业、工业、商业、教育等各行业各领域深度融合，催生出许多新技术、新业态、新模式，提升着实体经济的创新力、生产力、流通力，为传统经济的转型升级带来了新机遇、新空间、新活力。第四，互联网作为文化碰撞的通道、思想交锋的平台、意识形态斗争的高地，始终是没有硝烟的战场，是继领土、领海、领空之后的"第四领域"，构成大国博弈的战略制高点。只有掌握自主可控的互联网核心技术，维护好国家网络主权，民族复兴的梦想之船才能安全远航。第五，国家治理体系与治理能力现代化，需要有效化解社会管理的层级化与信息传播的扁平化矛盾，推动治理的科学化与精细化。尤其是物联网、大数据、云计算等先进技术的涌现为之提供了更加坚实的物质基础和高效的运作手段。

经过20多年的发展，我国互联网建设成果卓著，网络走入千家万户，网民数量世界第一，固定宽带接入端口超过4亿个，手机网络用户达10.04亿人，我国已经是名副其实的网络大国。但是我国还不是网络强国，与世界先进国家相比，还有很大的差距，其间要走的路还很长，前进中的挑战还很多。如何实践网络强国战略，建设网络强国，是摆在中华民族面前的历史性任务。

本丛书由战略支援部队信息工程大学相关专家教授合作完成，丛书的策划、构思和编写围绕以下问题和认识展开：第一，网络强国战略既已提出，那么，如何实施，从哪些方面实施，实施的路径、办法是什么，存在的问题、困难有哪些等。作者始终围绕网络强国建设中的技术支撑、人才保证、文化引领、安全保障、设施服务、法律规范、产业新态和国际合作等重大问题进行理论阐述，进而提出实施网络强国战略的措施和办法。第二，网络强国战略既是一项长期复杂的系统工程，又是一个内涵丰富的科学命题。正确认识和深刻把握网络强国战略的内涵、意义、使命和要求，无疑是全面贯彻落实网络强国战略的前提条件。丛书的编写既是作者深入理解网络强国战略的认知过程，也是帮助公众深入理解网络强国战略的一种努力。第三，作为身处高校教学一线的理论工作者，积极投身、驻足网络强国理论战线、思想战线和战略前沿，这既是分内之事，也是践行国家战略的具体表现。第四，全面贯彻落实网络强国战略，既有共同面对的复杂现实问题，又有全民参与的长期发展问题。因此，理论研究和探讨不可能一蹴而就，需要作持久和深入的努力，本丛书必然会随着实践的推进而不断得到丰富和升华。

为了完成好本丛书的目标定位，战略支援部队信息工程大学校党委成立了"强力推进网络强国战略丛书"编委会，实行丛书主编和分册主编负责制，对我国互联网发展的历史和现状特别是实现网络强国战略的理论和实践问题进行系统分析和全面考量。

本丛书共分为八个分册，分别从技术创新支撑、先进文化引领、基础设施铺路、网络产业创生、网络人才先行、网络安全保障、网络法治增序、国际合作助推八个方面，对网络强国建设中的重大理论和实践问题进行了梳理，对我国建设网络强国的基础、挑战、问题、原则、目标、重点、任务、路径、对策和方法等进行了深入探讨。在撰写过程中，始终坚持突出政治性，立足学术性，注重可读性。本丛书具有系统性、知识性、前沿性、针对性、实践性、操作性等特点，值得广大人文社科工作者、机关干部、管理者、网民和群众阅读，也可供大专院校、科研院所的专家学者参考。

在丛书编写过程中，得到了中央网信办负责同志的高度关注和热情鼓励，借鉴并引用了有关网络强国方面的大量文献和资料，与多期"网信培训班"的学员进行了研讨，在此一并表示衷心的谢忱。

邬江兴

目　录

第一章　揭开网络空间法治面纱

目前我国网民总数达 7.1 亿人，手机超越电脑成为第一大上网终端；世界互联网企业前 10 强，中国企业占 4 席；互联网新形势瞬息万变，新业态方兴未艾，新现象纷繁复杂……

1994 年 4 月 20 日，中国正式接入国际互联网。短短 20 多年，网络和信息化事业发生了翻天覆地的变化。在这样的历史时刻和关键节点，2016 年 4 月 19 日，习近平总书记亲自主持召开网络安全和信息化工作座谈会并发表重要讲话。"这是我们国家第一次召开这么高规格的互联网领域座谈会，不仅反映我国对互联网的重视程度，更显示出我国互联网发展理念日臻成熟、发展方向日益明确、发展蓝图日益清晰。"阿里巴巴集团董事局主席马云如是说。[①]

座谈会上，习近平总书记指出："网络空间是亿万民众共同的精神家园。网络空间天朗气清、生态良好，符合人民利益。网络空间乌烟瘴气、生态恶化，不符合人民利益。谁都不愿生活在一个充斥着虚假、诈骗、攻击、谩骂、恐怖、色情、暴力的空间。互联网不是法外之地。利用网络鼓吹推翻国家政权，煽动宗教极端主义，宣扬民族分裂思想，教唆暴力恐怖活动，等等，这样的行为要坚决制止和打击，决不能任其大行其道。利用网络进行欺诈活动，散布色情材料，进行人身攻击，兜售非法物品，等等，这样的言行也要坚决管控，决不能任其大行其

---

① 罗宇凡，朱基钗，白国龙．擘画建设网络强国的宏伟蓝图——业内人士解读习近平总书记在网络安全和信息化工作座谈会上的重要讲话［EB/OL］．（2016－04－26）［2016－06－16］．http://news. xin-huanet. com/politics/2016－04/26/c_128930265. htm.

道。没有哪个国家会允许这样的行为泛滥开来。我们要本着对社会负责、对人民负责的态度，依法加强网络空间治理，加强网络内容建设，做强网上正面宣传，培育积极健康、向上向善的网络文化，用社会主义核心价值观和人类优秀文明成果滋养人心、滋养社会，做到正能量充沛、主旋律高昂，为广大网民特别是青少年营造一个风清气正的网络空间。"①

言辞切切，信心昭昭。习近平总书记讲话深情擘画了网络空间法治的绿色愿景，激昂吹响了网络空间法治的进军号角，深刻指明了网络空间法治的前进方向。

一、法网相生：网络空间法治的科学内涵

回望历史长河，我们可以发现，人类从远古走来，在历经了茹毛饮血的原始社会、刀耕火种的农业社会和机器轰鸣的工业社会之后，如今已经走入了以"数字""虚拟""信息""网络"为特质的网络社会。信息网络技术已经实实在在地成为一种全方位改变人类存在和生活空间的技术架构，形成了一种全新的社会环境和生存方式：除了真实的社会之外，人类生存已经形成了第二空间——网络空间。

（一）网络空间，从"交感幻象"到"虚拟现实"

"网络空间"自诞生以来，人们对其本质的追问与探寻就没有停止过。网络空间具有什么样的特质，它带给人类欣喜的同时又带来了怎样的"惶惑"，它又如何与法治"兼容"，这些是首先必须要回答的问题。

1. 网络空间的内涵

研究表明，"网络空间"最初并非来自科学的真实，而是来自一个科学的幻想。② "网络空间"（cyberspace）一词是由加拿大小说家 William Gibson 创造的，最早出现在威廉·吉布森 1984 年撰写的科幻小说《神经浪游者》（*Neuromancer*）中。

---

① 习近平. 在网络安全和信息化工作座谈会上的讲话（2016 年 4 月 19 日）[M]. 北京：人民出版社，2016：8-9.
② 张果. 网络空间论 [D]. 武汉：华中科技大学，2013.

威廉写道:"网络空间是成千上万合法接入网络的人每天所体验到的交感幻象(consensual hallucination)……它是人类社会系统中每台电脑数据库中的数据绘图似的再现。不可思议的复杂。"① 之后,威廉描述的"交感幻象"渐次地、不可遏制地走入了人们的生活,长驱四散而融入人类社会空间。

尽管"网络空间"一词如今已为人们广为传用,但对其内涵和外延的界定并未形成统一的认识。通行的看法是,"网络空间"一词最早出现在文学作品中,之后被美国军方和政府首先使用,而后才逐渐在各国普遍使用开来。②

美国麻省理工学院教授兼媒体实验室主任尼古拉斯·尼葛洛庞帝(Nicholas Negroponte)将"网络空间"提升到了人的本质生存高度。1996年,他在《数字化生存》(Being Digital)中指出,比特(以1和0二进位处理信息的数字)已经成为个体、群体和社会存在、生活和生产的基本动力和组成元素,而物理空间和离线社会中的原子(物质)则退居其次。数字化(digitization)从本质上改变了信息和媒体的形塑与结构。该院建筑与设计学院院长、建筑与媒体艺术教授威廉·J.米切尔2005年在《伊托邦:数字时代的城市生活》一书中详细描绘了一个由"网络空间"取代传统城市模式,而成为人类生存生活主要方式的未来:"这一切都是由于比特(bits),它们已经将(传统)城市摧垮。传统城市模式无法与'网络空间'(cyberspace)共存……新型的文明城市较少依赖物资的积累,而更多地依赖信息的流动;较少依赖地理上的集中,而更多地依赖于电子互联;较少依赖扩大稀缺资源的消费,而更多地依赖智能管理"。③ 在米切尔看来,以网络为媒介、属于数字时代的新型大都市将会历久不衰。

2003年2月,美国联邦政府发布《保护网络空间的国家安全战略》,提出"网络空间"是国家的中枢神经系统,它由无数相互关联的计算机、服务器、路由器、交换机和光缆组成,它们支持着关键基础设施的运转,网络空间的良性运转是国家安全和经济安全的基础。

2010年,联合国国际电信联盟(ITU)认为,"网络空间"是由计算机、计算机系统、网络及其软件、计算机数据、内容数据、流量数据以及用户等要素创

---

① Gibson W. Neuromancer [M]. New York:Basic Books,1984:67.
② 崔保国.世界网络空间的格局与变局 [J].新闻与写作,2015(9):21-23.
③ 威廉·J.米切尔.伊托邦:数字时代的城市生活 [M].吴启迪,等,译.上海:上海科技教育出版社,2005:162.

建组成的物理或非物理的交互领域。

上海社会科学院信息研究所所长王世伟、信息安全研究中心主任惠志斌等在《中国网络空间安全发展报告 2015》中对"网络空间"作出了这样的描述："网络空间是现代信息革命的产物，是一个由用户、信息、计算机（包括大型计算机、个人台式机、笔记本电脑、平板电脑、智能手机以及其他智能物体）、通信线路和设备、软件等基本要素交互所形成的人造空间，该空间使生物、物体和自然空间（陆地、海洋、天空、太空）建立起智能联系，是人类社会活动和财富创造的全新领域。"①

综合上述观点，网络空间是伴随着信息科学发展而出现的，覆盖计算机、手机、通信设施、媒体等信息终端，由信息传输系统和数字信息内容之间连接交互而成的智能虚拟空间。从国家主权的角度来看，网络空间是继领土、领海、领空、太空之后的第五空间，是各个国家之间存在资源利益竞争的全新空间。

在结构上，网络空间是一个巨大的全球性的信息系统，可分为信息传输设施系统、信息软件运行系统、数字内容服务系统等若干子系统；在这些子系统之下还有无数的子系统运行与交互作用，形成信息网络空间系统。信息传输设施系统是网络空间的硬件设施，包括计算机硬件，提供关键服务的海底电缆、服务器、路由器、交换机、终端接入设备以及将这些设备连接起来的线缆；信息软件运行系统是运行于信息硬件设施系统之上的软件系统和终端设备系统，这些软件构成并限定了终端用户使用网络的方式和限度，终端用户只能在限定的范围或者说给定的权限内接入网络并使用相关信息资源；数字内容服务系统由无数的信息制造机构和信息传播机构以及无数的互联网用户创造生成的内容平台等构成。②

事实上，网络空间已成为包括计算机科学、哲学、社会学、法学、政治学、经济学、教育学、心理学、语言学、传播学等跨学科、跨领域、全球性的研究热点，国内众多的专家学者从不同视角、不同维度作出了各种各样的解读。

从哲学角度，张果认为，网络空间具有时代性、复杂性、功能性、挑战性、秩序性和未来性特征，与信息时代中的个体、社群和作为整体的社会文明息息相关，尤其是与人的开放性、社会性、丰富性、有限性息息相关。网络空间使人向

---

① 王世伟，惠志斌．挑战与变革：中国网络空间安全发展研究［M］//惠志斌，唐涛．中国网络空间安全发展报告（2015）．北京：社会科学文献出版社，2015：4.

② 崔保国．世界网络空间的格局与变局［J］．新闻与写作，2015（9）：25-31.

无限世界扩展，使人的交往与社会实践变得更加丰富，帮助人们超越时空有限性，已经成为不断提高人类社会生活质量、激发人类社会活力终极目标的关键。①

从政治学角度，周蜀秦、宋道雷认为，互联网技术的发明和应用使人类社会进入了现实空间与网络空间平行与交叉的双重时空之中；网络空间赋予信息权力的属性，并对国家权力和国家治理产生重要影响；现实空间和网络空间与支撑人类社会的信仰、制度、技术三重维度的交叉组合形成了独具特色的网络时空下的国家治理。网络空间的分散与集聚功能使现实空间中的制度与组织很难应对在网络时空中动议并形成的集体行动。现实空间与网络空间的平行运行与交互作用使国家治理不得不关注网络空间的运行逻辑。国家治理的关键在于培育两种时空平行运行与交互影响的社会道义与道德力量。②

从法学角度，邓剑认为，网络空间作为独立于真实社会存在的"虚拟空间"，具有独特的性质，使得各国立法进程充满艰难。目前网络空间的基本法律属性主要有"基础设施说"和"领域说"。"基础设施说"认为网络空间作为国家信息基础设施应以国家财产的方式进行保护，我国目前采用此种方式；"领域说"为美国所提出，认为网络空间应该作为国家主权的新领域。邓剑认为，目前关于对网络空间进行法律规制的各种理论都有其自身的局限性，都无法解决网络空间中国家主权范围的划定。技术革新、国内相关法律法规的完善、国际司法合作的拓展应是规制网络空间实现信息安全的长期努力方向。③

还有学者从地理学角度对网络空间结构进行了解构。孙中伟、贺军亮、田建文认为，以互联网技术为代表的信息与通信技术已经重构了时空关系，其中网络空间对传统时空观的颠覆最为典型。基于地理学角度，网络空间包括外部、内部与相互作用三个结构层面。针对网络空间的空间归属问题，三位学者提出了网络空间物质性结构体系框架，认为网络空间的本质是由信息组成的虚拟空间，其既属于社会空间，也属于地理空间研究范畴；信息基础设施、网民、建设与管理实体是构建网络空间的三大物质性结构组成，也是进行网络空间外部层面地理学研究的主要对象；网络空间结构，如地点与地理位置、距离与尺度、障碍与边界、

---

① 张果. 网络空间论 [D]. 武汉：华中科技大学，2013.
② 周蜀秦，宋道雷. 现实空间与网络空间的政治生活与国家治理 [J]. 南京师范大学学报（社会科学版），2015（6）：50-57.
③ 邓剑. 论网络空间的基本法律问题 [J]. 湖南社会科学，2013（2）：101-104.

区域与区域划分等传统地理领域仍具有重要意义；网络空间制图是帮助人们理解和认知网络空间地理含义的关键环节。[①]

2. 网络空间的特征

网络空间无疑是虚拟空间，表现为"虚拟现实"社会。既然是"虚拟现实"，它与真实现实相比较便表现出不同的特征，这些特征可以概括为虚拟性、一体性、多变性、非对称性、超能性和高速性等。

（1）虚拟性

虚拟性是网络空间的本质特征。在一般意义上，物质是以实体形态存在的，即便如空气等看不见摸不着的物质也以其独有的方式证明其客观存在。但是网络作为社会信息化和信息技术发展到一定程度的产物，是一个有形与无形、物质与虚拟兼具的存在。其以数据的建立、存储、修改、传输等控制和使用为途径，囊括了声音、视频、数据等各个方面，在数据采集与信息通信等领域中被广泛运用，超越了物质层面的感知和地理空间的束缚。唯一能证明其存在的，除了我们在使用过程中的主观感知，便是其赖以存在的物理设备。对于这个由数码组成的世界，人们可以拥有无穷无尽的想象空间。网络空间的虚拟性在给人们带来惊奇神秘感的同时，也给网络交流和网络治理等带来了不确定性。

（2）一体性

从宏观层面来说，网络广泛的延展性将人类认知的四维空间扩展到了第五空间，与海、陆、空、天联结在一起，未来甚至可能与人类未知的维度建立联结；从微观层面来说，网络超强的传输能力每时每刻将无数个体联结在一起，将人类生活的方方面面联结在一起，将每一个国家、每一个地区联结在一起，表现为网络空间的一体性特征。网络的一体性在国家的对内管理与对外交往各个层面上正在发挥着越来越突出的作用。比如在军事上，美国 C⁴ISR[②] 军事系统的建立实现了跨越时空的数据收集与传输，为美国军事作战提供了兼具实时性、统一性、共

---

① 孙中伟，贺军亮，田建文. 网络空间的空间归属及其物质性构建的地理认知 ［J］. 世界地理研究，2016（2）：23 - 26.

② C⁴代表四个英文开头字母均为 C 的词，即 Command（指挥）、Control（控制）、Communication（通信）、Computer（计算机），故称 C⁴；I 代表 Intelligence（情报）；S 代表 Surveillance（监视）；R 代表 Reconnaissance（侦察）。C⁴ISR 作为军事术语，意为包括指挥、控制、通信、计算机、情报、监视、侦察等在内的军事自动化指挥系统。

享性的态势感知和信息控制。

（3）多变性

网络空间的多变性源于两个方面：一是物质层面，即人类社会科学技术的不断进步；二是非物质层面，即人类主观能动性对网络的操控。

纵观人类文明史，科技文明的发展进步日新月异，网络科技作为人类文明进程的产物，必然会与整个人类文明的进步联系在一起，虽然并不排除在未来文明发展到一定阶段之后，也可能将舍弃"网络"这一概念存在，但至少在现代人类可以预知的未来相当长一段时期内，"网络"将紧紧跟随人类科技进步的步伐，不断发展变化。同时，网络作为非生命体，其存在除了依赖物理元件外，最主要的影响因素就是人类的主观能动性，或者说，其存在与变化的形式都是由人类主动控制的，而人类的主观能动性虽然有一定的规律可以遵循，但就其现实而言又是难以完全预知的，因此网络空间也在很大程度上存在变数。

（4）非对称性

网络的非对称性既体现在全球网络空间的国家网络基础设施建设、网络运营、网络监管等方面实力的不对称性，也体现在网络行为者之间实力的不对称性。例如，在网络背景下，一个网络行为者利用一定的网络设备和技术操作就可以对国家或者其他政治集团的行为进行挑战甚至攻击，而这种低门槛、低成本、高隐蔽性的个体网络行为却往往让国家或者其他政治集团付出巨大的代价。而存在实力差距的国家之间利用网络的非对称性展开的国家行为所造成的影响更加难以估计。网络空间非对称性的典型事件就是"棱镜门"事件：2013年，斯诺登通过网络披露了美国国家安全局代号为"棱镜"的秘密项目，在这个项目中，美国不仅通过电话、邮件、网络操作记录等监控本国国民，而且监控其他国家政府和公民，甚至包括其盟国。这一事件一经披露便引发了世界范围内的讨伐。

（5）超能性

在信息网络时代，传统安全和非传统安全都面临着前所未有的挑战。传统安全如军事安全以其对国家政治、经济、社会安全强有力的保障作用，在国家安全体系中处于不可撼动的地位，尤其在当今霸权主义和强权政治依然存在的世界格局下。信息网络技术与远程监测、远程控制、实地跟踪、无人打击等手段结合，将全球信息系统连为一体，极大地削弱了地理空间对军事行为的限制，使军事行为的作用距离更为长远。美国在反恐战争中利用网络信息技术对敌对势力展开全面的、快速的远程打击就是例证。在围捕本·拉登的行动中，美军依靠其强大的网络操控实力发现了本·拉登的藏身之地，进而对其实施"斩首行动"。在网络空间，非传统安全也越来越引起人们的广泛关注。网络空间的超能性远远超乎人们的想象。

（6）高速性

网络空间的高速性难以言喻。信息在网络空间内的传播速度近乎光速，一次击键0.3秒时间内即可让信息环绕地球两周。在互联网时代，这种超高速传播不仅使信息的交换变得更为快捷，也在很大程度上提高了相应的决策制定和执行效率，促进了经济效益和人类生活质量的提高。从个体生存和国家发展的视角来看，网络空间高速的传播效率意义重大。

3. 网络空间的格局

网络空间的格局主要表现在网络空间结构和网络空间制衡两个方面，"极不平衡"是其恰如其分的表征。数据显示：

2015年11月30日，国际电信联盟发布《衡量信息社会报告（2015）》（*Measuring the Information Society 2015*）。报告显示，截至2015年年底，全球上网人数已达32亿人，占全球人口的43.4%，而全球蜂窝移动用户接近71亿人，蜂窝移动信号现已覆盖95%以上的世界人口。报告还显示，信息通信技术发展水平的综合评价指标发展指数（IDI）排名前10位的国家和地区是韩国、丹麦、冰岛、英国、瑞典、卢森堡、瑞士、荷兰、中国香港、挪威。在全球167个国家和地区中，中国IDI排名第82位，相比2014年排名上升4个位次。

2016年8月3日，中国互联网络信息中心（CNNIC）发布第38次《中国互联网络发展状况统计报告》。报告显示，截至2016年6月，中国网民规模达7.1亿人，互联网普及率达到51.7%，超过全球平均水平3.1个百分点。同时，移动互联网塑造的社会生活形态进一步加强，"互联网＋"行动计划推动政企服务多元化、移动化发展。[①] 而早在2008年，中国网络用户数量就已经超过美国，成为全球网络用户第一大国；2013年，中国网络零售规模达2950亿美元，首度超过

---

① 中国互联网络信息中心. CNNIC发布第38次《中国互联网络发展状况统计报告》［EB/OL］.（2016-08-03）［2016-08-25］. http://www.cnnic.cn/gywm/xwzx/rdxw/2016/201608/t20160803_54389.htm.

美国的 2700 亿美元，位居世界第一；① 2014 年 9 月，阿里巴巴在美国成功上市，一举成为全球市值第二大互联网公司，以 BAT（百度、阿里巴巴、腾讯）为代表的多家中国互联网企业市值跻身世界前列，标志着我国已经成为名副其实的网络大国。

与此同时，也必须看到，由于历史的渊源和信息技术创新的领先，美国迄今为止始终处于全球网络空间核心地位和主导地位：美国拥有全球网络空间最关键性的资源，全球互联网的主根服务器在美国，12 台辅助根服务器中的 9 台在美国，2 台在欧洲（位于英国和瑞典），1 台在亚洲（位于日本）。按照互联网国际协约，所有根服务器均由美国政府授权的互联网域名与号码分配机构（Internet Corporation for Assigned Names and Numbers，ICANN）统一管理，ICANN 负责全球互联网域名根服务器、域名体系和 IP 地址等的管理，现有的根服务器系统设计仅允许美国政府可授权改变根服务器文件。

毫无疑问，美国政府对网络空间高度重视，一直以来也不惜重金扶持。奥巴马政府数次发布国情咨文《美国网络空间国际战略》，公开阐述美国在网络空间不可动摇的霸主地位。美国政府也十分重视与民间智库之间的良性互动，如美国战略型智库兰德公司在网络空间方面对美国网络空间战略的全方位支撑。如今，美国在网络空间竞争方面采取了多种博弈方式，如情报活动、攻防对抗、舆情控制、价值观博弈、产业竞争、技术标准、技术创新竞争等，已经形成了"国家主导、企业和军队为主体、各方参与"的系统模式。

因此，当今世界的网络空间格局是：美国仍然占有绝对优势，但这种优势随着互联网的全球普及和一些发展中国家的崛起正在逐渐减弱。美国的优势集中体现在：全球网络根服务器的管控权，全球网络资源的主导权，以及网络技术和网络产业的领先性。此外，全球互联网龙头企业总部和研发基地大部分在美国。

（二）法治：自由、公平、正义、秩序之道

相比于人治，法治是迄今人类社会选择的、公认的社会治理最优之道。关于法治要义的一个著名表达，诚如亚里士多德所言："法治应包括两重含义：已经

---

① 麦肯锡：中国互联网经济占 GDP 比重已超美国 [EB/OL]. （2014－07－25）[2016－06－25]. http://www.cnii.com.cn/internetnews/2014－07/25/content_1410523.htm.

成立的法律获得普遍的服从，而大家所服从的法律又应该是制定得良好的法律。"① 因此，法治是社会进步的重要标志，是现代政治文明的核心，是治国理政的基本方式。

1. 法治是治国之道

古往今来，治国理政的方式不可谓不多矣，概括起来大致有以下几种。一是"礼治"。"礼"作为一种行为规范属于道德范畴，所谓"刑不上大夫，礼不下庶人"，礼治是对贵族、士大夫的约束机制。二是"德治"，即强调圣君贤人，道德教化，意在用道德感化人。这种思想只强调个人品德，突出个人教化作用，而忽视制度改革。三是"无为而治"，强调国家不要过分干预个人生产生活，以利于人民休养生息。四是法家的"以法治国"，强调治国要以"法"为本，"法""术""势"相结合。法家强调用重刑来治理国家，"以刑去刑"。② 简言之，治国的方式虽然很多，但归纳起来不外乎两种，即法治与人治。

中国社会漫长的发展历程主要与"人治"相伴。如今，法治取代人治成为当今治国之道，源于社会文明发展，源于改革开放，源于法治追求众人之治、规则之治、良法之治。毫无疑问，作为众人之治的法治，显然优于作为一人之治的人治。法治是规则之治，对事不对人，讲究的是公平正义；而人治则是"一言堂""家长之治"，区别对待，显失公允。法治是良法之治，良法就是人民之法、正义之法、公平之法。2012 年 11 月 15 日，习近平总书记在新任十八届中央政治局常委同中外记者见面时，特别以"人民对美好生活的向往，就是我们的奋斗目标"为题发表了感情真挚的讲话，可以这样诠释：所谓中国共产党领导下的中国社会之"良法"，就是能够确保人民利益最大化之法，它包括法治理念、法治制度和法治运行。正如我国宪法所规定的，中华人民共和国的一切权力属于人民，人民当家做主是国家制度的根本准则。

法是"理"与"力"的结合。马克思主义认为，人既不性善，也不性恶，人之本性是由其物质生活条件所决定的。因此，法治的实施既靠人民对法治的信仰，也靠国家的强制力，靠制裁各种违法犯罪行为。"法惩奸究，以保人民之权

---

① ［古希腊］亚里士多德. 政治学［M］. 吴寿鹏，译. 北京：商务印书馆，1981：202.
② 李龙. 论法治是治国理政的基本方式［J］. 江汉论坛，2014（1）：61-64.

利。"① 诚然，法治实施主要依靠教育、依靠人民自觉遵守法律。法治既讲
"理"，在必要时也用"力"，法是"理"与"力"的结合。这种"力"必须在严
格的监督之下，以防止权力滥用。

2. 法治是自由之途

马克思主义认为，追求自由是人类的本性，人是自由的存在物。然而，人类
对自由的追求不是盲目的，总是在不同的历史时期、不同的历史阶段赋予自由以
某种形式，从而使其由抽象变得具体，变得具有可操作性。现代社会人们将"法
治"作为一种生存方式，就是人类自由理想的一种外化形式。

自由不是空想，它需要通过具体的人类社会实践来展开，而人的自由也只有
在一定的社会秩序中才能得以实现。在法学意义上，社会秩序的形成需要社会规
则的支撑，法律即社会规则的系统展现。因此可以说，自由是法律产生的前提和
基础，法律是自由的外化和形式。在法治社会中，自由不再抽象，不再遥不可
及，而是通过生动具体的法律权利表现出来。自由虽是人的本性，但两个或两个
以上的人相遇便可能发生源于各自需求与利益的冲突。从经验直观的层面，是自
由的无节制和"任性"造成了另一些人的不自由：一些人的自由造成另一些人的
不自由以及相互间的不平等；一些阶级、阶层、集团的自由造成另一些阶级、阶
层、集团的不自由以及彼此间的不平等。当一些人、一些阶级或集团垄断权力而
权力又自负自足时，它就会不顾及自由的必然性制约，也就会不顾及他人的自由
和权利。这样看来，自由的冲突实际上源于自由与约束之间的对立。因此，生活
在一定社会关系之中的人，为最大限度地实现个人的自由，总是要寻求可以使自
由最大化的规则与秩序，法治就是人们经过实践选择的，可以使自由权利最大化
的一种生活方式。

法治以制度作为现实载体，但其形式背后的法治精神则更为重要。在实质意
义上，法治以人的自由为精神内核，自由与法治具有内在的同一性。人们为了自
由才选择法治，法治每前进一步，都是人类向自由的趋近。

3. 法治是公平正义之保障

"公平正义"寓意惩恶扬善、是非分明、处事公道、利益平衡。公平正义是

① 《毛泽东早期文稿》编辑组．毛泽东早期文稿［M］．长沙：湖南人民出版社，1990：12.

中国特色社会主义法治的价值追求，是社会和谐的重要标志。合理合法、程序公正、法律面前人人平等是其基本要求。

公平正义的首要要求是合理合法。任何法律从制定到实施都必须合理合法。立法者在制定法律时需要规定权力（权利）的上限和下限，执法者在执行法律时必须在法定的范围内行使自由裁量权，司法的"主观能动性"必须受到限制。公平正义要求程序公正。司法权的行使必须遵循程序公正原则，离开了程序公正，法治必然走向邪路。事实证明，大量的冤假错案都与程序不公正有关。"健全错案防止、纠正、责任追究机制，严禁刑讯逼供、体罚虐待，严格实行非法证据排除规则"[1] 就是基于程序正义来实现实体正义。公平正义要求法律面前人人平等，任何人没有凌驾于法律之上的特权。这里的"平等"包括法律地位的平等，适用法律的平等，以及任何人违法都要平等地受到法律追究。

实现公平正义是当前我国摆脱"中等收入陷阱"的重要途径。2015 年 12 月 24 日，中国社会科学院发布 2016 年《社会蓝皮书》。蓝皮书显示：当前我国社会矛盾仍然处于多发、频发阶段，国家和社会治理仍待进一步加强。从民众的感受来看，潜在的社会矛盾和社会冲突集中在贫富差距以及干群关系方面，劳动关系矛盾也有所加剧；在经济社会发展过程中，我国存在较为严重的不公平问题。中国社会科学院一项调查表明：在全部被调查者当中，认为财富和收入分配不太公平甚至非常不公平的人占到了 51.2%；认为城乡居民之间的权利和待遇不太公平甚至非常不公平的占到了 50.3%；认为工作和就业机会分配不太公平甚至非常不公平的占到了 40.3%；认为养老等社会保障待遇不太公平甚至非常不公平的占到了 33.9%。[2] 这些深层次矛盾的解决，亟需发挥法治在维护社会公平正义中的特殊作用，必须依靠法治的方式逐步解决。

（三）网络空间法治：推进网络强国的不二选择

2014 年 10 月 23 日，党的十八届四中全会作出《中共中央关于全面推进依法治国若干重大问题的决定》，提出要"加强互联网领域立法，完善网络信息服务、网络安全保护、网络社会管理等方面的法律法规，依法规范网络行为"。"依法规

---

① 中共中央关于全面深化改革若干重大问题的决定 [N]. 人民日报，2013 - 11 - 16 (1).
② 中国社会科学院. 社会蓝皮书：2016 年中国社会形势分析与预测 [R/OL]. (2015 - 12 - 24) (2016 - 06 - 30). http://www.china.com.cn/zhibo/2015-12/24/content_37365329.htm.

范网络行为"就是要实现"网络空间法治"。在当今中国社会治理体系中，网络空间法治不仅是理论问题，更是现实问题，是迫切需要解决的现实问题。

网络空间法治，就是要统筹国际国内两个大局，统筹网上网下两种资源，加强网络立法、网络执法、网络司法、全网守法和网络空间法律监督，借鉴国外网络治理先进经验，全面推进网络空间法治化建设，以实现网络运行有序、网络文化繁荣、网络生态良好、网络空间清朗、网络健康发展的目标。实现网络空间法治，核心是充分发挥法治在引领和规范网络空间行为方面的主导性作用，重点是加强网络空间科学立法，关键是实现网络空间严格执法，基础在网络空间全民守法。

1. 网络空间法治是现实所需

首先，我国信息网络安全水平与信息网络产业发展严重失衡，网络产业发展迫切需要健全法治环境，提升安全水平。信息产业发展是建设网络强国的物质基础，但其必须借以网络安全的有效保障。有数据显示，2014 年，中国境内感染木马的主机达到 1109 万台，感染移动恶意程序的用户数量达 2292 万，被篡改的政府网站多达 1763 个，因此提升技术实力、维护网络安全是参与网络空间全球治理的前提。近年来，随着我国信息产业的快速发展，网络安全问题也随之凸显。一是产业规划布局不平衡。在信息化建设高速发展的同时，对网络安全产业的重视程度不够，整体的产业战略布局和协同推进缺乏法律层面的规范。目前我国网络安全形势仍十分严峻。二是信息市场法治环境不健全。网络安全产业知识产权保护有待加强，企业自主创新动力与活力不足，市场在资源配置方面的决定性作用缺乏明确的法律促进措施。三是政府履行安全管理责任不到位。在基础性产业研发投入、网络安全产业扶植、产业链国产化布局方面，缺乏国有资本的必要支持和国家的引导激励。① 因此，亟需以法治为手段，处理好市场和政府的关系，让"看得见的手"和"看不见的手"共同发挥作用，明确政府的权力、禁区、责任，平衡、协调好宏观调控、政府作用与市场配置、自由竞争之间的关系，采取强有力的措施努力推动网络安全水平的跃升。

国家治理体系和治理能力现代化的要求在信息网络空间形成"短板"，网络

---

① 张佑任. 践行依法治国，深化网络空间法治建设 [J]. 中国信息安全，2014（10）：36 – 39.

空间治理亟需法治规范。2016 年 4 月 19 日，习近平总书记在网络安全和信息化工作座谈会上指出，我们提出推进国家治理体系和治理能力现代化，信息是国家治理的重要依据，要发挥信息在这个进程中的重要作用。国家治理体系和治理能力现代化，客观上要求建立健全网络空间行为准则和科学调节机制，实现网络空间治理法治化。从政府治理的角度来看，网络空间治理还存在诸多问题。一是治理理念不够科学。政府作为治理主体，充当控制网络负面功能的"管理者"角色多，单向采用简单的行政管理手段多，"讲官话"多；体现引导各方主体良性互动的"服务者"身份少，借助网络优势创新治理的手段少，"说行话"少。二是治理规则不完善。网络空间治理整体战略不够明晰，法律体系缺乏规划，专门性法律缺位，内容相对滞后，与国际规则的统筹衔接不够。三是治理体制不明确。没有以法治方式规定具体的体制安排，需要在"纵向"上加强党的领导，打破部门壁垒，在战略制定、督导落实、立法协调、重大决策、应急反应、外交代言等领域形成顶层协调机制；在"横向"上统筹社会力量，建立交流平台，形成政府与产业、学术、教育、社会团体等机构之间信息共享、各司其职的合作关系。①网络空间治理体系和治理能力现代化，必须以法治建设明确制度规范，才能为提升治理能力做好保障。

其次，以美国为首的网络发达国家在信息网络空间已经形成"规则霸权"，网络空间国际秩序重构需要法治助力。虽然信息网络与人类结伴已经走过 40 余年，但是直到现在，网络空间国际秩序尚在磨合制定之中。网络空间是全球治理的新兴领域，国际社会尚未在网络空间建立起相应的法律法规，尚未就这些问题达成共识，因此当前的网络空间真正起作用的还是"丛林法则"——网络能力决定网络权力。2015 年 4 月，世界经济论坛发布的《2015 年全球信息技术报告》显示，全球"数字鸿沟"日趋拉大。该报告对 143 个经济体的信息通信技术（ICT）发展条件和应用成效进行了评估，结果显示，前 10 名中有 6 个为欧洲国家，而多达三分之二的亚洲国家没能进入排行榜的前半部分，表现最佳和最差的经济体之间的差距正在扩大，自 2012 年以来，排行榜上居前 10% 的经济体的进步幅度是后 10% 的两倍。② 2014 年 2 月，习近平总书记在主持召开中央网络安全

---

① 张佑任. 践行依法治国，深化网络空间法治建设 [J]. 中国信息安全，2014（10）：36 - 39.

② 张尼. 中国需提升网络空间全球治理话语权 [EB/OL]. （2015 - 10 - 11）[2016 - 07 - 02]. http://finance. chinanews. com/gn/2015/10－11/7563631. shtml.

和信息化领导小组第一次会议时就指出："网络安全和信息化是事关国家安全和国家发展、事关广大人民群众工作生活的重大战略问题，要从国际国内大势出发，总体布局，统筹各方，创新发展，努力把我国建设成为网络强国。"没有技术实力就不可能有效维护网络安全，更谈不上在全球网络治理中的发言权。习近平总书记用"和平、安全、开放、合作"概括了中国的网络国际秩序观。但要实现这一目标，提升我国网络国际规则制定的话语权，目前还存在差距。一是网络主权理论发展不足。国家主权是近代国际法体系的基础，网络主权是国家主权在网络空间的体现。我国对网络主权相关法律理论和实证研究不够深入，尚未在宪法、法律中得到具体体现。二是针对网络霸权封锁缺少规则反制。美国在网络安全领域针对中国的规则遏制花样迭出，不断渲染中国"网络威胁论"。我国未能综合运用国际、国内法律手段进行系统的规则反制。三是对国际合作机制研究不足。国际合作机制是国际规则制定的重要平台。当前美国主导了"伦敦进程"等多个符合自身利益的合作机制，中国尚处于"传统合作机制利用不足，新的合作机制参与不够"的被动局面，对如何整合资源，把握好主导与参与、破旧与立新研究不够。① 网络国际秩序重构关系到平衡全球网络技术资源分配、网络军事力量博弈、提升网络国际竞争力等重大问题，需要深化法治建设，并行推进国内法律和国际规则的完善，为中国网络国际秩序观的实现提供保障。

最后，侵权行为充斥网络空间，网络犯罪层出不穷，网络空间亟需依法治理。当前，网络空间侵权形式复杂多变，新型网络侵权花样频出。以知识产权保护为例，"云技术"刚刚在互联网平台上得到运用，一批涉及"云视频平台""云音乐平台"的侵犯网络著作权案件就频频再现。国家版权局联合国家互联网信息办公室、工业和信息化部、公安部开展的专门打击网络侵权盗版的专项治理行动"剑网行动"已经延续 10 余年。"剑网 2015"专项行动的重点打击对象就是网络音乐、云存储、App、网络广告联盟等新型媒介传播中发生的盗版侵权行为。互联网技术日新月异发展与知识产权立法以及司法解释的相对滞后形成了鲜明的对比，如何在激励网络技术创新的同时有效遏制新型网络侵权行为，成为知识产权审判中的一大难题。法谚有云："有利益的地方就会有犯罪。"当前，利用互联网和移动互联网传播诈骗信息非法牟利，在境外开办淫秽网站向境内传播淫秽信

---

① 张佑任. 践行依法治国，深化网络空间法治建设［J］. 中国信息安全，2014（10）：36 - 39.

息，以及从事网络盗窃、赌博和非法经营等违法活动有愈演愈烈之势。一方面，网络空间涉及利益巨大，面临着严重的网络犯罪威胁，"网络数据"已经成为网络犯罪的重要目标，催生了许多重大、新型、疑难的刑事法律问题；另一方面，网络数据的信息保护技术滞后，网络数据的刑法保护体系不完善，某些方面的刑事立法甚至处于真空地带，网络空间的刑法理论无法及时有效回应巨大现实的法律需求，以致司法机关在打击涉及网络空间犯罪的司法实践中面临着重重困境。例如，对于为网络犯罪提供帮助的"利益链条"进行惩治的法律依据不足；对于为实施网络犯罪而在互联网上发布信息等预备行为难以独立定罪处罚；对于针对不特定的人实施网络犯罪的行为难以有效规制，等等。更为严重的是，美国"棱镜门"事件表明，美国政府情报机构利用其掌握的互联网核心技术和垄断地位，利用对网络设备预先设置的"后门"，大量窃取我国政治、经济、军事、社会等领域的情报；美国部分互联网企业配合美国政府进行大数据分析，对我国国家安全构成严重危害，对于该类行为，如何取证以及如何定罪处罚，都存在大量的法律难题。

"互联网不是法外之地。"严峻的现实表明：加强网络空间法治建设已经成为刻不容缓的现实需求。

2. 网络空间法治正当其时

国内外互联网治理为期不长的历史经验表明，网络空间法治不仅是必需的，而且是可行的，推进我国网络空间法治化正当其时。

国外依法治理网络空间成效明显。美国奥巴马政府提出"数字立国"战略，甚至将网络资源视为"未来的新石油"，自 2012 年以来陆续发布了《大数据研究和发展计划》等一系列政策规划，把大数据战略上升到了国家战略的高度，将网络法治纳入法律框架的完整布局之中。欧盟大力推进"数据价值链战略计划"，旨在利用网络数据促进经济发展和就业增长。2013 年，日本公布《创建最尖端IT 国家宣言》，以促进网络数据应用为核心，促进经济增长和优化国家治理。网络空间法治化治理使网络数据的商业价值和社会价值逐渐显现，互联网健康发展逐渐成为经济增长、社会治理及民众生活的积极因素。

20 多年来，我国互联网治理变被动为主动，互联网治理方针从过去的"积极发展、加强管理、趋利避害、为我所用"十六字方针发展为今天的"积极利用、科学发展、依法管理、确保安全"十六字方针。尤其是近年来,《全国人民代表大会常务委员会关于加强网络信息保护的决定》《中华人民共和国网络安全法》《中华人民共和国国家安全法》《中华人民共和国反恐怖主义法》《最高人民法院、最高人民检察院关于办理利用信息网络实施诽谤等刑事案件适用法律若干问题的解释》等一系列法律法规和司法解释相继出台,这些规定既是我国治理网络空间的经验总结,也为我国依法治理网络空间提供了基本法律保障。华为公司、中兴公司、奇虎360公司等一批网络民族企业的崛起,为我国依法加强互联网治理奠定了坚实的技术基础。

网络侵权和违法犯罪使网络用户深受其害,广大网民迫切期待网络空间依法治理。2016年1月22日中国互联网络信息中心发布的《中国互联网络发展状况统计报告》显示,2015年,有42.7%的网民遭遇网络安全问题;在网络安全事件中,电脑、手机中病毒或木马危害最为严重,发生率达24.2%,账号或密码被盗发生率达22.9%;随着网络购物群体的不断增大,网络消费安全问题也呈明显上升趋势,2015年网上遭遇消费欺诈的比例为16.4%,较2014年提升了3.8个百分点。报告还显示,网络安全已经成为中国互联网发展的重大课题:一方面,先进技术、创新应用在推动互联网行业快速发展的同时,也被用来危害网络安全,除了传统的病毒木马、钓鱼仿冒网站、系统漏洞等,针对移动互联网、工业互联网以及大型服务器、智能设备等的恶意程序攻击、分布式拒绝服务(Distributed Denial of Service,DDoS)攻击、智能硬件蠕虫等也频繁出现,整体网络安全形势日渐严峻;另一方面,我国网络安全防护能力较弱,网络安全产业产品研发与服务能力亟待提升。

党的十八大以来,以习近平总书记为核心的党中央,以极大的勇气和决心强力推进网络强国战略,为网络空间法治化提供了坚定的政策支持和物质保障。十八大报告提出,要"加强网络社会管理,推进网络依法规范有序运行"。十八届三中全会通过的《中共中央关于全面深化改革若干重大问题的决定》强调,要"坚持积极利用、科学发展、依法管理、确保安全的方针,加大依法管理网络力度,加快完善互联网管理领导体制,确保国家网络和信息安全"。十八届五中全会提出了"实施网络强国战略,实施'互联网+'行动计划,发展分享经济,实施国家大数据战略"。目前,网络资源已经成为国家基础性战略资源,成为推动我国经济转型发展的新动力,成为重塑国家竞争优势的新机遇和提升政府治理能力的新途径。2015 年 8 月 31 日，国务院发布了《促进大数据发展行动纲要》，围绕大数据提升国家治理能力、大数据促进经济发展转型和大数据加强安全保障问题，提出了我国促进大数据发展的指导思想、总体目标、主要任务和政策机制。2015 年 12 月 17 日，在第二届世界互联网大会开幕式上，习近平总书记在主旨演讲中提出了推进全球互联网治理体系变革的"尊重网络主权、维护和平安全、促进开放合作、构建良好秩序"四项原则，提出了共同构建网络空间命运共同体的"加快全球网络基础设施建设，促进互联互通；打造网上文化交流共享平台，促进交流互鉴；推动网络经济创新发展，促进共同繁荣；保障网络安全，促进有序发展；构建互联网治理体系，促进公平正义"五点主张。① "四项原则"和"五点主张"深刻论述了国际互联网发展与安全的关系，体现了我国对互联网发展趋势的深刻把握，体现了全球互联互通、共享共治的互联网发展思维，体现了我国作为互联网大国的责任与担当，是我国为全球互联网治理做出的重要贡献。习近平总书记在世界互联网大会上的重要讲话为全球网络空间依法治理指明了前进方向，提供了行动指南。

3. 推进我国网络空间法治的战略方针

实现网络空间法治化需要推进多层次、多领域的依法治理。结合当前我国网络空间法治建设实际，应以治理规则法治化为着力点，努力建设以党和国家战略为指引、以相关法律法规体系为核心、以政策指导为补充、以国际规则为重点的多层次治理规则体系。②

（1）以党和国家战略为指引

党和国家战略是党和国家治国理政的宏观谋划。党的十八届四中全会提出，全面建成小康社会、实现中华民族伟大复兴的中国梦，全面深化改革、完善和发展中国特色社会主义制度，提高党的执政能力和执政水平，必须全面推进依法治国。依法治国是党在深刻总结新中国成立以来正反两方面经验的基础上作出的正确决策，是经济社会发展的必然要求。全面推进依法治国，是巩固党的执政地位、实现国家长治久安的重要条件，是全面建成小康社会的迫切要求，是深入推

---

① 习近平在第二届世界互联网大会开幕式上的讲话 [EB/OL]. (2015 - 12 - 17) [2016 - 07 - 15]. http://news.sina.com.cn/o/2015 - 12 - 17/doc - ifxmttcn4899996.shtml.
② 张佑任. 践行依法治国，深化网络空间法治建设 [J]. 中国信息安全，2014 (10)：36 - 39.

进各领域改革的重要保障，是党和国家的战略觉悟。实现网络空间法治化，必须以党和国家战略为指引，在中央网络安全和信息化领导小组领导下，加快制定国家网络空间战略，着眼国家安全和长远发展，统筹协调涉及经济、政治、文化、社会及军事等各个领域的网络安全和信息化重大问题，研究制定网络安全和信息化发展战略、宏观规划和重大政策，推动国家网络安全和信息化法治建设，不断增强安全保障能力。同时，要加强党的决策与立法的衔接，将党的重大战略部署及时上升为国家法律法规，完善党领导依法治国的制度建设。

（2）以相关法律法规体系为核心

网络空间治理是关乎国家生存发展的重大战略问题，只有依法治理网络空间，网络社会才能得到良性、持续发展，网民的参与、表达和监督的自由才有法律保障。超过7亿的网民让中国的网络空间充满着风险和不确定性，只有建立健全网络空间法律法规体系才能从根本上规避风险，净化互联网环境。从国家层面看，完善的法律法规体系基础上的有效治理才能保证国家安全，保障国家利益；就网络产业而言，完善的法律法规体系基础上的有效治理才能规范知识产权和商业信息的保护，避免造成企业不必要的损失，推进网络产业良性发展；而对于百姓来说，完善的法律法规体系基础上的有效治理才能确保个人隐私的安全。近年来，随着《全国人民代表大会常务委员会关于维护互联网安全的决定》《中华人民共和国网络安全法》《互联网信息服务管理办法》《互联网新闻信息服务管理规定》等一系列法律法规的出台，我国互联网法律框架已基本形成。但面对云计算、大数据、物联网的发展，尤其是"互联网＋"的迅速发展，网络安全形势变得更为严峻，必须加快制定符合时代现状和基本国情的网络空间法律法规。2016年11月7日，全国人民代表大会常务委员会通过《中华人民共和国网络安全法》。该法对当前要求比较迫切的网络空间治理机制、网络运行安全、网络信息安全、国际网络安全合作、监测预警与应急处置、法律责任等问题作出了法治化安排，进一步强化了国家的责任和公民、组织的义务，加强关键信息基础设施保护，协同推进网络安全与发展，切实维护国家网络主权、安全和发展利益。该法是我国第一部全面规范网络空间安全管理方面问题的基础性法律，是我国网络空间法治建设的重要里程碑。

（3）以政策指导为补充

政策是党和国家以权威形式发布的，在一定的历史时期内应该达到的奋斗目标、遵循的行动原则、完成的明确任务、实行的工作方式、采取的一般步骤和具体措施。相对于法律法规，政策指导的灵活性、针对性强，能快速适应网络空间虚拟社会的需求变化，是法律法规体系的有益补充。政府对网络空间的政策指导应遵循"法治政府"和"简政放权"要求，明确"有所为，有所不为"，增强决策的科学性。网络空间政府管理的核心问题是对信息的治理，是对网络舆论事件的把控，因此必须着眼于提升网络空间的政府信息力。信息力是政府网络治理能力的重要表现，包括信息搜集和获取的能力、信息识别和加工的能力、信息处理和消化的能力、信息转化和释放的能力等。信息运用的最终目的是将信息力转化为"政策能力"和"治理能力"。提升网络空间的政府信息力，关键是提升信息投放的能力，这要求政府加强有益信息的制造能力和传播能力，借此形成网络信息中心场和舆论信息场，重建网络社会的"中心节点"，引导网络信息有序生产和流动。在具体举措上，政府的信息管理手段应当从以"信息封堵"和"信息控制"为主转向以"信息疏导"和"信息服务"为主。政府还应提升信息应急的能力，主要体现为网络突发舆情的反馈、应对能力。信息时代的政府网络管理，必须以信息为纽带，以信息为中心，建立政府与民众的双向互信与认同。面对网络和网络舆论事件，政府的最佳应对策略是及时提供足量的、真实的信息。

（4）以国际规则为重点

习近平总书记在第二届世界互联网大会上提出，要推动互联网全球治理体系变革，共同构建和平、安全、开放、合作的网络空间，建立多边、民主、透明的全球互联网治理体系，这是中国的重大倡议，也是网络大国的应有担当。为此，应当通过多种途径参与国际网络规则制定，提出"中国主张"，发出"中国声音"，不断增强在国际网络空间治理中的话语权，推动制定各方普遍接受的国际网络规则，推动建立公正合理的国际网络新秩序。

要积极提出"中国建议"。虽然在西方国家主导下，目前国际社会已经形成部分网络规则，但这些规则难以反映大多数国家特别是发展中国家的意愿和利益，并没有得到普遍认可。国际网络规则要能够被世界各国认同、遵守和执行，就必须由世界各国共同商议制定。作为网民规模全球第一的网络大国，中国应积极提出制定国际网络规则的合理建议，促使国际社会共同努力，本着相互尊重、相互信任、平等协商、公平公正的原则，按照《联合国宪章》的宗旨和原则，推动制定具有国际法效力的国际网络规则。要积极参与层次不同、形式多样的国际网络合作，通过合作与世界其他国家共同商讨制定国际网络规则。目前，国际社会已经建立的多边国际网络合作机制主要有国际电信联盟、互联网名称与数字地址分配机构、世界互联网大会、全球互联网治理大会、全球互联网治理联盟等。其中，世界互联网大会是由中国倡导创办的世界互联网盛会与多边国际网络合作机制。中国举办世界互联网大会，旨在构建中国与世界互联互通和国际网络共享共治的有效平台，通过这一平台，同参会各方共同商讨包括制定国际网络规则在内的国际网络问题，履行大国责任。

实现网络空间法治是互联网健康发展的必然要求，它与国际社会探求网络空间治理的大趋势遥相呼应，是习近平总书记提出的"没有网络安全就没有国家安全，没有信息化就没有现代化"之安全与发展大局的战略节点，更是建设网络强国的要义所在。

二、虚实相映：网络空间法治的现实困境

网络空间是超越国界、跨越时空的"虚拟现实"空间，传统意义上的法治在时空疆域上则有着明确的界定，这种"虚实相映"的特征使得网络空间法治面临着诸多现实困境："网络主权"群雄争夺，"网络疆域"一超独霸，"网络管辖"各有不同说法。

（一）"网络主权"群雄争夺

信息网络的跨界性和虚拟性使得网络空间很难适用传统法治的领土概念，致使"网络主权"群雄争夺，形成不确定性。国家主权是一国对其管辖区域所拥有的至高无上的、排他性的政治权力。国家领土主权是国家在其领土范围内享有的最高的排他性权力，包括自然资源所有权和属地管辖权。虽然各国对网络空间权益具有不同的主张，网络空间也不能被视为一般意义上的国家领土，但是国家依然可以对其享有网络主权，并且网络空间具有主权性质已经达成广泛的国际共识。

1. 以美国为代表的西方网络大国对网络空间法律属性的界定

以美国为代表的西方网络大国对网络空间法律属性的界定经历了一个实用主义的认识过程。

一方面,在将网络空间发展为超越国界、超越法律的自由疆域思想影响下,美国为在这个自身技术占据绝对优势的空间获得更多的主动权,以其为代表的国家将其定性为"全球公域"(Global Commons)。按照美国《国家安全战略报告》的说法,全球公域是"不为任何一个国家所支配而所有国家的安全与繁荣所依赖的领域或区域",是美国国家安全战略的重要目标。全球公域不涉及陆地,不属于一国主权内事务,但它也面临安全威胁,尽管没有有形的敌人和固定的对手;应对威胁需要运用广泛的军事与非军事工具,包括政治、外交手段,同时要和商业、工业与法律利益攸关方拓展合作①,即全球公域是主权国家管辖之外的人类共有资源、区域与领域。美国认为当前"全球公域安全问题"主要有海上安全、外太空安全、网络安全和航空安全四类。显然,这些领域是美国霸权战略的优先方向,而非完整意义上的全球公域,比如其中并未包含地球生态环境系统。2015年1月8日,美国参谋长联席会议联合参谋部主任、空军中将大卫·高德费恩(David Goldfein)签发了一项备忘录,将"空海一体战"作战概念更名为"全球公域介入与机动联合作战",要求美国陆军、海军、空军和海军陆战队依照参谋长联席会议主席签发的命令,组织和领导进入全球公域,并在其中机动作战。在这个作战概念之下,空海、空地作战等都成为其子项目,根据不同环境要求进行不同组合。这表明,美国要将其有限的力量部署在国际海洋、国际空域、外太空与网络空间等"不为任何主权国家所有而为全人类安全与繁荣所系"之域,以确保其安全利益与战略优势。

另一方面,随着网络空间与现实社会联系越来越紧密,包括对网络黑客等网络犯罪的治理已经无法脱离现实的法律管辖领地,包括美国在内的西方国家已经无法不承认主权在网络空间的存在。世界主要大国纷纷把维护网络主权上升为国家战略,俄、英、日、德、印等国先后制定了网络安全国家战略与发展规划。而反对别国捍卫网络主权的美国,却在维护自身网络主权问题上毫不含糊。美国拥有世界上最为完善的网络安全立法。"9·11"事件后,2002年通过的《美国国土安全法》明确规定对网络通信设施的安全保障;美国的《爱国者法》《保护美国法》则直接规定要严密监控网络空间,以确保美国的国家安全。2010年,时

---

① 百度百科.全球公域 [EB/OL].(2016 - 09 - 16)[2016 - 10 - 05]. http://baike.baidu.com/link? url
=TDzC2RYXy_KzOoYPweOAcu7ow4zAGAJnowtClRyubePrSt - alAswx_M6cFqJI7HEamL - zpfdpOX
- 4igUB_lr6BVTRfb1W0qGWVGhVFfpiBdlOZs_kumQViIaAk02V_Tq.

任美国国务卿的希拉里在一次演讲中宣称"网络自由不受国家主权的约束",然而到了 2012 年,希拉里在抨击"维基解密"泄露美国政府秘密文件时则认为"维基解密"使"美国国家利益面临风险和挑战";2013 年,斯诺登披露美国非法监听全世界,则更被美国政府视为"叛国行为"。在这一大背景下,2013 年 6 月 24 日,第六次联合国大会发布了 A/68/98 文件,通过了联合国"从国际安全的角度来看信息和电信领域发展政府专家组"所形成的决议。该决议第 20 条规定:"国家主权和源自主权的国际规范和原则适用于国家进行的信息通信技术活动,以及国家在其领土内对信息通信技术基础设施的管辖权。"这一条款实质上包含了对国家"网络主权"的承认。2015 年 7 月,中、俄、美、英、法、日、韩等 20 个国家的代表组成的联合国信息安全问题政府专家组(UNGGE)向联合国秘书长提交报告,各国首次同意约束自身在网络空间中的活动。

2009 年,位于爱沙尼亚首都塔林的一个国际性军事团体——"北约卓越合作网络防御中心"邀请了一个独立的"国际专家组",开始了拟定网络战国际法适用手册的工作。2013 年 3 月,《塔林网络战国际法手册》(以下简称"塔林手册")正式公布,立刻引起国际社会的广泛关注。该手册第 1 条就规定:"一国可对其主权领土内的网络基础设施和网络行为实施控制。"并认为一国可以对位于其领土内的任何网络基础设施行使主权上的优先权,对与这些网络基础设施有关的活动也同样适用。塔林手册将网络空间主权限定在网络基础设施和网络行动上,虽然是对网络主权的一种确认,但却忽视了网络空间中最主要的因素——网络数据。2015 年 4 月,在海牙召开的"塔林手册 2.0 国际咨询会"上,西方法律学者对网络空间的法律属性和主权领域范围作了更深入的探讨,提出:第一,国家主权延伸至网络空间,主权是一国最高权威,对于一国领土上的网络基础设施以及相关活动,一国有权行使主权;第二,网络空间是实体和非实体(non-physical)构成的环境,具备使用计算机和电磁环境的特点,包括了物理层、逻辑层和社会层三个部分,每个部分都与主权有关;第三,基于主权原则,国家有义务尊重他国处理国际事务的权利,依据"平等者之间无管辖权"而承认管辖豁免。国家在国际法的管辖基础上,可以对网络犯罪、网络活动等进行管辖。① 这

---

① 朱莉欣,朱雁新,陈伟,等.《塔林网络战国际法手册》述评 [J]. 中国信息安全,2013 (11):95-98.

些观点对网络空间主权有了更明确、完整的认识，发展了网络主权的概念，对一国维护本国的网络空间利益具有一定的积极意义。

在西方出现的关于网络空间是"全球公域"还是主权领域的矛盾论述，表明其对网络空间的法律定位是为其战略部署服务的，由于只强调自身的利益和目的，其定性也就难免片面和矛盾。

2. 我国坚守网络主权的原则立场

2015 年 12 月 16 日，习近平主席在第二届世界互联网大会发表主旨演讲。他强调，推进全球互联网治理体系变革，应该坚持一些基本原则，包括"尊重网络主权，维护和平安全，促进开放合作，构建良好秩序"。在这里，习近平主席把"尊重网络主权"放在了第一位。

同广大发展中国家一样，我国也面临着西方发达国家利用网络空间争取国家战略优势，非法获取他国及个人信息，无视他国主权进行监视，渲染网络战、进行网络威慑等新的和平威胁。《中国互联网状况（2010 年 6 月）》白皮书明确指出："维护互联网安全是互联网健康发展和有效运用的前提。当前，互联网安全问题日益突出，成为各国普遍关切的问题，中国也面临着严重的网络安全威胁。有效维护互联网安全是中国互联网管理的重要范畴，是保障国家安全、维护社会公共利益的必然要求。中国政府认为，互联网是国家的重要基础设施，中华人民共和国境内的互联网属于中国主权管辖范围，中国的互联网主权应受到尊重和维护。中华人民共和国公民及在中华人民共和国境内的外国公民、法人和其他组织在享有使用互联网权利和自由的同时，应当遵守中国法律法规、自觉维护互联网安全。"[①] 推动互联网全球治理体系变革，核心和灵魂是尊重各国网络主权。主权独立是《联合国宪章》及一系列重要国际法所确立的基本准则，是国与国和平共处的重要国际法治保障。同样，在国际互联网治理变革中，只有尊重各个国家的网络主权，才能有效解决互联网给全球带来的问题和挑战，国际社会才能在相互尊重、相互信任的基础上加强对话与合作。

尊重国家网络主权包括多方面内容。其一，尊重各国在各自网络主权范围内

---

① 中华人民共和国国务院新闻办公室. 中国互联网状况 [EB/OL]. （2010 - 06 - 08）[2016 - 08 - 15]. http://news.cntv.cn/china/20100608/101807.shtml.

选择互联网发展道路、管理模式和公共政策的权利。其二，在国际网络空间治理上，应坚持多边参与，协商共事，共同发挥国际组织、各国政府、互联网企业和公民个人等主体作用，不搞单边主义，拒绝网络霸权。网络主权原则已经得到越来越多的国家特别是广大发展中国家的认可与支持，成为推动国际互联网治理体系变革、促进网络公平正义的重要指导原则，是中国在互联网全球治理领域做出的重要贡献。

3. 尊重网络主权的国际法意蕴

尽管网络空间具有虚拟性和跨国界的特征，但是网络基础设施和网络空间行为与现实世界不可分离，具有国家主权的法律属性，是国际法的新领域。从各国的网络空间法治实践来看，网络主权应当以各主权国家的领土范围为一般效力边界，同时适用国际法域外管辖特别情形，以网络基础设施和网络空间行为为管辖内容，以管理和规制为目标。网络主权作为国家主权在网络空间的自然延伸，是国家主权的重要表现形式。依照一般国际法原则，网络主权也应表现在对外、对内两个方面：对外，网络主权表现为国家在网络空间的平等权、独立权和自卫权；对内，网络主权表现为国家对网络空间的最高管辖权。具体来说，就是主权国家对外与其他国家享有平等的网络问题协商权，独立地享有本国网络空间技术和数据管理权，享有网络主权空间免遭武力攻击的自卫权，享有网络基础设施和关键硬件设备的所有权和控制权，享有网络软件技术自主知识产权，享有网络主权领域信息传播控制权，享有保障公民网络通信自由和国家、组织及个人信息安全权，等等。

权利与义务相对应，没有无义务的权利，也没有无权利的义务。国家享有网络主权，也必须尊重他国的网络主权，履行相应的国际法义务。这些义务主要包括[①]：

第一，不得干涉他国行使网络主权。一国不得以任何借口干涉他国对本国网络空间的自主管辖权；不得凭借技术优势或使用经济、政治等任何措施，不顾他国的意愿，对他国行使网络主权的行为武断干预，包括干涉他国网络空间的内政、外交事务。

---

① 朱莉欣，闫倩. 网络空间的法律属性困境与信息安全立法 [J]. 中国信息安全，2015 (5)：95 - 98.

第二，不得在他国网络疆域内采取主权行为或侵犯他国主权。一国不得在他国的主权领域内采取主权行为，包括对他国网络主权范围内的网络基础设施进行管辖，对属于他国内政的网络管理行为进行干涉等；一国有义务避免和防止其人民或官员从事可能侵犯他国网络主权的行为；一国不得明知而允许外国国家、组织或个人在本国管辖的网络空间内实施侵犯他国国家网络主权的行为。

第三，防止网络空间中的国际恐怖主义行为。国家有义务在网络空间防止和打击恐怖主义行径，具体表现在对网络虚拟空间的管理上，主动清理与恐怖主义活动有关的网站，禁止通过网络传播、煽动恐怖主义的言论，对虚拟的网络恐怖主义组织进行防范和打击，等等。

第四，秉承善邻之道，合作营造一个全球共享的网络空间。各国在行使网络主权时，需要善意考虑主权行为对他国网络空间的影响，避免损害网络空间的全球共享性，通过合作增进网络对国际和平与进步及人民的一般福利，如与他国积极合作，打击各种网络犯罪，营造健康的网络空间；防止网络空间军事化，促进国家间网络合作，消除网络对抗。

（二）"网络疆域"一超独霸

自从美国发明互联网，特别是 20 世纪 90 年代推行"信息高速公路"建设以来，美国的网络技术，包括前沿技术、核心关键技术等，一直处于压倒性的优势地位。从斯诺登揭秘的"棱镜门"事件中不难看出，美国凭借强大的技术优势和基础建设优势完全控制了全球网络的硬件和软件，具有完全监控世界和打击其他任何国家的强大网络作战能力。

1. 美国率先建立以其为首的全球数字疆域

今天的互联网起源于 1969 年美国国防部研究开发的阿帕网，其开发目的主要是防止美国的军事系统在战争爆发时遭到打击而瘫痪。最初的阿帕网由美国西海岸的 4 个节点——加州大学洛杉矶分校、斯坦福研究院、加州大学圣芭芭拉分校、犹他大学构成，随后加入阿帕网的组织和机构越来越多。1983 年，美国国防部将阿帕网向民用领域开放，逐渐发展成今天的互联网。

1991 年 12 月，美国参议员戈尔起草的《高性能计算与通讯法案》在国会获得通过，该法案决定向与高性能计算相关的研究以及国家科研与教育网络拨款 6

亿美元，旨在推动美国互联网的领先发展。1992 年，克林顿当选美国总统后，积极倡导《国家信息基础设施：行动计划（NII）》。依照该计划，美国组建了"信息基础设施特别工作组（IITF）"，成员包括美国商务部、白宫科技政策办公室和美国全国经济委员会，该小组下设信息政策委员会、电信政策委员会和技术应用委员会。[①]《国家信息基础设施：行动计划》的颁布和执行，标志着美国政府已建立起数字疆域控制中心。该行动计划旨在保证美国在全球率先建立起信息技术空间，计划的成功实施为美国的信息战略抢得了先机。

1994 年，美国副总统戈尔提出建立全球信息基础设施计划（GII）。之后，美国通过富国俱乐部将全球纳入了它的数字边疆。2000 年 9 月，《全球信息社会冲绳宪章》在日本冲绳举行的八国集团首脑会议获得通过，该宪章提出：占全球国民生产总值 2/3 的 8 个国家达成共识，要协调一致，最大限度利用信息技术所带来的成果和益处，同时要在这种革命性变化中制定信息技术的各种相关规则。以美国为主导的数字疆域逐步扩展到了全球。

2. 美国实际掌控着数字疆域的封疆权

在信息网络时代，谁控制了国际互联网，谁将控制未来世界。美国是全球信息技术最发达的国家，如今世界各国和各地区广泛使用的计算机基础芯片、基础软件等全部由美国主导或研发。网络使用的计算机、微型计算机、服务器，甚至许多大型机等，也都采用美国技术。全球领先的信息公司如微软、英特尔、思科等众多美国互联网企业一直被美国政府直接或间接控制。这些互联网公司与美国政府的关系，在 2008 年爆发的微软"黑屏事件"中就有充分表现。2008 年 10 月 20 日，"微软中国"发布声明，宣称将在中国推行 Windows 和 Office 的正版增值计划。根据这一计划，使用未通过正版验证的 Windows XP 系统的计算机，桌面将会变为黑色。"微软中国"声称，这并非一般意义上的"黑屏"，不会影响计算机的正常运行。这一事件表明，美国通过先进的信息技术，在必要时可完全控制或瘫痪中国以及其他国家的相关计算机。美国"棱镜"计划被曝光后，微软公司不得不公开承认，美国政府的确曾向其索要过来自全世界的大量计算机用户的数据。

---

① 罗曼. 信息政策 [M]. 北京：科学出版社，2005：43－44.

此外，美国对自己生产的信息产品有着非常强的掌控能力和追踪能力。比如，中国的一个软件研究机构曾研制一个嵌入式控制系统，其中仅采用了一个美国生产的高端芯片，为了测试其安全程度，这个科研机构没有安装操作系统。但即便如此，他们在后来的调试分析中仍发现，美国的芯片在启动过程中，一直根据事前设定的程序，暗中向美国一个服务器自动发送 IP 登记请求信息及其他信息。如今，包括中国在内的许多国家在关键业务部门使用的大型计算机，必须依靠美国的生产厂商提供维护和技术支持。美国公司正是通过这种背后的服务，设置或安装不为人知的"后门"，令对手防不胜防。①

全球互联网管理核心是总部设在美国的"互联网域名与地址管理机构"，它掌控着 13 台全球根服务器，其中主根服务器 1 台，位于美国；辅助根服务器 12 台，其中 9 台位于美国，英国、瑞典、日本各有 1 台。根域名服务器就是互联网的命脉，如果这 13 台根域名服务器中的某一台或几台出现故障，或遭到黑客攻击而停止服务，则域名解析有可能无法进行，那些依靠这些域名系统支持的互联网应用和服务将停止工作。2002 年 10 月 21 日，13 台根域名服务器遭受黑客攻击，导致 9 台根服务器丧失了对网络通信的处理能力，网络出现局部瘫痪。2007 年 2 月 5 日，3 台根服务器遭到黑客的攻击，其中包括运行 ORG 域名的根域名服务器和美国国防部运行的一台根域名服务器。2010 年 1 月 12 日，由于美国负责百度域名解析的根服务器遭到了黑客攻击，百度首页出现大面积的访问故障，全国绝大多数地区均无法访问百度网站。2014 年 1 月 21 日，由于解析全国所有通用顶级域的根服务器出现异常，百度、新浪、腾讯、京东等诸多网站的访问均受影响，众多网站出现无法访问的现象。② 上述网络局部瘫痪仅仅是根服务器异常或黑客攻击所致，一旦作为根服务器主要管理者的美国"出手"，带来的影响将是异常巨大的——凭借对根域名服务器的管理权，美国可以屏蔽掉某些国家的顶级域名，使这些域名无法得到解析。通过这种无声的较量，美国可以让一个国家在互联网中瞬间消失。2003 年伊拉克战争期间，美国政府就曾终止对伊拉克国家顶级域名 IQ 的解析，致使所有以 IQ 为后缀的网站瞬间从互联网上消

① 杨民青. 解码美国网络霸权 [EB/OL]. (2015 - 07 - 20) [2016 - 08 - 20]. http://news. xinhuanet. com/herald/2015 - 07/20/c_134428679. htm#.

② 为何说美国掌握着互联网霸权？美国真的要放弃吗？[EB/OL]. (2016 - 08 - 25) [2016 - 08 - 27]. http://tech. 163. com/16/0825/15/BVAT9OFI00097U7R. html.

失。2004年4月，由于在顶级域名管理权问题上与美国发生分歧，利比亚顶级域名 LY 突然瘫痪，让利比亚在互联网世界里消失了 4 天。美国还于 2008 年切断过古巴、朝鲜、苏丹等国的 MSN 即时网络通信，使这些国家的用户无法使用 MSN。

正是因为美国牢牢掌控着主根服务器和 9 台辅助根服务器，所以美国始终手握全球互联网霸权，乃至成为其强权政治的重要工具，根服务器也成为影响国家网络信息安全的重大隐患。

3. 美国以知识产权保护为名掌控着数字疆域法治话语权

美国不仅从基础设施建设、网络技术上掌控者数字疆域的"封疆权"，而且以知识产权保护为名掌控着数字疆域法治话语权。美国不仅是互联网技术最发达的国家，与之相伴，也是知识产权保护制度最发达的国家，已经形成了保护新兴网络知识产权的法律体系、管理规则与技术手段。

早在 1995 年，美国就发布了《知识产权和国家信息基础设施白皮书》，从法律、技术与教育等方面就数字时代对传统知识产权制度造成的冲击进行探讨，提出改造现有法律以适应全球信息化需求的具体措施与建议。该文件不特别强调单方面利益，而是既保证用户获得互联网发展带来的益处，又要保护网络上权利人的合法权益，对网络知识产权保护具有重大意义，之后的相关讨论和司法建议都是基于此原则进行的。1996 年，美国又推动世界知识产权组织通过《世界知识产权组织著作权条约》与《世界知识产权组织表演人与录音物条约》两项条约，试图在国际范围指导解决因国际互联网蓬勃发展而引发的著作权问题，包含公众传播权、技术措施与权利管理信息等内容。美国对两个公约的精神进行了积极响应，于 1998 年发布《数字千年法案》，规定未经许可在互联网上下载数字类产品为非法行为，从民事和刑事两个角度对有关版权管理信息与技术措施的侵权和犯罪进行规定，独立于其他侵权行为和犯罪行为的救济措施。法案也同时开辟了"避风港"原则，对网络服务提供商的侵权责任进行界定，降低了互联网企业承担法律责任的概率，促进了互联网产业的发展。

2008 年，美国参议院通过《优化知识产权资源与组织法案》，其中根据互联网侵权手段多样和成本低的特点，扩大了侵权犯罪的界定范围，在提高民事救济的同时也强化了刑事犯罪打击的力度。2010 年，美国对《数字千年法案》进行了修订，包含：对苹果手机"越狱"的豁免；对学术、教育、娱乐等文化教育方面问题的细化；基于调查和测试意图的使用；对过期的加密电脑软件进行破解的规定。[①] 从网络空间合理分配权利和义务的角度来说，这些修订进一步促进了权利人与使用者、网络传播者和社会公众与互联网企业之间的利益平衡。2011 年，美国再次推出强化互联网领域知识产权保护的法案，提交国会审议的《禁止网络盗版法案》和《保护知识产权法案》不仅降低了网络侵权的入罪门槛，也赋予政府管理部门更大的行政执法权力。

美国还积极推动 WTO 达成《与贸易有关的知识产权协定》（TRIPS），从而形成一套有利于美国的国际贸易规则。美国在谈判中将电信准入和网络服务作为谈判的重点，不仅要求 WTO 成员开放信息和通信领域的投资，给予美国制造商和信息服务商以市场准入和国民待遇，而且要求实现电信运营商和网络的完全私有化目标。美国运用"先入为主，先行为法"的游戏规则，竭力要求具有市场潜力的发展中国家开放市场，却在开放本国市场问题上设置重重壁垒。[②]

（三）."网络管辖"各有不同说法

管辖权的界定是司法的起点，网络空间管辖权的界定则是网络空间法治的基点。网络空间的虚拟性和跨界性使得网络空间的"领土划界"成为难题，传统的管辖权划分理论在网络空间受到了新的挑战，网络空间管辖权问题日益突显，严重影响了网络空间法治化进程。目前在国际上关于网络案件的管辖权问题各方有各自的说法，主要有管辖权相对说、第四国际空间理论、扩大地域管辖说、网址管辖说等。

1. 管辖权相对说

我国知识产权制度的奠基人郑成思教授是主张网络空间管辖权相对说的代表学者。为了从根本上解决网络管辖权的困境，以及随之而来的网络纠纷判决执行困境，以郑成思教授为代表的学者提出了网络空间管辖相对理论。该理论认为，网络空间应该作为一个新的管辖权领域而独立存在，就像在公海、国际海底区域

---

① 李志军．国外网络知识产权保护情况做法及对我国的启示［EB/OL］．（2015 – 08 – 19）［2016 – 09 – 01］．http://mt.sohu.com/20150819/n419278027.shtml.

② 杨剑．开拓数字边疆：美国网络帝国主义的形成［J］．国际观察，2012（2）：1 – 8.

和南极洲一样，应该在此领域建立不同于传统规则的新的管辖原则。任何国家都可以管辖并将其法律适用于网络空间的任何人和任何活动，网络空间内争端的当事人可以通过网络的联系在相关的法院出庭，法院的判决也可以通过网络的手段加以执行。①

这是一种理想状态下的网络自治理论，该理论过度地依赖或者过高地估计网络技术规则本身的规制和国际社会的协商合作水平，从而导致在这个理论中涉及的自治权行使主体确定问题在现实操作中困难重重，其最核心的问题是在现代国际关系中各国都不会轻易地放弃主权。以个案为例，甲国法院判决某网站侵权，而该网站身处乙国，甲国法院的判决并不能直接适用于乙国网站，而必须得到乙国法院的承认才具有可执行性。而乙国法院完全可以以缺乏管辖权为由拒绝对该判决的承认和执行，其结果就是甲国法院对该个案的判决因不能得到乙国的承认和执行而没有实际意义。

同时，该学说还带有一种大国倾向，其依网络控制实力来确定管辖权的理念虽然看似直接而简单地解决了管辖冲突问题，但这种忽视以发展中国家为主的网络科技落后国家司法主权的做法本身有违公平公正原则。因此，管辖权相对说缺乏现实依据，不具有现实意义。

2. 第四国际空间理论

第四国际空间是以美国斯坦福大学戴瑞尔·门特（Darrel Menthe）博士为代表提出的，他认为，网络类似于南极洲、太空和公海这三大国际空间之外的第四国际空间，应该在此领域内建立不同于传统规则的新的管辖权确定原则。② 通过比较和类推，他认为，是国籍原则而不是地域原则构成了南极洲、太空和公海这三大国际空间立法管辖权的基础，在网络空间中也应该适用国籍原则。但由于国籍原则在这三个领域分别具有不同的含义，所以网络空间中的国籍原则也应该灵活分析，方具有可适用性。他认为，网络链接行为应当适用其国籍国法，而网络下载人则应该受其键盘所在地法的管辖。门特的国籍管辖原则实际上是主张各国的司法管辖权应该控制本国国民或者公司等单位在网络空间的活动。

---

① 郑成思. 知识产权文丛：第1卷［M］. 北京：中国政法大学出版社，1999：266.

② 冯文生. Internet 侵权案件的司法管辖和法律适用［J］. 法律适用，1998（9）：17-20.

虽然各个国家的法律制度不同，但相同和相似的法律制度还是主要的。因此，需要对各国法律制度的不同之处进行协调，如对各国法律制度的主要区别进行确认并公之于众，使人们在从事网上活动时尽量避免触犯其他国家的法律。从法律的可执行性角度来讲，由各国对本国的国民（包括自然人、法人和其他组织等主体）及其行为进行控制是比较可行的。但是由于各国法律的差异性，必然会导致同一种网络行为的违法性认定差异，裁判结果也可能大相径庭。

3. 扩大地域管辖说

"扩大地域管辖说"认为应当在传统属地管辖原则的基础上，对犯罪行为地和结果地的界定作出适当扩大理解，进而确定管辖权的归属。这种"适当扩大"的标准是：只要行为人作案所利用的网络终端设备所在地、服务器设立地、入侵的局域网所在地、入侵的终端设备所在地、作案信息显示的终端设备所在地，其中的任意一个在一国物理疆域内，则该国就具有了相应的管辖权。①

该理论实质上是在他国领域内扩大了本国的司法管辖权，在实践中必然产生较高的司法成本，加之各国法律内容上的差异，极有可能导致网络行为人的一行为被数个国家作出差异明显的评价或者责罚，管辖权冲突依旧存在，甚至可能因为个案而侵犯他国司法主权。因此，扩大地域管辖一旦被广泛运用，就会导致某些网络争议行为（并非一定是违法行为，因为违法与否只是某个或者某些国家的法律标准）成为世界各国都拥有管辖权的普遍管辖案件，这无疑会过度侵害当事人的权益，加剧国家管辖权冲突和对传统国家司法主权的冲击。从这一角度上看，最终的解决途径或许应该是就各国法律制度进行充分整合，即通过协调协商，制定出关于网络空间管辖权的国际公约。

4. 网址管辖说

在虚幻的网络空间中，网址与现实社会司法管辖权制度中的地域因素最为接近，它是网络空间中比较固定的"地址"，且容易让人感觉得到。因此，国际上许多学者都在探讨网络空间中的网址与管辖权之间的关系，并逐渐演变成一种新的管辖权理论，即以网址为联结点的网址管辖说。

---

① 郑远民，李志春. 网络犯罪的国际刑事管辖权［J］. 信息网络安全，2003（8）：34－36.

"网址管辖说"依据网址在物理设备上的相对确定性作为确定管辖权归属的标准。然而，"网址"包括通常意义上的 IP 地址和 MAC 地址。计算机物理设备的网络接入必须先通过本地的网络服务运营商（ISP）获取上网标识，即 IP 地址，IP 地址是运行在网络层的唯一标识。MAC 地址则是运行在物理层的唯一标识，是机器出厂时由厂家赋予的唯一标识。但是如果据此认为网址能够与现实建立唯一性的对应联系仍存在问题：其一，依靠现有技术，伪造 IP 地址、盗用 IP 地址现象时有发生；其二，现有的虚拟技术可以在原本主机上虚拟出另一台主机，而虚拟主机在网络空间具有独立性，它所有的参数都是虚拟的、可伪造的，且在虚拟主机被注销后不具有数据追溯性；其三，MAC 地址的软修改也具有现实的可能性。[①] 不仅如此，网址虽然具有一定的稳定性，但一个网址拥有者在同一时刻却可能访问许多人或被许多人访问，从而"出现"在不同国家的管辖区域之内，不同的国家因此便会形成管辖权冲突。因此，将网址作为司法管辖权的根据仍存在许多无法解决的矛盾。

综上所述，从根本上化解网络空间法治困境，首先要不断提高网络技术水平。网络空间法治困境是网络技术发展带来的，最终还是需要依靠网络技术的发展来解决。既要增强网络防御能力，更要增强网络侦查能力，提升发现问题与解决问题的能力。其次，要加强一国国内相关法律部门的协调与完善，建立网络空间立法、执法、司法协调机制，创建全网守法的法治氛围。最后，也是最为关键的，就是要大力加强网络空间国际司法合作。网络空间威胁可以来自全球的任何地方，这种挑战本质上是国际性的，客观上需要国际司法合作、国际调查援助以及建立必要的网络空间法治国际法规范。只有各国建立有效的网络空间法治协调机制，才能在最终意义上形成网络空间风清气正、生态良好的局面。

在这方面，我国与其他国家正在积极开展卓有成效的国际合作。为落实中美两国元首在网络安全问题上达成的重要共识，建立打击网络犯罪及相关事项高级别联合对话机制，2015 年 12 月 1 日和 2016 年 6 月 14 日，中美双方分别在华盛顿、北京举行打击网络犯罪及相关事项高级别联合对话，达成了《打击网络犯罪及相关事项指导原则》和《中美打击网络犯罪及相关事项热线机制运作方案》，双方在建立热线机制和网络安全个案、网络反恐合作、执法培训等方面达成广泛

---

① 郑远民，李志春. 网络犯罪的国际刑事管辖权［J］. 信息网络安全，2003（8）：34-36.

共识。在此之前，我国已与多国开展网络空间执法合作，并取得丰硕成果。如2011年，我国公安机关与美国联邦调查局合作，侦破了"阳光娱乐联盟"传播淫秽色情信息案。美方抓获该联盟的建设者王勇，中方抓获了在境内负责洗钱和维护网站的10余名犯罪嫌疑人，摧毁了在全球拥有1000多万名注册会员的最大中文淫秽色情网站联盟。2013年，由我国公安部和美国联邦调查局联合发起，英国、法国、德国及中国香港、中国澳门、中国台湾等20个国家和地区参与的"拯救天使"多国多地区联合执法行动，共摧毁包括百万级会员在内的"拯救天使""呦吧论坛"等儿童淫秽网站4个，抓获犯罪嫌疑人250余名。2014年1月，中国、美国、印度、罗马尼亚四国执法部门联合开展了打击跨国非法入侵电子邮箱执法行动并取得圆满成功。

三、宽严相济：网络空间法治的原则要求

网络空间法治之路无论遭遇多少困境险情，在加快依法治国的今天，唯有迎难而上、破险前行。党的十八届四中全会明确提出"依法规范网络行为"，更进一步推动网络空间法治化进程，网络空间法治驶入快车道。

（一）网络空间法治的基本原则

实现网络空间法治，是为了最大限度地保障公民的网络权利，有效维护网络公共秩序，为此必须遵循有效保障网络发展、有效发挥法治作用、网络管控最小化和网络治理国际化原则。

1. 有效保障网络发展原则

互联网深刻影响和改变着世界，也深刻影响和改变着中国。习近平总书记2016年4月19日在中央网络安全和信息化工作座谈会上指出，要按照创新、协调、绿色、开放、共享的发展理念推动我国经济社会发展，这是当前和今后一个时期我国发展的总要求和大趋势，我国网信事业发展要适应这个大趋势，在践行新发展理念上先行一步，推进网络强国建设，推动我国网信事业发展，让互联网更好地造福国家和人民。互联网发展在人类的历史长河中也许只是短暂的一瞬，但虚拟社会作为一种全新的社会形态，却深刻地改变了人类的生产生活方式。网

络发展要适应人民期待和要求，就是要加快信息化服务普及，降低应用成本，为老百姓提供用得上、用得起、用得好的信息服务。我国还有近一半人未能享受到网络发展的便利、信息技术的成果，尤其是在广大的农村和中西部地区，互联网基础设施和服务都有不少欠账。① 这为我国互联网发展提供了广阔空间，也提出了艰巨任务。促进信息网络发展应当是加强网络空间法治始终坚持的基本原则。

2. 有效发挥法治作用原则

构建网络空间法治体系，就是要充分发挥法治的规范、引领、保护和促进作用。规范是实现有效治理网络的前提，也是依法治网的内在要求。规范是法治的专门功能，也可以说是法治的本质功能。发挥法治在网络空间的规范作用，就是要以法治的强制性要求规范网络参与者、网络运营者、网络管理者、网络司法者的网络行为，为网络空间法治奠定良好的机制。发挥法治在网络空间的引领作用，就是在网络空间法治体系建设过程中把握互联网的规律，结合法治与其他的治理机制，包括行业自律、市场机制等，更好地引领网络的健康发展，构筑有效的网络治理体系。发挥法治在网络空间的保护作用，一方面要保护公民的人身、财产权与基本政治权利等不受侵犯，经济社会文化权利得到充分落实，另一方面要切实保护网络信息安全和国家安全，努力实现网络空间的繁荣发展。发挥法治在网络空间的促进作用，就是通过法治促进网络空间有序发展，促进国家治理体系和治理能力的现代化。

3. 网络管控最小化原则

网络空间的追求自由价值取向与网络管控的有序目标永远是一对矛盾，二者统一于网络虚拟社会之中。伴随着网络虚拟社会发展中各种问题的不断涌现，国家对虚拟社会治理的全方位介入已成为全球性趋势。但国家对网络监督管理的权力相对于公民在网络领域的权利居于无可争议的强势地位，因此为保障公民在虚拟社会中的合法权利和自由，在进行立法、执法、司法时应当坚持管控最小化原则，即对网络自由的管控应当限制在合理的、必要的、最低的限度之中。一般意

---

① 支振锋. 实现以人民为中心的互联网发展 [EB/OL]. (2016 - 04 - 25) [2016 - 09 - 09]. http://opinion. people. com. cn/n1/2016/0425/c1003 - 28301333. html.

义上，管控最小化原则表现为以下三点。第一，补充性。网络自由必须得到最大化的保护，非不得已一般不轻易使用法律管制手段。第二，部分适用性。法律管控只在较严重地侵害公民法定权益和社会公共利益的情况下适用，如对于网络犯罪，危害国家安全与社会公共利益网络违法行为等，即法律的规制仅限于维持基本虚拟社会秩序并限制在最小限度内，对绝大部分网络行为是不需要国家法律管制的。第三，宽容性。一般情形下，受到法律管控的网络行为不仅已经违法，而且应具备应受惩罚性，在没有其他方式如道德等可以矫正的情况下才施加法律手段加以管制。对一般的网络行为，应尽量以宽容之心对待。①

4. 网络治理国际化原则

网络空间的跨界性使其成为全球公共领域，是国家安全和国际安全不可缺少的组成部分，关系到世界各国的安全与发展。因此，必须确定国际共治的基本原则。全球网络治理，不仅要对网络空间进行治理，把当前的霸权主义网络建设成多边平衡网络，还要促进网络空间命运共同体的创建，把网络空间建设成各国、各民族、各文化群体之间相互交流、相互理解的媒介与桥梁。当前，不同国家在网络空间的权利和能力有很大差异，"数字鸿沟"不仅依然存在，在某些地区、某些领域甚至还有扩大的趋势。少数国家控制着主要网络资源的分配权、网络内容的创造权和网络行为的管理权，多数国家只能被动接受网络及其影响，对自身国家安全和利益构成了严峻挑战。一些国家的大型网络企业已成为霸权在网络空间的主要载体，成为相关国家塑造其他国家民意、影响其他国家内政外交的重要工具。因此，保障各国、各行为主体平等利用网络空间的权利，是全球网络治理的主要目标。这一方面要创新全球网络治理体制，建立一个具有广泛包容性和代表性、能够平衡不同利益与主张的全球治理体系，另一方面要发展创新型、民主型网络企业，为不同国家、不同文化的网络产品提供进入网络空间的渠道与市场。中国作为世界上网民数量最多的国家，结合国情世情，应当努力成为网络虚拟社会国际法治的积极倡导者。

(二) 网络空间法治的基本要求

面对信息技术的快速发展和日趋复杂严峻的网络环境，网络空间法治化发展

---

① 左怀民. 网络虚拟社会管理立法之基本原则［J］. 知识经济，2014（11）：41.

必须紧紧抓住机遇，以完善网络立法为重点，以加强网络执法为关键，以倡导全民守法为基础，以推动全球共治为动力，全面推进网络空间法治化进程，为建设网络强国提供强大的法治保障。

1. 加强网络立法，完善法律体系

党的十八届四中全会提出，法律是治国之重器，良法是善治之前提。中国人民公安大学课题组发布的《2012 年中国互联网违法犯罪问题年度报告》称，互联网违法犯罪现象近年来呈现出愈演愈烈的趋势，互联网违法犯罪的类型和形式趋于多样化、隐蔽化、复杂化。2012 年，中国近 2.57 亿人成为网络违法犯罪的受害者，每天有近 70 万名网民遭受不同程度的网络违法犯罪的侵害。与此相对应的是，我国在网络空间违法犯罪的治理方面的法律依据却显得"力不从心"。由于我国现有的计算机安全法律体系主要由国务院及相关部门颁布的法规和规章组成，法律层级较低，约束力较弱，执法范围较窄，缺乏系统性，存在法律空白和盲点。目前，互联网违法犯罪的管辖权，违法犯罪行为的认定、取证，新类型的违法和犯罪如何确定等问题，都面临着法律依据缺乏的问题。网络空间法治化建设应坚持立法先行。一是要在宪法框架下，以《网络安全法》为基础，健全法律、规章体系，明确网络基础设施使用者、网络服务提供者、网络用户、网络信息运营者、网络管理者等相关主体的权利和义务。二是坚持立改废释并举，构建与中国特色社会主义法律体系相融合、相衔接、相照应的网络法律制度基本框架，针对条块分割、政出多门、职责不清、相互掣肘的现状统筹考虑立新废旧、法律间协调完善和衔接等问题，通过制定、修改、废止和解释等方式增强网络法律法规的及时性、系统性、针对性和有效性。三是改进立法工作方式，坚持科学立法、民主立法。网络立法应以全球视野看待网络法治化问题，积极加强与各国之间的沟通合作，吸收国外在网络立法方面的先进经验，坚持适度超前原则，避免因滞后而落于"无法可依"的被动境地，同时政府作为国家利益和公众利益的代表，要拓宽听取网民意见的渠道，认真研究和吸收公众意见与建议，并及时作出反馈。①

---

① 王晓芸. 关于网络空间法治化建设的几点思考［J］. 陕西行政学院学报，2015（3）：114－117.

2. 严格网络执法，加强队伍建设

法律的生命力在于实施。实现网络空间法治，必须严格网络执法，特别是加强网络执法队伍建设。我国自接入国际互联网以后，先后出台了170余部法律、法规，为依法治网提供了法律依据，也在不同时期起到了重要作用。然而，我国现有的互联网法律法规有较强的行政监管色彩。据统计，现行的170余部涉及互联网管理的法律法规中，调整行政类法律关系的超过了八成；[①] 法律法规多是从方便政府管理的角度出发，侧重规定管理部门的职权、管理和处罚措施等内容；在管理方式上以市场准入和行政处罚为主，在规范设计上以禁止性规范为主，缺乏激励性规范，更多强调网络服务提供者和网络用户的责任和义务，对如何保护企业、网民在互联网中的权利缺乏设计与考虑。这一方面使多个政府行政部门产生管辖重叠，另一方面也常常模糊网络权利与自由的边界。为此，严格网络执法，需要加大针对网络违法案件的执法力度，依法追究网络违法犯罪者的法律责任，同时也要明确执法的"责权利"，明晰国家政府管理部门、互联网企业和网民在网络空间的权力（权利）、责任（义务）。

加强网络执法队伍能力建设，需要建立一支综合性的、具有深厚法律和计算机知识的网络执法专业队伍，切实提高网络执法队伍的执法能力，定期培训相关的信息政策、法规条例，不断更新网络执法队伍的专业知识，提高网络执法人员的业务素质。

3. 严明网络司法，捍卫公平正义

19世纪英国现实主义文学家查尔斯·狄更斯有句名言："这是一个最好的时代，也是最坏的时代。"这句话经常被用来描述互联网给我们今天的生活和工作带来的影响。在享受前所未有的便利的同时，被网络信息包围的我们似乎天天在"裸奔"，在不知不觉中遭受网络违法犯罪的侵害，网络违法犯罪不断呈现出新的样态。

互联网治理不仅需要政策法律的支持和技术设施的支撑，还需要公正司法的

---

① 自言. 以互联网立法规范网络秩序［EB/OL］.（2014-11-02）［2016-09-12］. http://opinion. people. com. cn/n/2014/1102/c1003-25957285. html.

有力保障。网络空间实际是数据空间，拥有网络信息数据的主体必须合法，数据的获取途径必须合法，数据的用途也必须合法。如果与数据关联的机构或个人，在主体、途径、用途任何一方面存在非法作为，都可能侵害他人合法权益，甚至涉嫌网络违法犯罪。面对花样翻新的网络违法犯罪、数量巨大的电子证据和网络时代公众对司法公开的迫切需求等司法困境，源于技术发展的困境仍需要依托技术的手段，借助"互联网＋"思维进行破解。

2015 年，时任中央政治局委员、中央政法委书记孟建柱在中央政法工作会议上强调，信息化是加强执法司法管理、提升执法司法效能的重要支撑。要推动政法工作向善于运用信息化手段转变；要通过信息化规范执法司法行为、加强内外监督、提高执法办案质量和效率，不断增强执法司法行为、强化内外监督、提高执法办案质量和效率，不断增强执法司法公信力。运用"互联网＋"思维推动司法改革前景广阔。例如，通过案件卷宗和流程信息化，向大数据运算结果寻求司法决策依据，通过信息化改造内部监督模式和外部监督模式，就是用"互联网＋"服务司法改革的具体体现。2004 年开始应用的北京市检察机关执法办案业务应用系统，"已经采集案件信息 50 余万件，业务数据 9800 万项，生成 692 项业务统计指标，将最高检确定的 26 项核心数据以及北京市检察机关 53 项辅助数据悉数涵盖其中，这些数据均细化到每一个院、每一个部门、每一名检察办案人员。包括对每个办案人员办案情况的扁平化管理，也将对法官、检察官员额制等分类管理推行提供数据分析依据"。① 此外，"互联网＋"也必将推动司法创新实践。在工业和信息化部国际经济技术合作中心、中国国际贸易促进委员会电子信息行业分会于 2015 年 3 月 31 日至 4 月 2 日在北京国家会议中心举办的"第三届中国国际云计算技术和应用展览会暨论坛（Cloud China 2015）——司法云建设高峰论坛"上，微软（中国）公司企业及战略合作伙伴事业部解决方案专家金莹提出了将法官、律师及原被告的相关诉讼行为进行实时记录，及时形成多介质档案的"网络法庭"的概念，认为云服务和移动互联网完全可以助力司法公开，在技术层面上完全没有问题，可能有的问题是中国法律需要"跟进"。②

---

① 钱贤良．"互联网＋"思维破解网络社会司法困境［N］．检察日报，2015－05－13（5）．
② 司法云建设高峰论坛在京举行［EB/OL］．（2015－03－31）［2016－09－15］．http://live. jcrb. com/html/2015/1064. htm.

4. 强化网络普法，倡导全民守法

随着信息技术的发展，网络以其传播形式的多样性、传播时效的及时性和覆盖的广泛性，以及符合普法宣传教育规律和特点等独特优势，广泛地影响着人们的生产生活和工作，已经成为当前极为重要的一种普法传播渠道。利用网络开展普法，弘扬法治精神，营造法治氛围，倡导全民守法，是创新法制宣传教育工作的重要形式，是法治宣传教育工作占领新兴阵地、引导网上舆论的具体体现。

网络普法具有传统方式普法无法企及的优势。一是时效性强。报刊等传统媒体受出版与发行时间的制约极为明显，往往滞后于广播、电视等媒体。广播和电视播报新闻，尽管在时效上比报纸更快，但毕竟受播出时段的制约。相比之下，网络在传播时间上具有明显的自由、快捷的特点，可以轻易做到即时滚动发布各类新闻。近年来，在国内外许多重大新闻，特别是突发性法治新闻报道上打响第一枪的，已经不再是电视、广播，更不是报纸，而是网络。因此，利用网络开展法治宣传教育，具有更大的灵活性，人们只要愿意，随时都可以利用网络学习法律知识，参加法治宣传教育活动。二是受众面广。网络传播不受地域限制的特点使得网络传播的内容可以很便捷地为不同地域的受众了解和掌握，因此利用网络进行法治宣传教育拥有广泛的受众面。同时，网络媒体本身新闻和信息容量巨大，它所具有的海量信息是任何传统媒体所无法比拟的。由于信息存储空间的优势，借助于搜索和链接功能，网站做新闻，可以比任何传统媒体做得更丰富、更饱满、更精彩，这就使网络普法的整体影响广泛而深入。三是形式丰富。网络媒体可同时以文字、图片、音频、视频等多媒体形式传播，形象生动，立体感强，通过网络媒体进行普法更具有亲民性，对青少年和普通百姓很有吸引力。比之传统媒体开展法治宣传教育工作，网络媒体最大的特点在于其传播方式灵活多样，可以交互传播，可以多媒体传播，可以个性化传播。展望未来，网络必将成为法治宣传教育的经常性渠道，网络普法成为提升网民法律素养的重要方式。

5. 推动全球共治，加强国际合作

习近平主席 2015 年 12 月 16 日在第二届世界互联网大会开幕式上指出："天下兼相爱则治，交相恶则乱。"完善全球互联网治理体系，维护网络空间秩序，必须坚持同舟共济、互信互利的理念，摒弃零和博弈、赢者通吃的旧观念。各国应推进互联网领域开放合作，丰富开放内涵，提高开放水平，搭建更多的沟通合作平台，创造更多的利益契合点、合作增长点、共赢新亮点，推动彼此在网络空间优势互补、共同发展，让更多国家和人民搭乘信息时代的快车、共享互联网发展成果。①

互联网作为一个全球开放的公共空间，由于历史渊源和技术创新的领先，目前全球网络空间的大格局主要由发达国家主导和实际控制。例如，美国还主导着全球域名和 IP 资源分配的国际组织 ICANN，美国对全球根服务器拥有管控权，全球互联网龙头企业和研发基地也大都在美国。因此，推进全球互联网治理进程、形成网络空间新秩序，需要网络大国之间充分协商合作，摒弃意识形态纷争，在充分尊重各国历史和主权的基础上，相互理解，包容互见，促进共治共赢发展，努力形成关于互联网运用和管理的基本共识和准则，特别是要保护发展中国家的利益。在差异中求共识，在共识中谋合作，在合作中创共赢，才能让互联网造福全世界，而不是给人类带来危害。

当今全球范围内各类网络攻击、窃密、监听事件层出不穷，由此引发的国际指责、争议、冲突也日趋严重，网络安全面临新威胁。因此，促进互联网和平、安全、开放与发展，就必须在网络法治化建设的道路上推动国际合作，进行全球共治。一是要在国家层面推动互联网领域情报共享、打击网络犯罪、网络反恐应急演练、公共基础设施保护等实现全球共治；二是要在互联网企业层面推动融合、交流、合作，运用中国思维，发出中国声音，提出中国主张；三是要在技术层面推动形成互联网的国际和国内标准，推动建立和完善国际法律体系。

---

① 习近平在第二届世界互联网大会开幕式上的讲话［EB/OL］. （2015 - 12 - 16）［2016 - 09 - 18］. http://news. xinhuanet. com/world/2015 - 12/16/c_1117481089. htm.

第二章　编就网络空间缜密法系

互联网给世界带来的变化已远远超出了人们早先的判断和预期，随之而来的是网络空间涉法问题亦层出不穷，因此我国网络空间立法具有极大的重要性和必要性。我国已出台与网络空间相关的法律、法规、规章、司法解释以及规范性文件百余部，初步形成了我国网络空间法律的基本体系，但与互联网迅猛发展的速度相比，网络空间立法还显得很不成熟，仍然存在着许多亟需解决的问题。网络空间立法的基本原则是指导立法主体进行立法活动的基本准则，立法部门应遵循这些准则，结合我国互联网发展的实际情况，在借鉴外国相关立法的基础上，加强我国网络空间基本法律和专门法律立法，不断完善网络空间立法，健全网络空间法律法规体系。

一、网络空间立法的"暗区""盲点"

我国从 20 世纪 90 年代开始陆续颁布实施了一系列有关网络空间的法律、法规、部门规章及条例，内容涵盖国际互联网侵权、信息安全、域名注册、密码管理等多个方面，已初步建立起有中国特色的网络空间法律法规体系。但由于法律法规等的滞后性，我国网络空间立法还存在许多"暗区""盲点"，现实中因互联网而引起的各种法律纠纷一直呈逐年上升态势。

（一）网络空间立法的涵义

互联网改变了世界，也改变了中国。毫不夸张地说，随着互联网在中国的快速发展与普及，人们的生产、工作、学习和生活方式已经开始并将继续发生深刻的变化，虚拟网络已经成为现代社会生产的新工具、科学技术创新的新手段、经济产业转型的新引擎、政治有序参与的新渠道、社会公共服务的新平台、大众信息传播的新途径、人民生活娱乐的新空间，成为推动我国政治、经济、文化、社会全面发展的巨大力量。但与此同时，因互联网而引起的各种法律纠纷呈逐年上升趋势，网络涉法问题层出不穷，甚至带来了诸如网络犯罪、网络侵权多发等许多负面影响。进行网络空间立法，建立完善、有效的网络空间立法体系势在必行。

如网络空间信息安全问题。网络上的一些人利用计算机知识和技术干扰计算机系统的正常运转，窃取他人信息，传播计算机病毒，甚至进行犯罪活动，对人们日常生活以及互联网的健康发展构成了巨大危害。发生在美国的"棱镜门"事件就是侵犯隐私、窃取个人信息的典型。据英国《卫报》和美国《华盛顿邮报》2013 年 6 月 6 日报道，美国国家安全局和联邦调查局于 2007 年启动了一个代号为"棱镜"的秘密监控项目，直接进入美国网际网路公司的中心服务器中挖掘数据、收集情报，包括微软、雅虎、谷歌、苹果等在内的 9 家国际网络巨头皆参与其中，获得的数据包括电子邮件、视频和语音交谈、影片、照片、档案传输、登入通知，以及社交网络细节。这是一起美国有史以来最大的监控公众事件，其侵犯的人群之广、程度之深令人咋舌。①

关于网络隐私权保护问题。互联网的发展使人们的视野、相互交流的手段得到极大的延伸，但同时也使人们的隐私处于极易暴露的状态，在给予人们生活便利的同时，也在不停地暴露着用户的隐私，也许是某个社交网站，也许是搜索引擎，或是其他。隐私是指私人生活秘密，是指私人生活安宁不受他人非法干扰，私人信息保密不受非法收集、刺探和公开等。② 对于隐私权的具体内容，学界概括不一，具体到网络上的隐私权，有人认为主要包括隐私不被窥视的权利、不被侵入的权利（主要体现在用户的个人信箱、网上账户、信用记录的安全保密等方面）、不被干扰的权利（主要体现在用户使用信箱、交流信息以及从事交易活动的安全保密等方面）、不被非法收集利用的权利（主要体现在用户的个人特征、

---

① 百度百科. 棱镜门. http://baike. baidu. com/link? url=V4d3JQALb3wXdHMnuvppKOlFR4F AcHs-Ht03XhGQIaK7l6wxq1oTB_iw_Kf_orS3EbcKMGuskSq0vTp_QCivnE_.
② 张新宝. 隐私权的法律保护 [M]. 北京：群众出版社，1997.

个人资料不得在非经许可的状态下被利用等方面)。① 另外有人认为，网络隐私权是指公民在网上享有私人生活安宁和私人信息依法受到保护，不被他人非法侵犯、知悉、搜集、复制、利用和公开的一种人格权，也指禁止在网上泄露某些个人相关的敏感信息，包括事实、图像以及诽谤的意见等。②

还有网络新技术和创新应用引发的问题。云计算、大数据、移动互联网、网络融合和物联网技术的出现将互联网发展带入一个全新的阶段，对人们的工作、生活方式产生了重大影响，同时对个人信息保护和国家安全保障提出了更高的要求。博客、微博、SNS 等网络新业务新形态的出现，移动通信技术的日益成熟和广泛应用，网络信息传播形式由以文字为主向音频、视频、图片等多媒体形态转变，使当事人之间的法律关系变得更为复杂，迫切需要法律明确个人权利和义务的范围以及清晰地划定个人安全与国家安全之间的界限。例如，随着科技水平的不断提高，对于海量数据中蕴藏着的社会动态、市场变化、经济规律、国家安全威胁征兆、战场态势和军事行动等重要情报信息，都可以从海量的数据中通过数据挖掘和云计算等高科技手段得到，如果不以立法的形式对数据主权进行明确，就会威胁到公民个人隐私、社会经济建设和国家安全。2014 年 9 月上市的阿里巴巴集团通过旗下的淘宝网、天猫网等占了中国网络零售业超过 70% 的市场份额，累计获取了国内数以亿计的用户身份信息、个人偏好、个人财务信息，同时掌握了海量的金融数据。而在阿里巴巴集团的股权结构中，前两位股东分别为日本的软银集团和美国的雅虎公司，合计持股比例超过 50%。这其中隐藏了巨大的数据安全隐患，一旦阿里巴巴集团的用户数据和金融数据被国外势力恶意利用，后果不堪设想。

此外，网络空间法律纠纷还表现在域名注册、网络新闻、网络游戏、电子政务、远程教育等许多方面，几乎涵盖了所有互联网涉足的领域。

网络空间立法是指各级各类立法机关制定调整互联网事务的法律规范的活动和其制定的调整互联网事务的各种规范性法律文件的总称。网络空间立法不是传统意义上的部门法立法，而是围绕"互联网事务"这一特定事务类型而制定的各种法律规范的总和。也就是说，不管是民法、刑法、行政法还是其他法律规范，

---

① 郭卫华，金朝武．网络上的法律问题及其对策［M］．北京：法律出版社，2006．
② 李德成．网络隐私权保护制度初探［M］．北京：中国方正出版社，2005．

只要是与调整互联网事务有关的，都包括在"网络空间立法"概念中。因此，作为调整互联网事务的各类社会关系的法律规范总和的网络空间立法，是规制网络社会问题的法律规范的集合，其调整范围涉及所有现行公法和私法领域。网络空间立法的范围和内容非常广泛，涉及社会生活的各个方面，它包含由不同立法机关制定的各种性质的法律规范，承载于不同的规范性法律文件之中。

（二）我国网络空间法律法规的发展进程

1994年4月，时任中国科学院副院长的胡启恒专程赴美国拜访主管互联网的美国自然科学基金会，代表中方重申接入国际互联网的要求。4月20日，中国实现与国际互联网的第一条TCP/IP全功能链接，成为互联网大家庭中一员，相应的互联网法律法规也在不断地发展，从未中断过。① 针对我国互联网发展的阶段性特征，我国网络法律法规的发展主要经历了三个阶段。

1. 1994～1998年，起步阶段

1994年我国刚刚进入互联网大家庭，从此互联网开始向全社会全面开放。1994～1998年，我国组建了信息产业部，政府对互联网的支持形成了宽松环境，使互联网迅猛发展。这一阶段我国刚刚实现互联网的全功能对接。1994年2月18日国务院147号令发布《中华人民共和国计算机信息系统安全保护条例》，这是我国最早的网络空间法律文件，该法规在2011年进行了修订。该法规总共31条，针对计算机信息系统的安全保护工作重点、主管部门、监督职权、安全保护制度、法律责任等进行了逐一规定，重点在于信息安全保护方面。网络处于起步阶段，相关的网络空间法律规定较少，立法内容较笼统。这一时期的网络空间法律法规规制主要是从计算机信息系统安全角度出发，多以"通知""暂行办法"等形式出现。如1996年2月1日国务院发布《中华人民共和国计算机信息网络国际联网管理暂行规定》，1997年12月30日公安部发布《计算机信息网络国际联网安全保护管理办法》，1998年3月6日国务院信息化工作办公室发布《中华人民共和国计算机信息网络国际联网管理暂行规定实施办法》等。该时期属于网

---

① 国务院新闻办公室.《中国互联网状况》白皮书［EB/OL］.（2010－06－08）［2016－07－15］. http://news. xinhuanet. com/politics/2010－06/08/c_12195249. htm.

络空间法律法规的起步阶段，虽然法律文件数量不多，也较为零散，并不成熟，但已然初步构建了我国互联网管理的基本框架，确立了内容管理的主要原则。

2.1999～2004 年，发展阶段

这个时期是网络空间法律法规从起步阶段摸索走向成熟的阶段。网民增长率在 1999 年年底较之半年前的统计数据上升 123％，形成网民增长史上的一个高峰。网络空间的迅速发展，层出不穷的网络问题，加速了我国网络空间管理和立法的步伐，各个部门纷纷出台了相关法律文件。尤其在 2000 年和 2001 年，我国出台了一系列网络空间法律法规和规章。2000 年我国网络管理体系中具有最高效力的法律文件——《全国人民代表大会常务委员会关于维护互联网安全的决定》于 2000 年 12 月 28 日第九届全国人民代表大会常务委员会第十九次会议通过。2001 年 10 月 27 日，"信息网络传播权"正式列入第九届全国人民代表大会常务委员会第二十四次会议审议通过的修订后的《中华人民共和国著作权法》，有关新条款使今后网络传播环境下的著作权保护有法可依。

近年来，我国还出台了一系列关于网络空间规制的行政法规、部门规章等规范文件，主要有：国家保密局 2000 年 1 月 1 日发布的《计算机信息系统国际联网保密管理规定》，中国证监会 2000 年 3 月 30 日发布的《网上证券委托暂行管理办法》，国务院 2000 年 9 月 25 日发布的《中华人民共和国电信条例》，国务院 2000 年 3 月 30 日公布施行的《互联网信息服务管理办法》，中国互联网络信息中心（CNNIC）2000 年 11 月 1 日发布的《中文域名注册管理办法（试行）》和《中文域名争议解决办法（试行）》，国务院新闻办公室、信息产业部 2000 年 11 月 6 日发布的《互联网站从事登载新闻业务管理暂行规定》，信息产业部 2000 年 11 月 6 日发布的《互联网电子公告服务管理规定》，信息产业部 2000 年 11 月 7 日发布的《关于互联网中文域名管理的通告》，国家药品监督管理局 2001 年 1 月 11 日公布的《互联网药品信息服务管理暂行规定》，信息产业部、公安部、文化部、国家工商行政管理总局 2001 年 4 月 3 日联合发布《互联网上网服务营业场所管理办法》，中国人民银行 2001 年 7 月 9 日颁布的《网上银行业务管理暂行办法》，信息产业部 2001 年 9 月 20 日发布的《互联网骨干网互联结算办法》，信息产业部 2001 年 9 月 29 日发布的《互联网骨干网间互联服务暂行规定》，信息产业部 2001 年 10 月 8 日发布的《互联网骨干网间互联管理暂行规定》，信息产业部电信管理局 2001 年 12 月 20 日发布的《国家互联网交换中心结算业务规程》，等等。

综上，这个时期的网络空间法律法规，一方面是对网络空间法律起步阶段的完善，另一方面是面对网络空间新兴问题进行法律层面的填补，包括网络空间服务商、证券、银行等部门。这一时期是我国网络空间法律法规走向成熟与稳定的阶段。

3. 2005 年到党的十八大前，完善阶段

2005 年，以博客为代表的 Web 2.0 概念推动了我国互联网的发展。Web 2.0 概念的出现标志着互联网新媒体发展进入新阶段。在其被广泛使用的同时，也催生出了一系列社会化的新事物，如 blog、RSS、WIKI、SNS 社交网络等，同时我国网络空间也迎来了大发展时期。这一时期，网络空间不仅发展到日常生活中，也进入经济领域，使得网络空间的管理机构产生分工原则，形成以信息化部门为网络行业主管部门，其他各个领域如公安部、文化部、教育部等部门负责专项内容的管理体制。与此同时，网络空间法律法规也进入全面发展、深入推进的阶段。如 2005 年 2 月 8 日信息产业部发布了《非经营性互联网信息服务备案管理办法》，根据此办法，信息产业部会同中央宣传部、国务院新闻办公室、教育部、公安部等 13 个部门联合开展了全国互联网站集中备案工作。2006 年 7 月 1 日，经国务院第 135 次常务会议通过的《信息网络传播权保护条例》开始施行；2007 年 12 月 29 日，国家广播电影电视总局、信息产业部联合发布《互联网视听节目服务管理规定》；2008 年 1 月 31 日，经国家广播电影电视总局、中华人民共和国信息产业部审议通过《互联网视听节目服务管理规定》；2010 年 6 月 3 日，文化部公布《网络游戏管理暂行办法》，这是我国第一部针对网络游戏进行管理的部门规章。此外还有很多一系列法律法规规章，涵盖了网络知识产权、网络信息安全、网络内容管理等方方面面。综上，这一时期的网络空间法律法规发展，一方面对以前出台的相关法律法规进行了细化和进一步完善，另一方面针对网络空间发展中衍生的重要问题及时出台相关规范进行解决。这一时期是网络空间法律全面发展和不断深化推进的阶段，使得互联网的健康发展得到更好的法律保障。

4. 党的十八大至今，快速发展阶段

党的十八大以来，我国网络空间法律体系进入基本形成并飞速发展的新阶段。现有的170多部网络空间领域法律法规中，近六成是2012年以来颁布的。2012年12月28日，第十一届全国人民代表大会常务委员会第三十次会议通过了《全国人民代表大会常务委员会关于加强网络信息保护的决定》，对有损公民网络个人信息安全的形态或方式都作出了明确的规定，并且相应给出了个人信息安全遭到威胁后的解决路径。2015年2月4日，国家互联网信息办公室发布《互联网用户账号名称管理规定》。10月20日至23日，党的十八届四中全会召开，提出"加强互联网领域立法，完善网络信息服务、网络安全保护、网络社会管理等方面的法律法规，依法规范网络行为。"① 其突显了网络空间领域立法在我国法治建设中的作用，依法治国的要求被提到了前所未有的高度。特别是自2014年我国网络空间立法进入战略机遇期。2014年2月底成立的中央网络安全和信息化领导小组，由习近平总书记挂帅，横跨党、政、军，涵盖外交、国防、发展改革、教育、科技、财政、公安、工信、安全、文化、金融、新闻广电出版等部门，基本上包括了承担网络安全和信息化相关工作的各个主要部门。中央网络安全和信息化领导小组办公室设在国家互联网信息办公室，在国家互联网信息办公室的基础上全面、统筹管理互联网事务。

伴随着我国互联网走向广泛应用、深度融合的新阶段，一方面全局性、根本性的立法开始启动，2013年制定了立法规划，将《网络安全法》《电信法》《电子商务法》统筹考虑并积极推进立法进程，2015年6月第十二届全国人大常务委员会第十五次会议初次审议了《中华人民共和国网络安全法（草案）》，2016年6月第十二届全国人大常务委员会第二十一次会议对草案进行了二次审议，2016年11月7日颁布《中华人民共和国网络安全法》（以下简称《网络安全法》）；另一方面相关法律、法规、规章和司法解释加快出台，如《刑法修正案（九）》《中华人民共和国电信条例》《计算机软件保护条例》《信息网络传播权保护条例》《未成年人网络保护条例》等。网络空间立法正面临着"备受重视、体

---

① 十八届四中全会公报全文［EB/OL］.（2014 - 10 - 24）［2016 - 07 - 20］. http://www.js.xinhuanet. com/2014 - 10/24/c_1112969836.htm.

制理顺、快速发展"的良好契机。

（三）我国网络空间法律体系已初步形成

互联网发展到今天，已经基本覆盖人们日常生活的方方面面。2016 年 8 月 3 日，中国互联网络信息中心 CNNIC 在国家网信办新闻发布厅发布的第 38 次《中国互联网络发展状况统计报告》显示，截至 2016 年 6 月，我国网民规模已达 7.10 亿人，互联网普及率达到 51.7%，超过全球平均水平 3.1 个百分点。深刻变化着的还有不断完善的网络空间法律法规体系。自 1994 年接入国际互联网以来，我国网络空间立法工作取得飞速发展，基本的法律法规体系已经形成。

目前我国网络空间法律体系已经涵盖了网络安全立法、互联网基础设施与基础资源立法、互联网服务立法、电子政务立法、电子商务立法以及互联网刑事立法等各个方面。一是网络安全立法。以《网络安全法》《全国人民代表大会常务委员会关于维护互联网安全的决定》《全国人民代表大会常务委员会关于加强网络信息保护的决定》为代表，在法律层面上对网络信息安全提出保障措施。二是互联网基础设施与基础资源立法。以《中华人民共和国电信条例》《互联网域名管理办法》《互联网 IP 地址备案管理办法》等为代表，对互联网基础设施与基础资源的保护提供法律依据。三是互联网服务立法。以《互联网信息服务管理办法》《互联网新闻信息服务管理规定》等为代表，促进了互联网相关领域市场机制的有效有序运作。四是电子政务立法。以《政府信息公开条例》等为代表。五是电子商务立法。以《电子签名法》为代表，确立了电子签名的法律效力，规范了电子签名的行为，明确了认证机构的法律地位，为电子商务发展提供了基本的法律保障，促进了电子商务的蓬勃发展。六是互联网刑事立法。以《刑法修正案（七）》《刑法修正案（九）》等为代表，对打击非法侵入计算机信息系统、煽动实施恐怖活动等犯罪行为作出规定，有力保障了网络安全和国家安全。

在法律层面，有 2001 年颁布的《全国人民代表大会常务委员会关于维护互联网安全的决定》、2004 年颁布的《中华人民共和国电子签名法》、2012 年颁布的《全国人民代表大会常务委员会关于加强网络信息保护的决定》和 2016 年颁布的《网络安全法》。这几部法律都是全国人民代表大会层面制定的，属于顶层设计。《网络安全法》是我国第一部全面规范网络空间安全管理方面问题的基础性法律，是我国网络空间法治建设的重要里程碑。

在法规层面，与网络空间直接相关的有《中华人民共和国电信条例》《互联网信息服务管理办法》《信息网络传播权保护条例》《互联网上网服务营业场所管理条例》等 10 余部，而涉及互联网生活的重要部门规章有 20 多部，主要针对网络信息服务、视听节目、网络游戏、网络教育等多个门类。

最高人民法院和最高人民检察院还先后颁布了《关于利用信息网络实施诽谤等刑事案件适用法律若干问题的解释》《关于办理利用互联网、移动通讯终端、声讯台制作、复制、出版、贩卖、传播淫秽电子信息刑事案件具体应用法律若干问题的解释》等 4 个重要司法解释。

对网络空间的健康发展起到积极作用的还有一些互联网行业内部的自律条约。例如，由从事互联网行业的网络运营商、服务提供商、设备制造商、系统集成商以及科研、教育机构等 70 多家互联网从业者共同发起成立的中国互联网协会，自 2001 年成立以来，该组织已经先后发布《中国互联网行业自律公约》《互联网新闻信息服务自律公约》《坚决抵制网上有害信息的倡议》等多部行业自律规范。

我国网络空间法律体系呈现的最突出的特点，就是规范秩序与保障权利并重。第一，网络空间法律规范了互联网各相关主体的行为，要求各主体依法遵守互联网中的规范和职责，实现全民守法、公正司法、规范执法。对于服务提供者，法律要求企业在法律规定范围内行事，履行法律责任，规范经营行为，为互联网企业进入、经营网络设定规范；对于管理者，法律明确管理部门职责权限，重点规定了行政许可、行政处罚、行政检查等行政执法行为要求，保障行政执法主体依法行政，为监管部门管理互联网提供法律依据；对于用户，法律确立了网民的行为界限，防止侵犯他人权益、破坏网络安全等违法犯罪行为的发生，明确了网络并非法外之地，有利于培养守法网民。第二，网络空间法律对互联网领域的各种权利提供有效保护。如《信息网络传播权保护条例》《互联网著作权行政保护办法》《软件产品管理办法》《电子出版物管理规定》《互联网出版管理暂行规定》等保障了相关主体的知识产权，有关个人信息保护、服务质量保障等相关规定保护了用户的相关权益。

（四）网络空间立法存在的主要问题

自 1994 年接入国际互联网以来，特别是 2000 年以来，我国互联网飞速发展，各种新情况新问题、新技术新业务不断涌现。为适应互联网发展的需要和应对产生的问题，我国已经进行了很多网络空间立法工作。据统计，我国现行法律有240余部、行政法规700多部，其中专门针对网络空间的法律、行政法规有14部，但其中仅有两部法律——《网络安全法》《电子签名法》和两部法律级别的文件——《全国人民代表大会常务委员会关于维护互联网安全的决定》和《全国人民代表大会常务委员会关于加强网络信息保护的决定》。除法律、行政法规外，大量的立法是行政规章、规范性文件和司法解释，其中专门针对网络空间的有近90部。从数量上看，我国已出台了大量网络空间法律法规，但是从立法层级、质量、体系上来看，我国的网络空间立法还存在一些问题。

1. 在立法体系方面

我国关于网络空间的立法，目前已形成包括法律、司法解释、行政法规、部门规章、部门规范性文件、地方性法规和规章等多层次的体系，但在体系结构方面还存在较大缺陷。首先，表现为现有的法律条文较粗，可适用性和可操作性不强，各种法律法规存在各自为政、交叉重复等现象。其次，表现为现有法律法规缺乏完整性，许多法律条款分散于不同的规章、条例、办法之中，存在零乱现象，既难以知法，又难以执法。多头管理体制下造成多头立法、多部门闭门立法、各自立法，立法的目的往往局限于本部门的利益，导致相互冲突。最后，表现为权利与义务在结构上的不一致性，即重管理而轻权利，未能实现权利与义务的对等。目前我国的网络空间立法大多以行政性立法为主，偏向于从传统行政的角度保护网络安全，既缺乏管理性和技术性内容，也缺乏对公民权利保护方面的内容。立法侧重规定管理部门的职权、管理和处罚措施等内容，着重考虑方便政府的行政管理，而在涉及公民相关权益方面的立法较为欠缺，特别是在公民隐私权保护、电子商务、未成年人保护等方面的相关规定更为少见。在规范设计上以禁止性规范为主，缺乏激励性规范，强调网络服务提供者和网络用户的责任和义务，在管理方式上基本以市场准入和行政处罚为主，对网络用户的权利和保障相对欠缺，在功能上也相应地难以互相促进。

2. 在立法层次方面

我国网络空间立法大多停留在部门规章和政府规范性文件的层面上，层次较低。全国人民代表大会及其常务委员会通过的法律只占很小的比例，只有四部专门法律，绝大部分法规属于相关部门颁布的部门规章、规范性文件以及地方性法规、规章、规范性文件，或者是最高人民法院、最高人民检察院针对具体问题而作出的司法解释，有关网络空间立法的内容在《宪法》这个根本大法中更是很难找到，高层次互联网法律的比重十分薄弱，尤其是一直缺少网络空间的基本法律。这说明我国尚未形成一个以网络空间基本法律为主干，以行政法规、部门规章和地方性法规为补充的层次分明的法律体系，亟需一部搭建基本框架的大法，把分散的行政法规、规章统筹起来，形成网络空间法律体系。

3. 在立法内容方面

我国现有网络空间立法内容过于原则性，缺乏可操作性，难以有效执行。例如，目前我国对互联网的管理涉及范围较广，但是对于淫秽色情、损害国家荣誉和利益等规定过于笼统和模糊，缺乏明确的定义，没有明确的判断、分级和执行标准，实践中随意性较强，监管部门往往依靠个人理解或权力意志执法。此外，我国的网络空间立法呈现出明显的被动性、滞后性，多是在出现问题而传统法律规范又无法调整的情况下才加以规范和制约。

从我国网络空间立法状况来看，所涉及的内容范围较窄，远远不能覆盖伴随互联网发展而产生的各种法律问题，如网络监督、网络反腐、网络暴力、网络隐私权、虚拟物品价值、大数据时代的信息保护等，形成了许多立法真空地带，立法内容的整体性更是缺乏。如在电子商务市场准入与工商管理、网络知识产权保护、网上消费者权益保护的纠纷管辖与法律适用、电子支付等领域，现有的立法都没有作出相应规定，导致实践中执法困难。如今互联网领域的违法犯罪呈现多发态势，但如何追究责任、依据什么法律追究责任，尚没有明确规定。在我国仅有的几部网络空间专门性法律中，第一部专门规范互联网行为的法规《全国人民代表大会常务委员会关于维护互联网安全的决定》，从条文数量和条文内容看，只是起到一种指导和宣示作用，因为它仅由短短的7个条文构成；被称为"中国首部真正意义上的信息化法律"的《电子签名法》，虽然对电子签名的确立有非常重大的意义，但是可操作性较差，因为没有出台配套的立法和司法解释；《关于加强网络信息保护的决定》的"司法依据"价值有多大，还有待检验。在相关性法律中，《预防未成年人犯罪法》《未成年人保护法》《治安管理处罚法》《侵权

责任法》只有几条简单提及网络的条文；《著作权法》在 2001 年修订时新增了
"网络传播权"；《民事诉讼法》《刑事诉讼法》规定了电子证据；《涉外民事关系
法律适用法》规定了网络侵权的管辖。这些法律规定原则性较强，更多的只是文
本宣示。[①] 由于现有的网络空间立法内容呈现出的抽象单一、范围较窄、立法被
动、滞后失衡特点较为严重，缺乏前瞻性和针对性等原因，在很大程度上制约了
我国互联网的健康发展。

4. 在立法程序方面

缺乏较为广泛的民主参与是我国互联网在立法程序方面存在的最大问题。目
前我国的网络空间专门立法程序主要依据国务院制定的《行政法规制定程序条
例》和《规章制定程序条例》，这种由行政机关自己设定立法程序进行行政立法
的现象由于过分强化政府对网络的管制而漠视相关网络主体权利的保护，明显不
符合现代行政法的精神。目前我国有关网络方面法律效力最高的决定，除了《网
络安全法》就是较早的全国人民代表大会常务委员会颁布的《全国人民代表大会
常务委员会关于维护互联网安全的决定》，它规定的立法目的有两个：一是维护
国家安全和社会公共利益，二是促进互联网的健康发展，促进个人、法人和其他
组织的合法权益。按照宪法学和立法学的基本原理，其立法目的应该被网络空间
其他所有的法规和规章所遵循，但从其后颁布的各类法规和规章的立法目的来
看，都不约而同地只单方面强调了规范秩序、维护安全，而忽视了对各网络主体
的权利保护。

5. 在法律效力和法律制裁方面

根据我国行政处罚法的规定，法律可以设定各种行政处罚，行政法规可以设
定除限制人身自由以外的行政处罚，而国务院各部门制定的规章，省、自治区、
直辖市人民政府和省、自治区人民政府所在地的市人民政府以及经国务院批准的
较大的市人民政府制定的规章，则只能在法律、行政法规规定的给予行政处罚的
行为、种类和幅度的范围内作出具体规定。目前我国网络空间立法主要集中在国
务院部门规章与地方政府规章层次上，大多数是诸如信息产业部门、公安部门、

---

① 于志刚. 建构当代中国互联网法律体系［N］. 中国社会科学报，2013 - 04 - 03（2）.

工商行政管理部门等针对某些特定行业或领域在互联网中的安全和使用问题结合自身工作需要制定的，在缺乏上位法作为依据的情况下，规章不能创设处罚，这直接导致我国网络空间立法制裁性不足，无法震慑互联网违法犯罪行为，因此从法律效力上看局限较大。此外，我国网络空间立法管理权限混乱，缺乏统一规划，在纵向的统筹考虑和横向的有效协调方面非常欠缺，对于涉及多个部门职权范围的事项，牵头起草部门往往未能考虑其他相关部门的监督职能和相互之间的协调、统一，导致多头立法、政出多门，立法内容交叉重复，不同时间、不同部门制定的规章之间经常出现冲突矛盾，主要体现在以下两个方面。一是管理部门多，涉及工业和信息化部、国务院新闻办、公安部等十几个部门，各个部门相继各自或联合出台了一些部门规章，由于没有统一的协调机制，导致权责难以有效区分。如在互联网信息安全的管辖方面，《计算机信息系统安全保护条例》《计算机信息网络国际联网安全保护管理办法》《计算机信息网络国际互联网管理暂行规定》中都确定由公安机关负责管理和执行，内容交叉重复。二是出现了各部门立法互相冲突的不协调现象，如公安部颁布的《计算机信息网络国际联网安全保护管理办法》第十二条规定，联网单位和个人要到公安机关指定的受理机关办理备案手续，同时国务院颁布的《互联网信息服务管理办法》也规定了备案制度，这就可能导致一家网络经营主体必须进行重复备案的不合理现象。不同法规、规章对同一违法行为的具体处罚形式和力度有所不同。如对未取得经营许可证，擅自从事经营互联网信息服务的，《互联网信息服务办法》规定的处罚为没收违法所得，无违法所得或违法所得不足5万元，处10万元以上100万元以下的罚款；而《计算机信息网络国际互联网管理暂行规定》的规定则是责令停止联网，给予警告，可并处15000元以下的罚款，有违法所得者没收违法所得。

6. 在与传统一般性法律的对接方面

互联网发展初期人们认为网络是虚拟的，没有国界的，这个观点早已被驳斥。人们知道的最典型的一句话就是，"原来我们说在网络上没有人知道你是一条狗，现在我们说在网络上没有人不知道你是一条狗"。网络是现实生活的延伸，在立法方面加强网络空间法治建设，首先要将规范现实生活的法律向网上延伸。

如关于网络广告的法律问题，互联网上的网站主页充满了形形色色、五花八门的信息，实质上是法律意义上的商业广告，但是现有的法律对广告主体、广告经营者、广告发布者的定义及其制约方式却远远不能适应网络广告的现状与发展。还有网络拍卖，《中华人民共和国拍卖法》规定拍卖公司的设立必须由当地公安机关按特种行业进行批准方能进行工商注册登记，注册资本必须在 100 万元以上，经营古董的拍卖公司注册资本须在 1000 万元以上。现在网上的拍卖可以说是如火如荼，但究竟有几家拍卖公司能够完全符合这一规定呢？对一些以拍卖电脑、照相机、电动剃须刀等办公及生活用品为主要经营业务的网站，这一规定又是否切合实际呢？另外，互联网上形形色色的犯罪现象也对我国现行刑法提出了新的挑战，如裸聊，当事人在自己的家里赤身裸体地对着摄像头，搔首弄姿，因为他并不是在公开的场合，而是在自己的家里，有时甚至是十几个人，各自在各自的家里这样做，并没有身体的接触，按照传统一般性法律难以定罪处罚。现有网络空间立法与程序法的对接也存在问题，如提起诉讼要求必须有明确的被告，但网络信息往往稍纵即逝，使得网上纠纷中双方当事人身份的确定成为网络诉讼的难点，网络的无地域性特征还给传统法律的属地管辖原则提出了难题。

二、网络空间立法必须坚持的理念和原则

台湾学者史尚宽先生认为："法律制定及运用之最高原理，谓之法律之理念；法律之理念，为法律的目的及手段之指导原则。"网络空间立法的基本原则是指导网络空间立法制定和实施的基本要求，是确保网络空间法律规范统一协调的前提和标杆。由于各国国情的不同和历史发展时期的不同，各国在不同的历史发展时期会有不同的网络空间立法原则。

（一）网络空间的特征对立法的影响

1. 互联网的多变性对立法滞后性的影响

根据摩尔定律①，互联网等高科技的更新周期在两年左右，技术两年就换代了，而两年时间对于复杂的网络高科技诉讼来说，往往是旷日持久的审理之后，

---

① 摩尔定律由英特尔创始人之一戈登·摩尔提出，其内容为：当价格不变时，集成电路上可容纳的元器件的数目，每隔18～24个月便会增加一倍，性能也将提升一倍。换言之，每一美元所能买到的电脑性能，将每隔18～24个月翻一倍以上。这一定律揭示了信息技术进步的速度。

双方聚焦的新技术可能已经失去了价值。又如，近年来我国依托互联网迅速发展起来的各类交易、支付、金融服务等都还缺乏相应的全面、细致的法律法规。

法律必须稳定，又不能静止不变。法律的稳定有助于维护法律的权威，但社会生活却是在不断变化的，要求法律能随社会生活的变化而相应变动。而立法往往是问题出现后采取的解决办法，具有先天的滞后性，在瞬息万变的互联网领域，新问题层出不穷，立法时难以预料。互联网领域具有法律意义的问题也处于不断变换中，及时立法容易使得法律一经制定便在实质上失效，而不及时立法又不符合法律对社会生活事实的回应需求，容易导致互联网领域的混乱。

因此，网络空间立法需兼顾稳定与前瞻。互联网时代需要立法者立足现实并具有前瞻性眼光，以应对层出不穷的新技术、新应用带来的法律挑战和监管困境。在互联网环境下，立法所立足的技术背景和社会条件都处于急速的变化发展之中，法律的制定与实施既需要有前瞻性，也要正视现实的可操作性，尽可能以相对稳定的法律规范适应不断变化的网络环境。对于重点问题先行立法，使之有法可依，并在立法过程中不断适应新形势，出台具体的管理细则。

2. 互联网的无国界性对立法地域性的影响

立法总是面向一定的时空地域，对特定的人群或者事件产生约束力，超出立法规范的对象范围则立法失效。但互联网先天具有无国界的特性，任何互联网领域的问题都能轻易变成跨国性的法律问题。而由于各国家民族传统、社会发展状况、政治经济制度等方面存在差异，各国的网络空间立法也不尽相同，这便给网络空间立法带来困境。因此，需要国际社会制定适用于互联网领域的基本活动规则，减少各国网络空间立法的"缝隙"。如《网络犯罪公约》的出台为各国打击网络犯罪提供了基本样本。[①] 我国应积极参与相关国际公约的制定，发出维护民族利益的声音。在相关领域有国际公约规定时，网络空间应以相关规定为参照进行立法；当相关领域无国际公约规定时，网络空间也应积极地借鉴他国有益经验进行合理立法。

---

① 《网络犯罪公约》是于2001年11月由欧洲理事会的26个欧盟成员国以及美国、加拿大、日本和南非共30个国家的政府官员在布达佩斯共同签署的国际公约，自此《网络犯罪公约》成为全世界第一部针对网络犯罪行为制定的国际公约。而《网络犯罪公约》制定的目的之一是期望使国际上对于网络犯罪的立法有共同的参考标的，也希望国际间在进行网络犯罪侦查时有一个国际公约予以支持，而得以有效进行国际合作。

网络空间安全与法治保障是一项世界性的新课题，应制定各国普遍接受的网络空间安全国际规范。为此，应当在深入研究现有国际法如何适用于互联网的同时，积极探索适合网络空间特点的新的国际规范，包括信息安全国际行为准则和国家行为准则。当前亟须开展国际立法合作，构建国际网络空间安全立法的中国话语权，在国际网络空间安全立法中注入中国元素，在联合国的框架内制定相关的国际规则，增进各国之间的互信与合作，共同维护网络空间的和平与安全，共同推进网络空间安全国际化、体系化、制度化和法治化。

3. 互联网的技术性对立法规范性的影响

传统的立法主要是对现实世界中人的行为、物的归属等进行规范，所规范的内容作为一般现实世界参与者的人往往有所感知，甚至仅凭个人生活经验便可体悟。而互联网领域的法律规范包含行为性规范和技术性规范，活跃于互联网世界的网民往往难以具体感知或体悟相关的技术性规范。正因为互联网领域的技术性规范的存在，网络空间立法难以由传统的法律人单一完成，往往需要互联网技术专家参与相关论证。同时，部分互联网技术本身便可能蕴藏着价值选择，而这种价值选择未必总是符合法律的价值追求，甚至某些互联网技术一经使用便违背人类普遍的基本价值追求，并涉嫌违法。因此，在互联网领域立法时，应考虑互联网的特殊性，让相关的互联网技术专家有效参与论证。同样，在互联网技术本身可能涉及重大价值偏向时，应在技术开发前邀请相关法律专家参与论证，将可能造成的不良影响扼杀在摇篮里。

4. 互联网的开放性对立法封闭性的影响

传统立法往往是立法者在借鉴相关国家的立法经验后依立法者的理性构建而完成的，具有一定的封闭性。而互联网具有开放性，它已成为网民生活、学习、工作的必需，因此网络空间立法应走向开放，让民主参与立法，因为网络空间立法不但涉及多个政府部门间的利益博弈问题，还有网民、网络产业经营者参与博弈的问题，以及国家利益、公共利益、网络产业经营者利益、网民利益的平衡问题等。①

---

① 张平. 互联网法律规制的若干问题探讨［J］. 知识产权，2012（8）：3-16.

（二）网络空间立法必须坚持的理念——总体国家安全观

立法理念是对法律的本质及其发展规律的一种宏观的、整体的理性认知和把握，理念比观念、概念和法律意识等的层次更高，可对法律制定和实施进行科学的预测和指导。现代法的立法理念包括了正义、民主、平等、法治、权利、安全、效益和可持续发展等内容，而实现总体国家安全是网络空间立法必须坚持的立法理念。

随着网络信息技术的不断发展，国家关键基础设施越来越依赖复杂的网络空间。2014年4月15日，习近平总书记在中央国家安全委员会第一次会议上指出，"当前我国国家安全内涵和外延比历史上任何时候都要丰富，时空领域比历史上任何时候都要宽广，内外因素比历史上任何时候都要复杂"。网络空间对国家安全和社会稳定产生的巨大影响日益凸显。习近平总书记审时度势，提出了"坚持总体国家安全观，走中国特色国家安全道路"的新观点，强调国家的安全发展要兼顾内外安全、国土与国民、传统与非传统、发展安全、自身与共同安全。"总体国家安全观"强调了更深、更高、更全面的综合安全，创造性地提出了富有中国特色的国家安全价值观念、工作思路与机制路径，是比"安全理念"或"综合安全理念"更宏观、更整体的理性认知。

"总体国家安全观"为我国网络空间立法的制定和实施工作提供了科学的指导，符合"总体国家安全观"要求的网络安全是国内外复杂开放环境下的网络安全，不是碎片化、局域化、区域化的网络安全。我们应确立"总体国家安全观"的法律理念，以此为指导，协同考虑安全与发展的关系，制定落实"总体国家安全观"的综合性立法。

网络空间的安全与发展是世界各国信息化建设共同面临的挑战。《欧盟理事会2007年3月22日关于建立欧洲信息社会战略的决议》从发展的角度，提出"在发展中解决安全问题"的思想，鼓励政府机构和企业创造更先进、更安全的产品和服务。保障"生存权"是美国网络安全法的基本价值取向。2003年美国《网络空间安全国家战略》明确号召美国全民参与对其拥有、使用、控制和交流的网络空间的安全保护。习近平总书记强调："做好网络安全和信息化工作，要处理好安全和发展的关系，做到协调一致、齐头并进，以安全保发展、以发展促安全，努力建久安之势、成长治之业。"这为我国网络空间战略确立了"安全与发展并重"的基本方向。我国应当采取"保安全、促发展"的战略，在发展中解决安全问题，将网络安全作为网络强国建设能力的重要保障。立法落实国家战略，必然需要正确处理"安全"与"发展"的关系，这也决定了我国网络空间立法必须兼顾"安全、发展"的二元价值特性。

2016 年 11 月 7 日通过的《中华人民共和国网络安全法》就是总体国家安全观的践行。这部法律以总体国家安全观为指导，明确了我国网络空间安全的内涵与外延，成为构建五位一体中国特色国家安全体系的重要内容。

（三）网络空间立法必须坚持的基本原则

网络空间立法必须坚持的基本原则是指导立法主体进行立法活动的基本准则，是立法机关据以进行立法活动的重要理论依据，它反映立法机关根据什么样的思想、追求什么样的宗旨，是立法者法律意识在立法上的集中体现，也是为立法活动指明方向的理性认识。在这个快速发展且多变的网络空间进行立法，难度非常大，除了遵循《中华人民共和国立法法》中规定的基本原则以外，还应当尊重网络空间自身的特性。因此，网络空间立法应遵循以下原则。

1. 科学立法的原则

科学立法是立法的基本原则，体现在网络空间立法领域，科学立法首先要求按照网络空间本身的规律进行考量，不能把现实生活领域的规则简单运用到互联网领域。例如海量性和平台化是互联网上的信息具有的特点，即在极为有限的平台之上聚集着海量的信息，如搜索领域的百度搜索、电子商务领域的淘宝、社交领域的微信等，其平台上的信息以亿为单位计算。在立法上，如果不考虑这些平台的特点，简单地套用线下规则，则必然导致平台承担无法承受的义务和责任。例如，《中华人民共和国消费者权益保护法》修订过程中，修订草案意见稿中规定，网络交易平台与柜台出租者、展销会举办者一样，应向消费者承担兜底责任。这条规则一旦实施，则交易平台必然会被海量的消费者求偿要求所淹没，因为它没有考虑网络交易平台所面临的海量交易的特点，最终经过权衡，正式修订案中考虑交易平台的特性，该条规则被舍弃。

科学立法还要求进行科学的法律"移植"，不能简单照搬国外法律。毋庸讳言，我国网络空间法律法规的制定在一定程度上借鉴吸收了来自美国等互联网发达国家的有益经验。在法律"移植"过程中，必须考量的是相同法律规则在不同环境下的适用性问题，避免"橘生淮北则为枳"的现象产生。

2. 民主立法的原则

民主立法要求立法过程中遵守民主程序。在网络空间立法问题上，民主立法必须破除立法部门利益化的倾向，即立法为本部门揽权、为本部门谋利的倾向。在网络空间立法中应该采取十八届四中全会报告中所说的民主立法，即由立法机关主导，在社会各方有序参与下立法。只有在立法机关主导和引导的情况下加强各方的参与，平衡各方的利益，才能把互联网立法做得更好。

虽然其他法律领域也存在立法部门利益化的问题，但由于网络空间法律领域缺乏高阶层的统一上位法对下位法进行规制，且立法主体众多，立法部门利益化问题可能会比其他领域更严重。① 因为全国人民代表大会不负责具体的行政监管事务，在立法问题上基本上没有特殊利益，要避免这个问题，最好的办法无疑是让专门的立法机关——全国人民代表大会来主导立法。但在现阶段，由于全国人民代表大会立法资源的有限性，其他部门特别是国务院各部委的立法不可避免。在这种情况下，应通过民主立法程序，吸纳立法部门外的主体，如独立的专家学者参与到立法过程中来，广泛听取各方面意见，特别是立法涉及的利益相关方的意见。

3. 尊重互联网发展规律的原则

互联网具有很强的技术性，天然具有虚拟性、广域性、开放性、交互性等特征，自由、开放、便利、快捷是互联网天生的优点，同时网络的发展有一个从不成熟到成熟、从乱到治的过程，在其发展规律和发展方向尚未确定前，进行立法时一定要注意在规范网络行为的同时还要考虑到网络自身的发展规律问题。由于互联网的影响已经深入社会的各个层面，而立法本身又是国家牵一发而动全身的重大活动，网络空间立法必须正确揭示和反映社会事物的客观规律，通过适当的规则尽量减少非市场因素和非技术因素对互联网的干扰。在网络世界，网民可以充分表达自己的观点和言论，也可以根据意愿选择自己喜欢的行为方式和生活方

---

① 张翔. 基本权利的规范建构 [M]. 北京：高等教育出版社，2008.

式，如果简单地出于对互联网管制方面的考虑而大量进行网络空间行政立法，一味强调传统的管制方式和措施，注重限制而忽略了政府应尽的义务以及对网民、网络营运商权利的保护，法律就会成为新技术发展的阻碍，必将对网络构成严重的危害，阻碍网络的健康、快速发展，这样的网络空间立法最终也会被新技术带来的经济社会基础变革所淘汰。① 因此，在网络空间立法过程中，必须充分尊重和考虑互联网的这些特性，进行充分的调研论证，尊重互联网发展规律，统筹兼顾，稳妥推进。

网络空间立法既要有保守性又要有前瞻性。未来随着互联网新业务的不断开拓和飞速发展，互联网技术日新月异，网络应用服务亦将层出不穷，移动互联网等新的业务增长点已经不断出现，这又要求我们必须充分考虑互联网的发展趋势，保持立法的适度超前和应有的开放性，加强对互联网新业务、新技术、新问题的跟踪研究和前瞻性研究，准确把握今后网络空间立法的方向、手段和措施，在及时跟进研究互联网发展趋势的同时，重新审视、及时梳理互联网管理法律法规，并适时推动、完善相关立法，合理安排、设计相关法律制度，以利于维护法律的权威，增强司法实践中的可操作性和稳定性，从而改变被动立法、滞后立法的局面。如果立法频繁变动，必将使民众无所适从，并且丧失法律的权威和尊严。立法的时候在没有看清楚时应该等等看，让互联网产业、消费者群体、企业自己探索，不然有可能阻碍创新。其次是前瞻性，立法应该想的长远一点。明确法律规制的对象不是技术本身，而是技术行为，应该为新技术的发展留下足够的空间。如果贸然限制过多，反而会阻碍技术的进步，与互联网分享共享的精神无疑是背道而驰的。

还要谨慎立法。谨慎立法是指互联网产业作为一个新兴行业，其发展速度迅猛，产业形态变化也十分快，相对而言，法律则要求具有较高的稳定性和延续性，为避免与实际发展变化脱节，网络空间立法务求谨慎稳妥。有学者做了一个形象的比喻：网络是一只活蹦乱跳的兔子，而法律是四平八稳的乌龟。谨慎，要求网络空间立法过程中保持"让子弹再飞一会儿"的耐心，特别是对新近出现的互联网产业形态，保持一定的容忍度。在产业出现的初期，其形态尚未稳定，能否持续发展也是未知数，如果贸然出台法律，不仅规制路径不清楚，还很有可能

① 隋岩，曹飞. 从混沌理论认识互联网群体传播特性［J］. 学术界，2013（2）：86－94.

给产业发展带来巨大的法律障碍，阻碍产业的成长。这方面的典型例子是互联网约租车。互联网约租车在我国的发展不过几年时间，但由于对现有出租车的利益格局造成了重大冲击，所以出现了非常强大的反对力量，并且要求监管部门尽快立法进行规制。由于互联网约租车这一产业形态新近出现，尚未形成稳定的结构，某些地方监管部门开始的立法思路必然以成熟的管制出租车的规则来管制互联网约租车，要求互联网约租车像传统出租车一样拿到特定的牌照才能上路经营。如果这一规则真的实施，则互联网约租车服务也就发展不起来了。直到现在，互联网约租车的立法仍在斟酌酝酿中。这是立法者的明智之举，避免了针对不成熟的产业出台不成熟的法律，等待产业发展较为成熟，实践中的问题也观察得较清楚后，再进行立法也不迟。

4. 原有一般性法律与网络空间专门立法相结合的原则

网络空间立法并不是现有法律体系中出现的一个独立的法律部门，而是对互联网新出现的问题进行规制的一系列法律规范，网络空间立法与现有各部门法存在密切的关系，也有着明显的差异。一方面，网络空间立法具有特异性，网络空间立法以特定的网络法律关系为调整对象，以互联网为核心领域，改变着许多传统的法律领域，如保险、金融、贸易和知识产权方面的法律等，提出了许多新的法律上的权利，如虚拟财产权、域名权等；另一方面，网络空间立法具有共同性，由于网络空间立法指向的对象（自然人、法人、其他组织）最终必然也是现实空间中的对象（自然人、法人、其他组织），必须以现实空间中各部门法的法律原则、法律规则为基础发展和改造网络空间立法的基本制度。

世界上最早提出对虚拟世界与真实世界进行一样管理的理念主张的是美国。1996年美国出台的《电信法》中明确将互联网世界定性为"与真实世界一样需要进行监控"的领域，体现的正是对这一信念的坚守。因此，通过立法、司法解释等多种手段，推动传统法律适用互联网领域，将网络时代出现的新的法律问题纳入传统法治约束的范围，逐步建立和完善符合我国国情特点的网络空间管理法律法规体系，是促进我国互联网有序发展的新思路。主要应遵循三项原则：一是传统法律中能够覆盖互联网的可直接适用，如《宪法》《刑法》《民法通则》《侵权责任法》《著作权法》的有关规定可以直接适用于网络；二是将传统法律中不能覆盖互联网的修订或作法律解释或司法解释之后再运用于网络空间，如修订后的《中华人民共和国未成年人保护法》专门增加了有关保护未成年人网络权益的内容，最高人民法院、最高人民检察院出台司法解释对利用信息网络实施诽谤等刑事案件适用法律问题作出规定等；三是对传统法律无法覆盖的领域，制定专门的网络空间法律规定，如 2012 年公布的《全国人民代表大会常务委员会关于加强网络信息保护的规定》、2000 年出台的《互联网信息服务管理办法》等。

网络是现实生活的延伸，在立法方面加强网络的法治建设，首先要将规范现实生活的法律在网上延伸，不能把网络空间和现实空间割裂开来看待，适用于现实社会管理的法律法规都应该适用于网络空间。事实上，除了针对网络空间的专门性法律法规，我国现行的其他法律中有 30 多部法律的相关规定都可以直接适用于网络空间，有关部门制定网络空间法规的基本原则也都来源于已有法律。如从 2013 年开始，国家加大对网络谣言、网络诽谤的打击力度。最高人民法院、最高人民检察院于 2013 年 9 月颁布了相关司法解释，对网络谣言等的量刑边界明确量化："诽谤信息被浏览次数达 5000 次，转发达 500 次，诽谤者即可入罪判刑。"一批网络谣言的幕后推手如"秦火火""拆二立四"等受到了法律的严惩。2013 年 9 月 9 日公布的《最高人民法院、最高人民检察院关于办理利用信息网络实施诽谤等刑事案件适用法律若干问题的解释》开创了很好的范例，成功地将刑法第二百九十三条第四项中的"公共场所"扩张解释到信息网络系统中的公共空间。由此可见，原有一般性法律与网络空间专门立法相结合应当是我国网络空间立法必须坚持的原则。我国一方面应对现有法律在互联网上进行扩展适用，另一方面应对互联网新出现的专门问题进行专项创新立法，二者紧密结合，最后待条件成熟时制定统一的网络空间基本法。

5. 平衡互联网国家权力监管与公民权利保护的原则

网络空间立法需要政府、企业、社会组织、个人之间的共同参与和广泛合作，因为其内容涉及多个主体、多方法律关系。在立法过程中，既要促进信息产业的持续健康快速发展，又要充分保障用户的合法权益，处理好政府、企业和用户之间、国家权力管理与公民权利保护之间、公共利益和个人利益之间的关系。法律的制定是为了保障权利，最终表现为利益。利益是"主客体之间的一种关系，表现为社会发展客观规律作用于主体而产生的不同需要的满足和满足这种需要的措施，反映着人与其周围世界中对其发展有意义的各种事物和现象的积极关系，它使人与世界的关系具有了目的性，构成了人们行为的内在动力"。① 马克思曾经说过："一个人奋斗的一切都与自己的利益有关，不同的人就有不同的利益，不同的利益就有不同利益的代言人。"② 网络空间立法需要兼顾各方利益，需要建立在对网络经济和社会需求全面深入细致的调查研究基础上，需要对网络这一事实行为与经济发展、社会需求之间的关系进行平衡考量，在适度的范围内，既不影响公民权利和自由的行使，又能达到国家对因网络产生的问题进行管理的目的。

坚持国家网络空间安全与公民个人信息的同等保护原则，并将其明确为网络空间安全立法的重要原则。我国前期的一些网络空间立法过分强化政府对网络的管制而忽视对相关网络空间主体权利的保护。移动互联网时代的网络空间安全立法，既要强调"国家安全优先，政府主导与行业自律相结合，保护网络自由，维护利益平衡，保护个人信息，保障网络公共秩序"，又要坚持破解"被遗忘的权利"保护的机会平等、规则平等、制度平等等难题，实现个人信息权益正当保护与国家网络空间安全有效守卫的相互平衡。

现代法律制度设计是以公民权利至上为逻辑起点的，但我国现有网络空间立法以部门规章为主，而部门规章在制定时往往出于行政管理需要，大多将义务、责任强加给网民及互联网经营者，在网络空间法律规范中重点规定了公民在维护网络安全、信息安全和互联网内容管理等方面的各项义务，侧重规定行政主体的职权，管理色彩浓厚。对于公民却很少提及他们的权利，授权性条款不足，禁止性条款反而较多。③ 特别是公民通信自由与通信秘密、隐私权保护等方面很少有专门的规定加以保护，导致个人信息泄露、网络谣言、"艳照门"、人肉搜索等现象频现网络，公民基本权利在互联网背景下被冲击得支离破碎，无法得到有效保护，并且行政和司法救济手段不足，公民提起行政复议和诉讼耗时费力，很难充分维护自己的合法权益。为此，要完善我国的网络空间立法，必须坚持的一个原则是：在规范和约束网络行为的同时更应注重尊重并保障公民正当的言论自由，在打击违法犯罪的同时发挥网络汇聚民意的功能，在维护社会公共利益的同时制约和防止公权力的滥用，将绝大部分的公权力的行使置于网络的阳光下。成熟的

① 邹江，等. 人肉搜索：网络隐私权的侵犯与保护 [J]. 群文论丛，2008（7）：18 - 19.
② 夏燕. 论网络法律的基本理念与原则 [J]. 重庆邮电大学学报（社科版），2007（6）：56 - 59.
③ 陈毅松. 浅析互联网时代的传播变革 [J]. 新闻传播，2012（1）：42 - 43.

网络空间立法应该让网民心声得到有序表达，应该让理性与宽容成为立法主流。

6. 立足我国国情与借鉴国际经验相结合的原则

目前我国对网络空间立法的理论研究相对不足，在对立法的基本原则问题研究上也存在模糊认识。如在网络空间立法所涉及的对我国国情与国际经验的认识方面，有人认为信息网络的广域性和技术性特征决定了网络空间立法具有全球普遍性，因此简单"移植"他国或国际立法即可；还有人认为我国现在信息网络还不够发达，立法条件还不成熟或不具备相应的立法条件，应等待时机成熟后进行立法。

应该说，互联网起源于国外，最先发展于外国，很多西方国家包括韩国等一些亚洲国家的互联网发展和应用水平都远高于我国，他们积累了许多互联网管理和立法的先进经验，而我国在这方面的立法经验和行政经验都相对欠缺，只能在摸索中前进，因此我国有必要进一步加强国际交流与国际合作，扩大视野，借鉴国际先进的立法经验和立法技术，积极吸取网络空间立法的国际经验和先进做法，提升我国的立法技术和水平，以期达到"他山之石，可以攻玉"的效果，这是借鉴人类共同政治文明有益成果的体现，可以让我们少走弯路，加速发展。

互联网虽具有国际性的特点，但更应体现出民族性的特点。例如，美国曾于1996年签署通过了《通讯内容端正法》，后联邦最高法院判决该法案违宪，导致美国政府企图用法律规范网络传播内容的做法失败，这是因为美国互联网控制技术更为发达，行业自律及透过技术的软性管理方式更适合于美国的互联网发展现状。加拿大一直认为制定针对互联网的专门法律、法规条件还不成熟，目前只能依照现行法律和政策解决已发生的网络问题，虽然现行的法律并没有针对互联网作出特别的规定，但都是适用于网络和网上行为的规范。加拿大之所以不主张为互联网专门进行立法，正是因为该国现有相关法律已经相对健全。由此可知，互联网传播虽然具有普遍性，但具体到每个国家的具体国情又要具体分析，外国的网络环境和社会体制都与我国有所不同，仅社会形态的不同就会导致国内外环境存在较大差异性，中外权利结构的分配不同更使得我国在立法中不能全盘照抄外国的做法。我国本身是发展中国家，又有自己独特的国情、文化和社会历史背景，已有的法律、法规尚不尽完善，因此发达国家的互联网管理原则许多都无法推而广之到我国，我国网络空间立法必须立足本国实际，分析网络技术发展的现状、社会对网络的依赖程度以及电子信息的覆盖度等细化性的数据，对此进行专业的评估论证，才能决定自己互联网的立法模式和选择，制定出适宜我国网络社会现状的合理的、公正的、适应经济发展水平和发展前景的网络空间法律。

三、 疏而不漏，健全网络空间法律法规体系

网络空间已经成为关系国家安全、社会稳定和民族复兴的战略新高地，构筑全方位的国家网络空间治理体系，加速推进网络空间立法成为当务之急。习近平总书记一向非常重视网络空间的法治建设。2014 年，习近平总书记在中央网络安全和信息化领导小组第一次会议上的重要讲话中指出："要抓紧制定立法规划，完善互联网信息内容管理，关键信息基础设施保护等法律法规，依法治理网络空间，维护公民合法权益。"在 2015 年第二届世界互联网大会上的重要讲话中，习近平总书记强调，网络空间不是"法外之地"。在 2016 年 4 月 19 日召开的网络安全和信息化工作座谈会上习近平总书记再次强调："要加快网络立法进程，完善依法监管措施，化解网络风险。"十八届四中全会以"依法治国"为主题，强调立法先行，成为我国加快网络空间立法的重大契机。坚持以国家治理体系和治理能力现代化为法制目标，以总体国家安全观为立法理念，加快综合性立法，以"防御和控制"性的法律规范替代传统单纯"惩治"性的刑事法律规范，从多方主体参与综合治理的层面，构建"防御、控制与惩治"三位一体的网络空间法治体系。党的十八大、十八届三中和四中全会都对完善网络空间法律体系、提高立法质量提出了明确要求。

（一）加快制定网络空间立法中长期战略规划，注重顶层设计

党的十八届四中全会是加快推进网络空间立法的重大契机。应该说，一直以来，党中央、国务院高度重视互联网领域的立法工作，特别是近年来先后制定了《全国人民代表大会常务委员会关于维护互联网安全的决定》《中华人民共和国电信条例》《互联网信息服务管理办法》《互联网新闻信息服务管理规定》《中共中央办公厅国务院办公厅关于加强和改进互联网管理工作的意见》《国家互联网信息办公室、工业和信息化部、公安部关于加强微博客管理工作的意见》《全国人民代表大会常务委员会关于加强网络信息保护的决定》《即时通信工具公众信息

服务发展管理暂行规定》《网络安全法》等一系列涉及互联网领域的法律、行政法规和部门规章。这些法律法规在推动和规范我国互联网建设发展过程中发挥了重要作用。但从总体来看，互联网领域立法还缺乏统领，未成体系，且有些规定和内容还比较薄弱和滞后，不适应我国信息化发展和维护公民在网络活动中合法权益的要求。因此，要抓紧制定出台国家网络安全和信息化立法规划，真正把互联网领域涉及的基本法律架构搭建起来。此外，结合实际，对现行法律法规规章进一步完善，把我们多年来互联网管理的成熟经验和做法上升到法律、法规层面。

为了终结以往互联网治理"九龙治水""三驾马车"的局面，中央网络安全和信息化领导小组办公室（以下简称中央网信办）应当在中央网信小组领导下，统筹各部门立法，加强顶层设计。在法律和行政法规的层面，对各部门牵头参与的立法，要积极介入，熟悉各部门立法的重点和难点，作为中间者和统筹者，对主要问题进行协调，必要时还可以会同全国人民代表大会常务委员会法工委、国务院法制办公室等部门进行立法协调，平衡各部门利益，解决久拖未决的历史问题，如加快出台《中华人民共和国电信法》、修订《互联网信息服务管理办法》等。在部门规章的层面，要求各部门出台的网络安全和信息化领域的规章送至中央网信办备案，由中央网信办予以监督、指导，以及时纠正部门立法"打架"的情况。相关部门将进一步完善网络空间法律体系，主要围绕网络信息服务、网络安全保护、网络社会管理三大方面进行构建。

（二）做好立法的全面规划，开展网络空间基础性立法研究

注重国家利益与一致性原则的有机统一。信息安全首先要体现国家利益原则，同时要避免重复立法和分散立法，增强立法的协调性，避免立法的盲目性、随意性和相互冲突。加强对网络空间安全立法的功能、价值取向、基本模式的研究，建立国家网络安全法律体系基础理论；要对国际立法经验系统进行全方位的梳理和跟踪，对国内网络空间安全立法的路径、缺陷和发展方向进行全面的总结，提出制度体系的理论与立法框架，增强网络空间立法的科学性、权威性和预见性。

（三）适时制定计算机网络基本法

面对发展迅猛的网络空间，积极吸收外国先进经验并结合我国国情，尽快将

我国的网络空间法律体系建立起来，是立法者要考虑的重点问题。只有使人们最大限度地享受网络、安全地使用网络，依法规范网络行为，才能使网络健康、持续地发展，以网络空间基本法为核心内容的网络法律体系也就显得尤为重要。因此，有必要制定立法长远规划，确立明晰的网络治理战略，全盘考虑网络空间立法的整体设计，用统一的基本原则解决网络空间涉及的各种基本问题，最后出台一部完善的、切实可行的计算机网络基本法。2016 年 11 月 7 日公布的《中华人民共和国网络安全法》开启了我国信息网络立法进程，改变了我国信息网络领域长期以来缺少基本法律支撑的状况，对于完善我国在网络空间的规范治理体系具有基础性意义，但仍需制定能够把握我国网络空间立法方向的一部法律，这部法律应当包括网络空间领域的基本理念、基本价值观，涉及网络空间领域基本权利和基本义务的相关问题。一言以蔽之，此法应该是我国的网络"宪法"，为未来用"基本法解释模式"解决立法和司法中的相关问题奠定基本法基础。

我国立法机构在制定网络空间基本法时，以下两个问题是要特别注意的：首先不能脱离现有法律，在加快网络空间基本法立法的同时，要充分考虑与现有法律的融合和衔接的问题，考虑基本法在整个法律体系中所处的地位和所起的作用，如何统领整个法律体系，如何衔接好横向的、纵向的各种法律，尽量避免和减少出台新法律对法律体系可能产生的不稳定影响；其次要将我国网络空间发展的实际情况和具体特征充分体现出来，遵循网络空间发展的一般规律，使立法能够适应网络空间这一迅猛发展的产业，避免束缚和阻碍网络空间的发展，为网络空间的发展提供更为和谐的环境。

计算机网络基本法的立法目的是既要维护网络秩序的和谐发展，又要保护网络主体的平等权利。一部完善的计算机网络大法，首先应当包括行政法的内容，要确立网络从业的市场准入条件，对网站管理者的信息控制责任作出认定，对违反安全保障义务的责任承担作出划分，确定政府部门在网络行业进入、网络安全等方面的管理责任，以及有关部门在玩忽职守或者滥用职权时相对人的请求救济权利等；其次还应当包括民法的内容，如何调整网络消费主体和网络消费行为之间的权利义务关系，对网民的言论自由权、网上交易权、信息使用权等方面的规定，以及对网上交易平台、网络运营商等违规侵权责任的认定等；最后还应当包括刑法的内容，如利用网络窃取各种机密资料、销售毒品赃物、传播色情、侵犯知识产权等构成网络犯罪的认定等基本问题。

虽然这部计算机网络法会有与其他部门法重合的地方，并且不可能一劳永逸地解决所有问题，但是对于我国网络纠纷的审理和诉讼能够提供直接、清晰的法律指引，该法的制定利大于弊且势在必行。要将有关网络信息的基本问题作出统一规定，为治理网络空间提供法律依据，维护网络安全，保障网络运营商和网络用户的正当权益。具体来说，要明确网络信息的基本原则，理顺网络管理体制，明确信息安全工作的领导体制，进一步明确电信运营企业、接入服务企业、电子认证服务机构、域名注册管理服务机构、信息服务企业和信息发布者等主体的权利义务和法律责任。

（四）抓紧对重点领域制定相关专门法律

制定网络空间基本法一定是长期的理论探讨与司法实践基础之上的一项复杂、多元的系统工程，但互联网的快速发展急需相关的法律法规，而网络空间的特殊性表明，现行法律体系许多地方无法全部、有效地适用于网络环境，挑战着现有法律法规对网络环境秩序的规范与调整。因此，根据目前我国的实际情况，在网络空间基本法出台之前，我国还必须依赖于各项专门立法对网络空间进行法律约束。依据实际情况，可采用先针对某些迫在眉睫、急需规范的网络方面法律空白进行单项立法的模式，以应对快速变化的互联网发展形势。因此，依法管理、规范互联网发展的当务之急是抓紧制定网络空间相关专门法律，加强重点领域的立法，特别是重点解决当下突出的热点和难点问题。

1. 加强电子商务立法

首先，目前我国还没有统一的电子商务法律制度，这给发展中的电子商务法律规范的适用带来困难。我国仅《中华人民共和国合同法》（以下简称《合同法》）中有第十一条关于书面形式包括"数据电文"的规定，它确认了电子合同的合法性，第三十三条关于当事人采用数据电文订立合同可以"要求签订确认书"的规定，它明确了电子合同生效的要件问题。但是只有以上规定是远远不够的，因为它缺乏进一步规范电子形式信息的发送，对信息接收的承认及其发送和接收的时间、地点的认定等一系列具体问题。同时，数据电文在民商事领域的其他法律，如《中华人民共和国保险法》《中华人民共和国票据法》等法律中没有提及，说明数据电文这一形式仍然不具有普遍适用性，有待于电子商务法最终确定其在民商事领域的普遍合法性。

其次，电子商务行业的发展有赖于信息安全保障，对信息安全的需求体现在信息的保密性、完整性和不可否认性。电子商务信息的保密性指的是信息不能泄露给非授权用户；完整性指的是数据未经授权不能对其进行丝毫改变，即信息在存储或传输过程中保持不被修改、不被破坏和丢失；不可否认性指的是避免发生交易的某一方在进行某项交易之后，对自己进行过的该商务行为矢口否认。这在电子交易中尤为重要，因为当事人的信息是否准确地传输到达相对方决定着交易的成败。^① 近年来，在电子商务交易中频频出现盗窃账户、恶意欺诈、假冒行为、虚假广告、商标侵权、侵犯消费者合法权益等违法行为，严重影响了电子商务产业的健康发展，亟须出台电子交易安全相关的法规。^②

最后，我国缺乏有关电子交易方面的配套法规，尤其在电子商务信用监管方面与西方发达国家的差距较大，需要在电子签名法的基础上进一步完善相关制度。要建立电子商务信用监督管理体系，为电子商务的发展营造一个较为宽松的信用环境，推动电子商务市场的健康发展。近年来，我国跨境电子商务快速发展，已经成为创新驱动发展的重要引擎和大众创业、万众创新的重要渠道。但是我国跨境电子商务发展也面临一些制约因素。例如，现行的监管与业务模式和服务体系不相适应，尚未形成完整的产业链和生态链，未有效解决深层次矛盾和体制性难题等。因此，应用公共平台、电商平台的大数据，动态评估跨境电商交易行为特征和趋势，对不合理的经营行为进行警示，对管理不利、经营环境混乱的平台网站发出行政提示，及时采取相关措施，提高监管系统感知和应对能力等，是下一步进行电子商务立法应重点解决的问题。

相关机构正加紧电子商务立法工作，目前《中华人民共和国电子商务法》已形成法律草案稿并已经过二审，下一步要抓紧推进有关工作，争取尽早通过。法律起草过程中特别注重对电子商务经营主体责任、交易与服务安全、数据信息保护、消费者权益保护、市场秩序与公平竞争等内容进行规定，通过明晰责任、规范秩序、保障权益来促进电子商务持续健康发展。据介绍，部门、地方、专家、行业协会和电商企业等相关方面都参与了法律起草，以求最广泛地凝聚各方智

---

① 齐琳，崇晓萌. 电子商务立法四大难题待解 [N]. 北京商报，2012 - 03 - 12 (5).

② 汪毅. 关于建立电子商务安全体系的研究 [M] //李步云. 网络经济与法律论坛（第一卷）. 北京：
中国检察出版社，2002.

慧，最广泛地达成社会共识，力图做到立一部良法、一部管用的法。通过电子商务立法，推进电子商务发展，对于加快经济发展方式转变、实现经济结构调整和转型升级、加快创新型国家建设等具有重大意义。

2. 加强互联网个人信息保护

工业和信息化部网络安全管理局网上发布的《2015 中国网民权益保护调查报告》显示，78.2％的网民个人身份信息被泄露过，63.4％的网民个人网上活动信息被泄露过。有媒体在银行信用卡信息泄露调查报道中透露，个人信息的网购价低至两分钱一条。

山东省临沂市 18 岁的徐玉玉，家境贫寒，学习刻苦，2016 年考上南京邮电大学，在入学报到前某一天，突然接到一个陌生电话，对方声称有一笔助学金要发给她，当天是最后一天。因为之前曾接到过教育部门发放助学金的通知，徐玉玉信以为真，就按对方的要求赶到附近一家银行，想通过自动取款机领款，结果家人省吃俭用积攒下来的 9900 元学费被人骗走。徐玉玉悲愤交加最后死亡。徐玉玉刚接到教育部门发放助学金的电话，骗子就得到了消息，并以发放助学金的手段骗取徐玉玉的信任。

2016 年 8 月 18 日，与徐玉玉同为老乡的山东省临沂市大二学生宋振宁接到一个来自济南的陌生电话，对方称自己是公安局的，并对宋振宁说他的银行卡号被人购买珠宝透支了 6 万多元。宋振宁本身是有防范意识的，但是对方对他的个人信息，包括银行卡号和身份证号都非常了解，宋振宁才放下防备，最终上当受骗，几天后心脏骤停导致死亡。

一通没头没脑的诈骗电话，就这样夺去了两个年轻人的生命。

近年来我国公民个人信息泄露情况相当严重，随着网络信息技术的发展，个人信息的整理、收集和传输变得越来越容易，一些电信、金融、保险、医疗、房地产等服务行业在提供服务过程中获得的公民个人信息被非法泄露的情况时有发生，对公民人身财产安全造成严重威胁。更突出的是，公民的通信方式、财产状况、家庭信息、健康状况等个人信息成为随意买卖的"商品"，致使公民遭受无休止的电话、信息骚扰，公众对个人信息法律保护呼声越来越高。而侵权的主体也从植入木马病毒等"单兵作战"的个人逐步转变为有规模、有目的收集的黑客团伙，他们往往通过貌似正规的手法诱导网民泄露隐私，甚至利用木马直接侵入注册用户计算机中窃取个人信息。公民个人信息包含潜在的商业价值，一旦被恶意获取，社会危害很大。个人信息被泄露已经导致了一系列扰乱社会治安的刑事案件发生，对社会稳定造成了恶劣的影响，对公民的人身安全造成了极大的威胁。对此，《中华人民共和国刑法修正案（七）》《中华人民共和国民法通则》《中华人民共和国统计法》《中华人民共和国侵权责任法》《中华人民共和国行政诉讼法》等原有法律中已有零散的保护公民信息的规定。2012年12月28日，十一届全国人大常委会又通过了《全国人民代表大会常务委员会关于加强网络信息保护的决定》，这对于我国网络信息的保护和管理意义重大，是我国推动网络依法发展的一项重大举措。

相对而言，我国尚未形成比较完善的互联网个人信息安全保护法律体系，保护个人信息的专门法尚未出台，部门法规定比较模糊，刑法有关内容也存在网络环境下犯罪法律关系主体需要进一步扩展、犯罪客观方面尚不健全、此罪与彼罪的界限需要进一步厘清等问题。可以说我国的立法工作还需要进一步紧跟当前实际，适当加快进度，争取早日形成统一的、全国性的专门法律，并在刑法及相关部门法中体现最新内容，规范互联网经营者、监管者、使用者多个主体的行为，特别是强化互联网经营者的安全责任，为公民个人信息安全提供坚强的法律保障。

目前，个人信息泄露的危害性已经得到国家高度关注，针对个人信用卡等信息网络泄露问题，我国正在加快研究制定个人信息保护相关法律，加大对非法收集、泄露、出售个人信息行为的打击力度。

3. 加强互联网未成年人保护

未成年人网络保护立法成为当务之急。中国互联网络发展状况统计报告显示，我国18岁以下网民已超过1亿人。违法犯罪分子往往利用未成年人法律意识淡薄、缺乏社会经验、自我保护能力差等特点，引诱、欺骗未成年人，尤其是互联网中的暴力、色情等信息会对未成年人产生误导，进而诱发盗窃、抢劫、强奸、故意伤害等严重犯罪。因此，建立互联网治理的长效机制，遏制违法犯罪行为，为未成年人的成长创造良好的文化环境，完善未成年人网络保护立法十分紧迫、重要。

我国现有的一般立法对于网络向青少年传播有害信息方面的相关规定存在不

足。例如，《预防未成年人犯罪法》第三十一条规定："任何单位和个人不得向未成年人出售、出租含有诱发未成年人违法犯罪以及渲染暴力、色情、赌博、恐怖活动等危害未成年人身心健康的内容的读物、音像制品或电子出版物。任何单位和个人不得利用通讯、计算机网络等方式提供前款规定的危害未成年人身心健康的内容及其信息。"这一条款虽然对通过计算机网络向未成年人传播有害信息有所规定，但对网络传播的方式和手段只是作出了较为一般的概括性规定，针对性不强。从社会发展趋势看，当代青少年在成长过程中无法回避互联网，只有完善法律、管好网络，才能真正保护好青少年，为此应当制定专门的未成年人网络保护法。

未成年人网络保护法应以未成年人利益优先和最大为核心原则，借鉴国际上不良信息管理制度、网络分级制度、18 岁以下受限网站等做法，对限制或禁止未成年人浏览的有害信息、不良信息和成人信息的范围作出明确的法律界定。[①]立法应该明确指出什么信息是对成年人和未成年人都不能公开传播的，什么信息是只对未成年人不能公开传播的。只有明确规定，才可以在网络上就某些内容对未成年人设立禁入区域。法律应明确网络服务商防范未成年人浏览、接触有害信息内容的管理制度、技术措施和法律责任，明确信息内容提供者、互联网接入提供商、运营商等不得利用网络向未成年人传播、复制、发布、提供有害信息的法律责任和义务，对各类网络服务提供者建立严格的准入制度，明确其经营范围和行为规范，明确罚责。

4. 加强有关网络犯罪的专项立法

网络犯罪与传统犯罪不同，在全球范围内都可以造成严重的影响，因为它没有地理界线，也没有国界限制，网络的便利性和隐蔽性为其大范围作案提供了便利。我国自接入国际互联网以来，不断涌现网络色情案、人肉搜索案、计算机病毒案、网络反垄断调查案、网络盗版案、网店偷税案等形形色色的案件，各种现实中有的、没有的案件类型都有可能在互联网上出现。如关于网络谣言案，中国社会科学院《中国新媒体发展报告（2013）》以 1000 个微博热点舆情案例为对象的研究显示，事件中出现谣言的比例超过三分之一，2009 年新疆乌鲁木齐

---

① 江汇文. 青少年网络安全成全球化问题 各国打击网络色情［N］. 北京日报，2010 - 01 - 06.

"7·5"事件以及 2013 年发生的"秦火火"和"立二拆四"编造网络谣言事件就是典型的例子。我国《刑法》对网络犯罪的规范主要体现在第二百八十五、二百八十六、二百八十七条的规定上。《刑法》第二百八十七条规定:"利用计算机实施金融诈骗、盗窃、贪污、挪用公款、窃取国家秘密或者其他犯罪的,依照本法有关规定定罪处罚。"[①] 可见,我国现在并未把网络犯罪作为一种新型的犯罪形态来防范和治理,仅仅将网络作为其他犯罪的一种媒介和工具,这对于深受网络黑客和病毒所害的网络虚拟经济领域来说远远不够,因此近年来不断有刑法专家和司法实务工作者呼吁对刑法进行改革,完善关于网络犯罪方面的内容,为此需要不断修改完善《刑法》和其他法律法规中处罚互联网犯罪的相关规定,借鉴国外的网络刑事专门立法经验,弥补国内网络空间立法的空白,为惩罚互联网犯罪提供依据,为我国的网络发展提供安全有力的刑法保护。

(五)尽快将网络时代出现的新法律问题纳入法律法规约束范围

目前,我国网络空间专项立法进展缓慢,原因之一就是面对日新月异的网络发展,我们能够拿出被广泛认可的关于网络空间涉及的新法律问题的研究成果相对较少。但应该看到,互联网世界只是现实生活的一种延伸,现实世界的规则当然适用于网络世界,网络虚拟世界不能超越现实的牵绊与制约,更不能以虚拟社会为借口,与现实世界的权利和义务一刀两断。当然,原有社会关系的发生方式随着互联网的出现早已发生变化,如合同行为随着电子商务发生变化,出现了带有网络特征的网络犯罪的手段和形式,这些变化会使原有法律调整相关社会关系的能力和效果出现缺陷,必然要求修订原有法律的内容以适应网络空间的发展,因此对原有法律进行重新规制就显得非常重要。

"魏泽西事件"是一个典型案例。2014 年 4 月,西安电子科技大学学生魏泽西查出得了滑膜肉瘤,这是一种恶性软组织肿瘤,生存率非常低。多次求医后,通过百度搜索找到排名第一的武警北京总队第二医院,医生称从美国斯坦福引进的新疗法可保证生存 20 年。家人借钱带魏泽西去武警北京总队第二医院,尝试了肿瘤生物免疫疗法。在接受 4 次治疗、花费 20 多万元后不但没有明显的效果,还出现肺部转移,于 2016 年去世。经查,这种生物免疫疗法在国外早已因有效

---

① 高铭暄. 刑法学 [M]. 北京:法律出版社,1984.

率太低在临床阶段就被淘汰了，但在国内却成了最新医疗技术，涉事医院也并没有如宣传中所说的与斯坦福医学院有合作。"魏泽西事件"将百度搜索和百度推广推上风口浪尖。相关部门将这个触动公众痛点的个案当成了一次推动搜索引擎制度规范的机会。2016 年 7 月 13 日，国家工商行政管理总局公布了《互联网广告管理暂行办法》，旨在规范互联网广告经营活动，强化各大网站广告自律审查责任，保护消费者的合法权益，促进互联网广告行业及互联网业健康发展。业内普遍认为，新规将为互联网广告行业塑造一个更为公平公正、透明高效的商业环境。国家互联网信息办公室还出台了《互联网信息搜索服务管理规定》，这个规定以定义权责边界的方式赋予了企业规范下的自由。搜索不是不可以做排名，但应以符合法规的方式。由此形成了一个政府监管＋企业自律＋公众监督的搜索规范框架，使我国的搜索引擎发展有了一个看得见的规范体系。

深圳"快播案"也引人深思。2014 年 4 月，根据群众举报，深圳快播科技有限公司基于快播技术的视频点播和下载内容涉嫌传播淫秽信息而被查封，深圳市公安机关借此开展打击网上淫秽色情信息专项行动，对网上淫秽色情信息进行全面清查，依法严惩制作传播淫秽色情信息的企业和人员。6 月 26 日，快播公司被深圳市市场监管局处以 2.6 亿元罚款，公司被吊销增值电信业务经营许可证。警方的调查实际是快播公司运营多年法律风险累积的结果。快播公司作为一家只提供技术、不提供内容的技术服务提供商，误认为可以对快播视频网站的侵权内容免责，但是国家网信办明确表示，所有利用网络技术开展服务的网站，都应对其传播的内容承担法律责任，这是我国互联网发展和治理的根本原则。同时，《最高人民检察院关于办理利用互联网、移动通讯终端、声讯台制作、复制、出版、贩卖、传播淫秽电子信息刑事案件具体应用法律若干问题的解释》《解释（二）》对通过网络制作、复制、出版、贩卖、传播淫秽物品如何进行处罚作出了具体的规定和解释。任何在网上传播淫秽色情信息的网站、提供淫秽色情信息服务者都要为此承担法律责任。

再如大数据的发展在带来益处的同时，也存在着许多问题。首先，作为大数据的构成元素，数据本身可能并不可靠；其次，大数据的应用可能会泄露公民隐私，侵犯公民隐私权。为了最大限度地发挥大数据的作用，需要推动数据资源的开放，因此有必要明确大数据的法律保障形式。

大数据被誉为"21 世纪的石油"，是比设备更宝贵的财富，是国家基础性战略资源，是未来的核心竞争力。但如何界定、保护这类虚拟财产及其衍生产品，我国还缺少与之相对应的数据法、数据隐私法等，迫切需要立法。目前，关于数据的规范使用、数据的隐私保护等没有法律依据，需要立法对数据资源、技术、应用、交易、安全等方面进行规范。

通过立法，将数据定位为知识产权的一种，对数据的界定、采集、归属权进行明确的法律界定和规范，以实现"科学、合理、安全"的数据开放、交易、共享。同时，要立法保护国家核心利益和民族产业安全，如电力网控制信息、金融系统、敏感地理信息和资源信息、军事和情报系统等数据的安全。在立法过程中还应当注重保障商业和个人数据安全。建议制定专项条款，保护涉及个人信息和商业秘密的数据资源，明确危害数据安全行为的法律责任以及处罚方式。

总之，立法部门应继续加快推动一批基础性、全局性、综合性立法，加快推动制定网络安全法、电子商务法以及关键信息基础设施保护、互联网信息服务管理、互联网数据管理、个人信息保护、未成年人网络保护等方面的立法工作。同时，在将传统法律适用并延伸至网络空间方面起到积极推动作用，对于传统部门法中涉及网络空间的相关法律问题进行分类梳理、差异管理，坚持立改废释并举，使之与网络空间专项立法一道，共同形成健全完善的网络空间法律体系。此外，还要更加积极主动地参与全球互联网规则的制定，促进我国网络空间法治化进程与全球接轨、与世界同步。

第三章　增强网络空间守法意识

作为由密码和网址组成的虚拟但客观存在的网络空间是人类的一个新的活动领域，虽具有不同于现实社会的特征，但却深刻影响着现实社会的发展。网络空间是现实空间的延伸，既是网民的天堂，也是犯罪分子的乐土，要成为一个有秩序的空间，离不开网络空间参与者的共同构建。正如习近平主席在第二届世界互联网大会开幕式上指出："构建良好秩序。网络空间同现实社会一样，既要提倡自由，也要保持秩序。自由是秩序的目的，秩序是自由的保障。我们既要尊重网民交流思想、表达意愿的权利，也要依法构建良好网络秩序，这有利于保障广大网民合法权益。网络空间不是'法外之地'。网络空间是虚拟的，但运用网络空间的主体是现实的，大家都应该遵守法律，明确各方权利义务。要坚持依法治网、依法办网、依法上网，让互联网在法治轨道上健康运行。"网络空间守法是网络空间法治建设的出发点和落脚点，也是"互联网＋"时代网民的内在素质。没有成效的守法，网络空间法治建设只能是空中楼阁，守法涵盖网络空间法律运行的所有环节和过程，对网络空间法治建设有重要的价值和意义。

一、网络空间守法的"虚化""泛化"

有这样一则法律小故事，叫"不守法的兔子"。[①] 蛇为了尊重土地居住自由，

---

① 冯雪峰. 不守法的兔子 [J]. 文化博览，2006（5）：37.

制定了一条法律，亲自跑去向兔颁布说："听着，今后我如果不先敲门得到你的允许，就径直冲进你的住宅的话，你有权向我控告。"

蛇这样做，确实很有诚意。蛇担心的是兔的态度，蛇觉得，兔的法律观念一向很淡薄，一时怕也改不过来对蛇不信任的心理。蛇决定先去试一试 。蛇故意不先敲门，迅速冲进去，咬死一只小兔子，然后跑出来，坐在兔屋门外，等兔控告。

很久很久，总是不见兔出来控告，蛇非常愤怒。

它重新跑进兔屋，捕住兔，大发雷霆："你怎么不守法？"

"叫我对谁守法，守什么样的法，先生？"

"你敢不来控告？"

"刚才做强盗的是您，现在做法官的也是您，那么，先生又叫我捉哪个强盗，向哪个法官去控告？"

"嘶嘶嘶。"蛇再也抑制不住肝火，就一口吃了兔。蛇吃了兔以后，向公众宣布说："我这回杀兔和以往不同，是有法有据，而且已经完成了从逮捕到审讯的全部法律手续。"

故事短小，却令人深思。文章中兔子质问蛇的那句"叫我对谁守法，守什么样的法"让人印象颇深。若我们处在故事中兔子的处境，我们能否像兔子一样提出对蛇的质问？这其实就是在现实生活中对"守法"的深层追问。同样，虚拟的网络空间也需要对守法问题的深入研究。

伴随着"互联网＋"时代的到来，技术与平台赋予了人们前所未有的新生活，为人们打开了网络空间的"潘多拉魔盒"，与此同时却也陷入了网络空间的"乌云"之中。近年来，网络暴力、网络谣言、网络欺诈、利用网络侵犯个人隐私等不端行为屡有发生，网络安全事件也频频出现。何以如此？大多数人将原因归责于网络空间立法、司法、执法层面，却忽视了网络空间守法问题。我国虽然自20多年前接入国际互联网以来，就依法深入推进开展网络空间治理，但网络空间守法成效并不显著，仍呈现出守法的"虚化""泛化"。网络空间守法不足，涉及守法构成要素和从守法理由到实现条件等诸多方面，而这些问题的解决直接影响着在网络空间中全网守法能否真正实现。

（一）网络空间守法内涵理解僵化

法的生命在于实施，守法是法的实施中最普遍和自然的方式，不借助于外力的直接干预与公民自身的行为和心理状态相连，直接影响社会制度及其运行。守法与否不仅表现了个人对法律的认同，同样也体现法律是否树立权威。在社会飞速发展、资源紧缺的情形下，我们能否依靠守法来维持社会有序健康的运行？因此，对于网络空间守法问题的思考不能仅仅停留于表面，需要深入地理解守法的内涵。

1. 将网络空间"守法"理解为"不违法"

《中华人民共和国宪法》第五条规定："一切国家机关和武装力量，各政党和各社会团体、各企业事业组织都必须遵守宪法和法律。"第五十三条规定："中华人民共和国公民必须遵守宪法和法律。"这是我国根本大法对于守法的原则性规定。理论界关于守法的定义为："所谓守法，指各国家机关、社会组织（政党、团体等）和公民个人严格依照法律规定从事各种事务和行为的活动。"[①] 守法具有丰富的内涵，在其本质特征上体现为全民性、实践性和系统性。

当前，我国在深化推进依法治网的过程中不断积极培育网民的守法意识，但还是可以看到很多网民有这样的问题："我转发这个违法吗？""这样做又没有法律规定，不违法。"……网民的这些"发声"其实反映出了多数人对于网络空间守法的理解陷入了一种僵化的思维方式，甚至对于守法的认识很简单，习惯将"守法"理解为"不违法"。实际上与"不违法"相对的概念是"违法"。"违法"指国家机关、企业事业组织、社会团体或公民，因违反法律的规定，致使法律所保护的社会关系和社会秩序受到破坏，依法应承担法律责任的行为。显然，"不违法"就是指出现不满足违法构成要件的行为，如行为人的行为没有造成实际的主观状态或者行为人自身属于没有具备责任能力的人。这是守法的最低层次要求。这一层次的守法者之所以遵守法律主要是因为法的强制性，在守法过程中往往将法律视为一种外在束缚，使得守法作为一种消极推定的结果。然而，面对当今网络空间法律滞后，法律体系并不完善的情况，这种僵化的认识会造成人们对网络空间法律缺乏信任感和亲切感，从而疏远、规避法律甚至出现漠视法律的情形，这不仅很难产生持久有效的守法行为，还会离我们所不断努力的正确的守法理想状态越来越远，并不能真正实现法律调整的目的。

---

① 张文显. 法理学［M］. 北京：法律出版社，2007：228.

2. 对网络空间守法主体认知存在偏差

无论网络社会还是现实社会，我们都在不断地追求守法的高级层次，守法主体是整个守法体系的重要因素。党的十八届四中全会作出"全面推进依法治国"的重大决定，提出"科学立法、严格执法、公正司法、全民守法"四个目标，显然对全民守法做了定性，全民守法是全面依法治国的长期基础性工作。对于全民守法中的"全民"，从字面上看就是全体人民或全体民众。在理论、实践中常常将全民守法分为三个层次。一是在中国现实背景下，十八届四中全会指出，"中国共产党的领导是社会主义法治最根本的保证"。中国共产党是守法的示范者，是守法的带头者，而具体落实主要路径要求表现为依法执政、依宪执政。二是行使国家公权力的各级机关和公务人员是守法的重要力量，因为他们手握权力，权力使用得当能造福人民，反之则侵害民众权益，而具体落实路径要求表现为严格执法、公正司法。三是普通民众是守法的广泛主体。正如卢梭所说，一部真正的法律，不是刻在大理石上，也不是刻在铜板上，而是刻在人民心中。

深化依法治网是依法治国方略的具体实践，全网守法也是深入推进依法治网的重要目标。全网守法中的"全网"，从字面上看就是因互联网应用产生的所有参加者。理论界常常用"网络人"来指称网络空间守法主体。随着互联网技术的不断成熟，网络主体正在不断扩大范围和数量。网络空间守法主体主要包括以下几种类型。

一是网民。中国互联网络信息中心（CNNIC）对网民的定义为：过去半年内使用过互联网的 6 周岁及以上中国居民。2016 年 1 月发布的《中国互联网络发展状况统计报告》显示，到 2015 年年底，中国网民规模达 6.88 亿人，手机网民规模达 6.20 亿人。

二是网络服务提供者。这里的网络服务提供者应作广义理解，泛指一切提供网络服务的个人和组织，包括网络接入服务者（Internet Access Provider，IAP）和网络内容提供者（Internet Content Provider，ICP）。网络接入服务者指仅提供连线、接入等物理基础设施服务的网络服务提供者，如常见的拨号上网，或通过宽带接入方式如 ADSL、HFC 等方式接入上网，以及近几年来发展的无线方式 WLL 连接和手机上网技术。网络内容服务提供者是提供网络联线后各项网络相关服务，从事网络内容的提供服务，提供各种信息的网络服务者，如优酷网、爱奇艺等提供视频信息分享、上传下载等服务；百度提供全球最大的中文搜索引擎，成为人们日常生活、工作的得力助手；京东商城、淘宝网提供服装、书刊等各种物品的购买，打破了传统的购物方式。网络服务提供者不断地利用技术的更新、信息的丰富吸引着网民的加入，为人们提供更加丰富多彩的生活。

三是国家机关、企事业单位。如果没有对时代清醒的认识，就有被时代抛弃的可能。习近平主席在主持召开中央网络安全和信息化领导小组第一次会议时指出，当今世界，信息技术革命日新月异，对国际政治、经济、文化、社会、军事等领域的发展产生了深刻影响。国家机关、事业单位如果将信息技术抛之脑后，自然会落后于时代。公务事务当然要与信息技术紧密连接起来。国家机关、事业单位在网络空间中充当了多种角色，一方面要利用互联网技术与公务事务结合，更好地实现服务型政府的特色，更好地体现合法、合理、高效便民、诚实信用、程序正当、权责统一的权力行使；另一方面，国家机关、事业单位也是网络空间的监管者和治理者，要时刻了解民意，引领风尚，使网络空间呈现朗朗晴空。各企业单位也是网络空间的积极参与者，越来越多的企业利用互联网成本低、效率高的特色，将企业产品及服务渠道放在网络平台，截至 2016 年 12 月中国企业利用互联网开展营销推广活动的比例为 38.7%。

以上是作者结合近几年关于网络守法主体的相关研究进行的粗略归纳。基于网络空间发展的即时性、开放性、高效性，当然还存在除上述三类之外的其他网络空间的参与者，他们同样属于网络空间守法的主体。比如网络空间中新出现的主体——网络认证机构，其主要作用是在电子商务、电子政务以及其他网络重要文件传输或交易时，通过数字签名、密码设置等方式由此第三方机构或者个人在网络空间认证双方的身份，以保证网络安全。

3. 网络空间守法的主体性意识薄弱

以"人肉搜索"为例，显然"人肉搜索"属于网络行为，但是近几年由于"人肉搜索"引发的网络暴力案件时有发生，也引发了侵权问题。从最早的引发大规模关注从而提出"人肉搜索"的"虐猫"事件、"铜须门"事件到有较大影响的"周老虎"事件等，似乎"人肉搜索"已经成为网民曝光不公平待遇、维护正义的主要手段。在"人肉搜索"现象中，任何违背网民意愿的事件和人物都有可能成为"网络通缉令"中网友合力追缉的对象，对其姓名、性别、照片、学历、工作经历、家庭地址等相关信息逐一公布。可能"人肉搜索"在一些问题上起到了澄清事实真相的作用，但更多时候体现的是弊大于利，受害者有时并没有直接受到赤裸裸的明显的侵害，但是如果把某人置于社会的焦点，受到周围人群的纷纷议论，使受害人自己心中感到不齿，名声受到侮辱，则严重侵害了当事人的名誉权和隐私权，甚至一些网民的过激行为伤害到被搜索者的身心健康，可能在客观上就形成了一种网络暴力。

目前，"人肉搜索"似乎已经成为网络公共暴力的代名词。如何规范使用"人肉搜索"这一游离于法律之外的网络行为，已经成为很多法律人士关注和思考的问题。很多人认为法律的缺失是滋生"人肉搜索"网络暴力的根源，将加强立法和执法作为治理"人肉搜索"网络暴力首要的考虑因素，却忽略了如果网民普遍缺乏相应的守法主体性意识，则即使立法完善，执法和法律监管到位，也无法理性地进行网络行为。正如中国社会科学院学者樊吉社所说："对社会风气的正义感也是需要法律限度的。超越了限度，即使为了'社会风气的改善''道德素质的提高'，也应该受到处罚。我们现在习惯了'网上曝光''人肉搜索'，却不知道边界在哪里。这个问题直到现在还没有引起网民的关注。"忽视守法的主体性，会使守法者在整个守法过程中表现为没有任何主体性的"工具"或者"机器"，使在守法中居于核心地位的价值和需求成为极不重要的东西，让"我要守法"变成了"要我守法"，则守法主体的真实价值追求就会被隐蔽，自然守法的积极性也会消失殆尽。

（二）我国网络空间守法不足的具体表现

网络空间是各种利益博弈的新"名利场"，各种新旧利益带来了许多纠纷和问题，网络空间不是一块清净地。面对从现实社会向网络空间传统法律观念和现代法治观念突发产生的流变，在网络空间守法方面，主要呈现守法不足的状态，还不能满足网络空间良性发展的需要。下面从不同的方面说明网络空间守法不足的具体表现。

1. 网络空间中对规制方式认识不全面

在网络空间中，公民网络空间法律规制意识薄弱是造成网络暴力等扰乱网络秩序构建，影响现实社会秩序稳固的最深层次原因。另外，也同样显现出了当前对于网络空间守法在实践中面临的重要问题，即对于网络空间的规制方式认识不全面。

在现实生活中，人与人之间的交往都具有真实性、实在性，在进行交往的时刻会提醒对方自己作为一个人的存在，用法律来规范和保障自己的行为。网络空间是虚拟空间，网络空间的交往呈现为虚拟性，人们交往的往往不是活生生的人，而是一串串数据或符号，除非运用技术手段，网络空间中的人完全可以摆脱现实生活中的国籍、身份、职业、性别而在网上进行活动，来表达自己真实的思想，同时共享社会信息与资源等。现实生活中的自由也意味着责任，而在网络空间中人们可以实现神话故事中的"分身术"，伴随而来的是网络空间因身份的缺乏而导致责任的落空。网络空间中轻易享受最大的自由，轻易规避应有的责任，会激发人们的不良欲望和贪婪的本性，会给现实社会的稳固发展带来挑战。"现实与虚拟的双重属性最终导致网络条件下私人领域和公共领域界限的模糊，该模糊性非常容易引起网络条件下自由的边界模糊和权利冲突。"[①] 如果网络空间不能建立健康的秩序，在网络空间中出现的波动就会迅速地影响到现实社会中的秩序。

目前人们对于网络空间的规制方式认识还不全面。网络空间应当被规制，实现正常健康的网络秩序。针对网络空间的特性以及网络空间秩序的特殊性，网络空间的规制一般有以下几种方式。

一是技术规制。网络空间的形成与发展依赖于网络技术的兴起和迅速发展。各种网络空间的软件、运用程序、代码等被创造出来时，自身就具有特性，而这些特性就是创设者选择的结果。比如，在一些网站如万方数据库、中国期刊网等下载学术文献需要用户名和密码，并且需要付费，另一些网站则只需要点击进入，无需身份验证即可免费下载。一些网站会对用户的网络浏览行踪进行保留，根据用户的个人习惯推送销售服务等信息，而另一些网站只有经过用户允许才对用户的行踪进行记录。不难看出，网络技术参与了网络空间的构建，通过技术手段设置某些程序代码等，使得进入该空间的人可以行使某些行为，同时又约束着另一些行为。

---

① 齐爱民，刘颖. 网络法研究［M］. 北京：法律出版社，2003：120.

二是法律规制。无论是在现实社会还是虚拟的网络社会，法律都是最重要的规制方式。虽然网络空间的立法滞后问题突出，但近几年我国从法律、行政法规、部门规章、司法解释等层面分别对网络空间中的法律问题进行了规制，试图构建起全面的网络空间法律规制体系。

三是社会规范规制。网络空间虽是虚拟空间，但它是现实社会的延伸，在网络空间不同领域也存在着不同的网络社会规范，它同样对网络行为具有一定的约束力。比如，在论坛中"灌水"过多，肆意发表不当言论，很可能就会被论坛的版主"禁声"或"踢"出该论坛。

四是市场规制。市场约束和市场机遇也同样规制着网络空间的行为。例如，伴随着互联网的发展，网上购物已经成为人们日常购物的方式之一，越来越多的人青睐于网上购物、网上交易，所以很多传统的企业、商店都将营销推广活动转入网络市场，截至 2015 年 12 月，中国企业利用互联开展在线销售、在线采购的比例分别为 32.6% 和 31.5%。

以上为网络空间规制中最常见的四种方式，即技术、法律、社会规范、市场，并且某个行为所受到的规制是这四种规制的总和，而其中法律对网络空间的规制是最基本、最重要、贯穿其他规制方式的一种方式。

2. 网络空间中公民对权利范围存在认知障碍

第一，网络空间中公民对权利的认知程度较低。根据互联网在我国的发展状况，互联网近几年虽然在我国特别是经济发展较为落后地区的普及率得到了大幅度提升，但现实中并不是所有的公民都有平等的机会参与到网络空间中。从年龄结构上看，老龄人口比例过低。从职业结构来看，截至 2015 年 12 月，网民中学生群体的占比最高，为 25.2%。[①] 虽然公民使用网络得到了极大提升，但是公民在网络空间中对权利的认知却没有得到相应提升。权利认知是守法意识的起点，即权利认知是守法意识的基础。网络空间的守法主体应该知晓自己是否享有权利、享有的权利内容、行使的条件、救济的程序等。而现实是网络空间中公民的权利认知程序较低，人们对网络这个虚拟空间中到底享有何种权利、内容如何、

---

① 第 37 次中国互联网发展状况统计报告 [R/OL]. (2016 - 01 - 22) [2016 - 08 - 02]. http://www.cac. gov. cn/2016 - 01/22/c_1117858695. htm.

应受到如何限制没有正确的认识。不仅是普通的网民，具有网络号召力的网络名人，如"微博大V""网络红人"等也频频出现触犯法律和道德底线、遭遇法律制裁的情况，这充分说明了网络空间中公民对权利认知的程度较低。

第二，网络空间中公民对典型权利认知模糊。上文所述的公民权利认知指的是公民个体权利意识，公民个体权利意识是指社会中单独个人的权利意识，是从微观角度对权利意识主体范围进行的界定。① 而网络空间中普遍认为的"权利"可以概括为两种。一是网络社会中每一个成员将自己的欲求都认为是权利。基于这种认识，如果社会资源能够满足所有人的需求时，自然能够满足每一个人的欲望，达到社会的某种和谐。但社会资源一旦有限，权利仅仅出自自身的欲求，如何协调发生冲突的权利便成为难题。每个人都能为自己的权利找到依据，单凭自身的力量来维护自身权利，无法寻求公力救济，自然会使社会陷入无尽的冲突之中。二是网络社会中每一个成员将凡是对自己有利的都称为权利。基于这种认识，一方面会导致损人利己甚至损人不利己的情形时常发生，自然会影响社会的安定和发展；另一方面，若将对自身有利的定义为权利，将会使得社会共同体设定了一个难以承受的义务，因为每一个人所行使的权利都必定会给自己带来利益，社会共同体就必须为实现成员的权利而承受更大的负担，如果没有实现，就构成了对权利人的侵权。在网络的虚拟空间中，同样具有一定的时空性和资源极限，所有成员必须能够清晰地认识权利，更好地平衡网络空间权利义务的关系，才能更好地维持网络空间的正常秩序和良性发展。

3. 网络空间中公民对权利实现缺乏理性认识

网络空间的虚拟性、开放性等特性使得网络成为一种社会安全阀，为社会各阶层的利益诉求和情绪发泄提供了一个很好的渠道。网络空间中出现的热点问题与法律事件，其根源在现实生活中。人们带着"面具"在网络上将自己在社会生活中遇到的不公平、压力、感慨等通过网络发泄，并在网络社会中得到呼应，从而使自己获得心理上的平衡和满足感。然而由于网络空间中网民的教育背景、生活经验各方面都存在差异，在互联网中所呈现的态度、意见等舆论往往呈现出理性与非理性相互交织渗透的状态，其中极有代表性的就是网络情绪型舆论。所谓

---

① 左玉迪. 权利意识简论 [J]. 南阳师范学院学报，2008，7 (11)：16-19.

网络情绪型舆论，就是"由于自身利益受到影响或受到外界不良刺激，网民在网上散布的一种片面的、偏激的、个人主义色彩浓厚的言论。"①

例如，近年来非理性的网络情绪型舆论重点出现在微信中。微信属于私人小众圈，同质性比较强，不实信息和偏执意见不容易受到质疑和制衡，往往是一边倒的声音在流传，许多已经被官方澄清的消息仍然在微信群中疯传。尽管网络情绪舆论存在诸多非理性的成分，但其也是网络公民守法意识的重要外在表征。在有些情况下，网络情绪型舆论所表现出的极端成分也并非坏事，但是当偏激、消极的言论占上风的时候，非理性的网络情绪型舆论就存在隐患。一方面，个别网民的消极、偏激评论导向汇聚后，有可能减弱甚至消解其他网民在公共生活中对守法或社会责任的情感。比如，仇富仇官的"围观"心理就是一些人对社会、政治、经济、文化等现实秩序和价值追求的不满与失望，以非理性的情绪进行舆论渲染，引起同类心理网民的跟帖、讨论。较为典型的是 2010 年年底，"药某某故意杀人案"在网络上引起了大量网民的"围观"，仔细翻看各大论坛、帖吧中网民围绕这个案件的舆论，主要是围绕药某某的身份背景，由于药某某被贴上了"军二代"的标签，网络舆论几乎一边倒地认为要实现法律公正，药某某就"该杀"。另一方面，当非理性的网络情绪型舆论达到一定程度时，会将网络空间的冲突引入现实生活中，从而出现现实生活中非理性违法行为的发生。例如，网络中很多不良商业组织的推动，即常说的网络水军、网络推手等，在很多网络事件的背后都有他们的存在，这些不良商业组织的目标是盈利，其运作过程不规范，超越道德和法律的界限，会引发现实中违法犯罪现象的出现。

除此之外，还有一些群体性事件或者冲突的出现，是守法者为了维护自身原本合法的权益，采用了错误的维权方式来维护自身的合法权益，如在维权过程中产生理性缺失，使得一些行为超过了合法的必要限度，产生了不当的违法行为，最终使得本该合法行使的权利失去了本应具备的法律效果。

（三）我国网络空间守法不足的原因探究

无论是丰富多彩的现实社会还是变幻莫测的网络空间，分析守法不足的原因时，往往会陷入一个思维逻辑的怪圈，即法律制度与守法意识二者的关系，到底

---

① 陈克祥，向科元．遏制"网络情绪型舆论"负面影响［N］．光明日报，2005－04－29（6）．

是法律制度的不完善造成了守法意识上的不信任，导致做出不守法的选择，还是原本就有不愿守法的意识上的根源。因此，以下主要从守法意识和法律制度两个方面分析守法不足的原因。

1. 从网络空间守法意识上看

在我国，守法意识培育更有其无可回避的现实性和紧迫性。从"有法可依、有法必依、执法必严、违法必究"的十六字方针，到十八届四中全会作出"全面推进依法治国"的重大决定，提出"科学立法、严格执法、公正司法、全民守法"四个目标，可见在我国构建和谐法治社会的过程中，培育守法意识已然被认为是法治秩序建立的基础，全民守法是全面推进依法治国的长期基础性工作。当前全球化背景下一种多元化的社会生活方式——"网络社会"正在走来，网络空间已从一个信息技术平台逐渐丰满为一个独特的社会人文生活空间。深化依法治网是依法治国方略的具体实践，网络空间守法意识是网络空间守法的根本力量，是构建稳固网络空间法律秩序的内在根基。

然而传统的观念使得网络空间公共观念缺失，无法树立共同的守法意识。在我国，人们长久地生活在以血缘关系为纽带的乡土社会，沉浸在一种稳定亲密的社群关系中，主要以家庭为出发点，好事发生就是光宗耀祖，坏事出现便是家门不幸。"各家自扫门前雪，不管他人瓦上霜"，自己不守法，反正还会有其他人遵守法律。这样的传统观念，使得公共观念缺失，始终以旁观者的身份把自己放在社会公共事务之外，心存侥幸心理，不愿真正参与其中，也就意味着社会责任感和荣辱观的流逝，面临权益失衡时自然会做出自身利益大于公共秩序和法律的选择。同样，"权大于法""金钱至上"等观念让法律虚置，"攀关系、讲人情"的观念使得守法不是首选，使得"以事实为依据，以法律为准绳"形同虚设，使法律失去原有的意义，守法自然也就不再成为公民的选择。

2. 从网络空间法律制度上看

目前，网络法律法规不够完善。守法不足的一部分原因是相关法律法规不完善。法律本身具有滞后性，面对网络空间，这一滞后性表现更为明显。我国当前的网络空间法律法规主要是管理型的法律规制，以营造维护空间良好秩序为主要目标，缺少对网民权利保障的关注。网络空间是否有规范的制度、配套的集中制和明确的规制，成为网络空间守法最基本的法制环境要求。

我国网络空间守法不足的原因分析中，依然围绕着是法律制度在先，还是守法意识在先，这其实更类似于哲学上的"先有鸡还是先有蛋"的问题。网络空间守法不足表面来看主要是缺乏完善的法律规制体系，是法律制度层面的问题，但更深层的原因是守法意识缺失，这是历史遗留下来的，不容易改变。当然这一部分守法意识仍需要不断发扬光大，正因为存在缺失的法律意识，才会出现即使有较完善的法律制度，依然会存在守法不足的现象。网络空间守法意识的发展应贯穿网络空间发展的方方面面，继而影响网络空间法律制度体系的健全。网络空间法律法规的发展也是网络空间主体守法的重要保障。

二、把握我国网络空间基本法律规范

党的十八届四中全会决议强调，"法律是治国之重器，良法是善治之前提"。同样，无论是依法治国的全面推进还是依法治网的深入发展，无论哪个层次的守法主体，其所要遵守的法在性质上都应当是良法。只有存在良法，才能善治。正如亚里士多德所指出的，"法治应当包含两重意义：已成立的法律获得普遍的服从，而大家所服从的法律本身又应该是制定得良好的法律。"① 结合网络空间的特性，网络空间守法的客体要求主要有两个方面：一方面，从法的本质上看，要求网络守法中遵守的法律是在加强科学立法和民主立法，将公平、正义、效率、秩序、自由的法律价值渗透在具体的网络法律制度中，形成良好的法律；另一方面，从法的形式上看，要求网络守法中所遵守的法律除了本质上是良好的，还要藉以向受它管理的人们表达其具体规定的方式，根据不同守法主体的需要表现为不同的形式，从而达到依法治网中要求人们普遍遵守法律的基本要求。

时至今日，我国网络空间现有规范性法律无论在涵盖范围还是在针对新兴问题方面都在不断发展和完善。据不完全统计，到目前为止，中国已出台涉及网络问题的法律、法规和规章超过 800 部，已经初步形成覆盖网络信息安全、电子商务、未成年人保护等领域的网络法律体系。② 本章中关于我国网络空间现有的规

---

① ［古希腊］亚里士多德. 政治学［M］. 北京：商务印书馆，1997：199.
② 陈纯柱，王露. 我国网络立法的发展、特点与政策建议［J］. 重庆邮电大学学报（社会科学版），2014，26（1）：31－37.

范性法律主要分为有关网络空间的专门性法律法规和有关网络空间法律规制的部门法。

（一）有关网络空间专门性法律法规

我国目前在互联网领域内已经涌现了许多专门性法律法规，不仅有全国人民代表大会制定的法律，也有行政法规、部门规章，还有最高人民法院的司法解释和其他规范性法律文件[①]。

1. 法律

在法律层面，我国直接涉及网络空间规制的相关法律较少，目前仅有四部：

一是《全国人民代表大会常务委员会关于维护互联网安全的决定》。2000 年 12 月 28 日，全国人民代表大会常务委员会第十九次会议通过《全国人民代表大会常务委员会关于维护互联网安全的决定》，2009 年 8 月 27 日第十一届全国人民代表大会常务委员会第十次会议《全国人民代表大会常务委员会关于修改部分法律的决定》中有修正。《全国人民代表大会常务委员会关于维护互联网安全的决定》主要从四个方面明确规定了构成网络犯罪、需要追究刑事责任的网络犯罪行为，但是规定的犯罪行为过于原则性，缺乏实践操作性。

二是《全国人民代表大会常务委员会关于加强网络信息保护的决定》。2012 年 12 月 28 日第十一届全国人民代表大会常委会第三十次会议通过《全国人民代表大会常务委员会关于加强网络信息保护的决定》。该决定的通过主要为了保护网络信息安全，保障公民、法人和其他组织的合法权益，维护国家安全和社会公共利益。

三是《中华人民共和国电子签名法》。2004 年 8 月 28 日通过，2005 年 4 月 1 日正式实施的《中华人民共和国电子签名法》，简称《电子签名法》。它被誉为"中国首部真正意义信息化的法律"。这部法律的出台是为了规范电子商务市场，并为其发展提供良好的法律保护。全文约 4500 字，分为五章、三十六条，包括总则、数据电文、电子签名和认证、法律责任和附则。其中，总则对《电子签名法》的立法目的、定义作出了规定，重点指出了其适用范围，同时给予了消费者选择使用或

---

① 韩德强. 网络空间法律规制［M］. 北京：人民法院出版社，2015：83.

者不使用电子签章的权利。数据电文部分为保障《电子签名法》作为法律事务纠纷的依据，对其原件、文件保存等作出了明确规定。电子签名和认证是《电子签名法》的重中之重，规范了电子签名行为，明确了认证机构的法律地位及认证程序等问题，这是电子商务能否顺利开展的有力保障。法律责任主要对参与电子签名的各方责任作出了详尽的规定。《电子签名法》的出台填补了我国电子商务立法方面的空白，对电子商务及网上支付等发展起到了极大的推动作用。

四是《中华人民共和国网络安全法》。2016 年 11 月 7 日《中华人民共和国网络安全法》出台，这是我国从网络大国向网络强国转变过程的里程碑，2016 年因此被视为我国网络空间治理法治化建设的新元年。《网络安全法》全文共七章，自 2017 年 6 月 1 日起施行。该法突出了网信部门、网络运营商，相关行业组织和公民等多元主体的角色、权利与义务，将各主体纳入网络空间治理的保护与责任范围之中，提升了各方参与网络安全治理与维护的积极性。[①]

2. 行政法规

现行的行政法规主要有：1994 年 2 月 18 日中华人民共和国国务院令第 147 号发布并实施的《中华人民共和国计算机信息系统安全保护条例》；1996 年 2 月 1 日中华人民共和国国务院颁布，1997 年 5 月 20 日实施的《中华人民共和国计算机信息网络国际联网管理暂行规定》；1999 年 10 月 7 日国务院颁布的《商用密码管理条例》；2000 年 9 月 25 日国务院颁布的《互联网信息服务管理办法》；2000 年 9 月 25 日国务院实施的《中华人民共和国电信条例》；2002 年 11 月 15 日国务院颁布实施的《互联网网上服务营业场所管理条例》，该条例于 2016 年 2 月 6 日《国务院关于修改部分行政法规的决定》（国务院令第 666 号）第二次修订；2006 年 5 月 18 日中华人民共和国国务院令第 468 号公布的《信息网络传播权保护条例》；2008 年 9 月 10 日国务院颁布实施的《外商投资电信企业管理规定》；2013 年 1 月 30 日由国务院颁布，于同年 3 月 1 日实施的《计算机软件保护条例》。

3. 部门规章

对现行的主要部门规章按照制定主体的不同进行梳理，罗列如下。

---

① 刘宇轩，巢乃鹏. 我国网络空间治理的逻辑与意义［J］. 电子政务，2017（02）：18.

第一，由信息产业部制定或参与制定的规章。需要注意的是 2008 年 3 月 11 日之后信息产业部和国务院信息化办公室等被组建为中国工业和信息化部。由信息产业部单独制定的部门规章主要有：1999 年 9 月 7 日施行的《电信网间互联管理暂行规定》，2000 年 1 月 1 日施行的《互联网计算机信息系统集成资质管理办法（试行）》，2000 年 11 月 6 日施行的《电子公告服务管理规定》，2001 年 9 月 29 日生效的《互联网骨干网间互联服务暂行规定》，2001 年 10 月 8 日施行的《互联网骨干网间互联管理暂行规定》，2001 年 12 月 26 日生效的《电信业务经营许可证管理办法》，2002 年 1 月 1 日生效的《电信网间互联争议处理办法》，2004 年 12 月 20 日发布实施的《中国互联网络域名管理办法》，2005 年 3 月 20 日施行的《互联网 IP 地址备案管理办法》和《非经营性互联网信息服务备案管理办法》，2006 年 3 月 30 日施行的《互联网电子邮件服务管理办法》。由工业和信息化部单独制定的规章有：2009 年 3 月 31 日生效的《电子认证服务管理办法》，2010 年 2 月 8 日发布实施的《关于进一步落实网站备案信息真实性核验工作方案（试行）》，2010 年 3 月 1 日施行的《通信网络安全防护管理办法》，2010 年 9 月 26 日生效的《关于加强国际通信网络架构保护的若干规定》，2011 年出台的《移动互联网恶意程序监测与处置机制》，2012 年 3 月 15 日施行的《规范互联网信息服务市场秩序若干规定》，2013 年 9 月 1 日起施行的《电信和互联网用户个人信息保护规定》和《电话用户真实身份信息登记规定》。由信息产业部和其他部门共同制定的规章主要有：2000 年 11 月 6 日由国务院新闻办公室、信息产业部共同发布施行的《互联网站从事登载新闻业务管理暂行规定》，2002 年 1 月 4 日由信息产业部、国家发展计划委员会共同发布施行的《电信建设管理办法》，2002 年 6 月 29 日由文化部、公安部、信息产业部、国家工商行政管理总局联合发布的《关于开展"网吧"等互联网上网服务营业场所专项治理的通知》，2002 年 8 月 1 日新闻出版总署、信息产业部发布施行的《互联网出版管理暂行规定》，2005 年 5 月 30 日国家版权局、信息产业部制定施行的《互联网著作权行政保护办法》，2005 年 7 月 12 日由文化部、信息产业部制定实施的《关于网络游戏发展和管理的若干意见》，2005 年 9 月 25 日由国务院新闻办公室、信息产业部共同发布施行的《互联网新闻信息服务管理规定》，2008 年 1 月 31 日广电总局、信息产业部制定并实施的《互联网视听节目服务管理规定》。

第二，由中国互联网络信息中心制定的现行规章，有：2012 年 5 月 29 日起施行的《中国互联网络信息中心域名注册实施细则》，2014年9月1日起施行的《中国互联网络信息中心域名争议解决办法》，2014年11月21日施行的《中国互联网络信息中心国家顶级域名争议解决办法》和《中国互联网络信息中心国家顶级域名争议解决程序规则》。

第三，其他国务院各部委行署、具有行政管理职能的直属机构、被授权的直属事业单位制定的部门规章，主要有：1996年4月3日邮电部发布的《中国公用计算机互联网国际联网管理办法》，1996年4月9日邮电部发布的《计算机信息网络国际联网出入口信道管理办法》，1997年12月12日公安部发布施行的《计算机信息系统安全专用产品检测和销售许可证管理办法》，1997年12月30日公安部发布施行的《计算机信息网络国际联网安全保护管理办法》，1998年2月26日国家保密局发布的《计算机信息系统保密管理暂行规定》，1998年3月6日实施的由国务院信息化工作领导小组审定发布的《中华人民共和国计算机信息网络国际联网管理暂行规定实施办法》，2000年1月1日国家保密局发布并实施的《计算机信息系统国际联网保密管理规定》，2000年3月30日由中国证券监督管理委员会施行的《网上证券委托暂行管理办法》，2000年4月26日公安部发布施行的《计算机病毒防治管理办法》，2000年4月29日中国证券监督管理委员会发布的《证券公司网上委托业务核准程序》，2000年6月29日教育部发布的《教育网站和网校暂行管理办法》，2001年1月8日卫生部发布的《互联网医疗卫生信息服务管理办法》，2001年7月9日中国人民银行发布的《网上银行业务管理暂行办法》，2003年2月10日国家广播电影电视总局发布的《互联网等信息网络传播视听节目管理办法》，2004年7月8日国家食品药品监督管理局发布施行的《互联网药品信息服务管理办法》，2005年12月1日药品监督管理局发布生效的《互联网药品交易服务审批暂行规定》，2006年3月1日公安部发布施行的《互联网安全保护技术措施规定》，2009年6月1日由国务院新闻办公室、商务部、国家工商行政管理总局联合颁布施行的《外国机构在中国境内提供金融信息服务管理规定》，2009年7月1日卫生部发布施行的《互联网医疗保健信息服务管理办法》，2010年7月1日国家工商行政管理总局公布施行的《网络商品交易及有关服务行为管理暂行办法》，2010年8月1日文化部发布施行的《网络游戏管理暂行办法》，2011年4月1日由文化部发布施行的《互联网文化管理暂行规定》，2013年4月1日国家税务总局发布的《网络发票管理办法》，2014年3月15日国家工商行政管理总局发布施行的《网络交易管理办法》，2015 年 4 月 1 日起施行的经商务部第 32 次部务会议审议通过的《网络零售第三方平台交易规则制定程序规定（试行）》，等等。

4. 司法解释

这些司法解释主要有：最高人民法院审判委员会 2000 年 5 月 24 日公布施行的《最高人民法院关于审理扰乱电信市场管理秩序案件具体应用法律若干问题的解释》，最高人民法院审判委员会 2001 年 7 月 24 日公布实施的《关于审理涉及计算机网络域名民事纠纷案件适用法律若干问题的解释》，2003 年 12 月 23 日《最高人民法院关于审理涉及计算机网络著作权纠纷案件适用法律若干问题的解释》，2013 年 1 月 1 日《最高人民法院关于审理侵害信息网络传播权民事纠纷案件适用法律若干问题的规定》，2014 年 10 月 10 日《最高人民法院关于审理利用信息网络侵害人身权益民事纠纷案件适用法律若干问题的规定》等。

此外，还包括 2004 年 9 月 6 日最高人民法院审判委员会、最高人民检察院检察委员会颁行的《最高人民法院、最高人民检察院关于办理利用互联网、移动通讯终端、声讯台制作、复制、出版、贩卖、传播淫秽电子信息刑事案件具体应用法律若干问题的解释》，2010 年 1 月 18 日最高人民法院审判委员会、最高人民检察院检察委员会颁行的《关于办理利用互联网、移动通讯终端、声讯台制作、复制、出版、贩卖、传播淫秽电子信息刑事案件具体应用法律若干问题的解释（二）》，2011 年 9 月 1 日《最高人民法院、最高人民检察院关于办理危害计算机信息系统安全刑事案件应用法律若干问题的解释》，2013 年 9 月 10 日《最高人民法院、最高人民检察院关于办理利用信息网络实施诽谤等刑事案件适用法律若干问题的解释》等。

5. 地方规范性法律文件

近几年，全国各级政府及相关机构纷纷围绕网络空间法律问题，根据我国宪法、法律、行政法结合地方发展状况制定了很多地方规范性法律文件。据不完全统计，各个地方制定的现行地方性法规多达 335 部，其中省级地方法规 268 部，较大市地方性法规 55 部以及经济特区法规 12 部，各地方政府规章 274 部。除此之外，还有规模更为庞大的地方性规范文件。仅以北京市为例，据不完全统计，从 2000 年至今出台了 6 部涉及互联网的地方性法规，3 部地方政府规章，572 份地方规范性文件①，如《北京市网络广告管理暂行办法》《北京市互联网站从事登载新闻业务审批及管理工作程序》等。

（二）有关网络空间法律规制的部门法

我国在网络空间治理方面专门性法律规范不断增加，但是鉴于互联网在我国发展时间不长以及在网络空间中立法技术不够完善，我国目前对于网络空间法律规制部分的内容散见于部门法中，部门法中关于网络空间的法律规制主要是对网络空间法律规制的补充和完善。我国制定的《刑法》《侵权责任法》《著作权法》《反不正当竞争法》等一系列法律中都规定了与网络信息活动密切相关的内容。

以《中华人民共和国侵权责任法》和《中华人民共和国刑法》为例，2010年 7 月 1 日起施行《中华人民共和国侵权责任法》中体现着对网络空间的法律规制，如第三十六条规定："网络用户、网络服务提供者利用网络侵害他人民事权益的，应当承担侵权责任。网络用户利用网络服务实施侵权行为的，被侵权人有权通知网络服务提供者采取删除、屏蔽、断开链接等必要措施。网络服务提供者接到通知后未及时采取必要措施的，对损害的扩大部分与该网络用户承担连带责任。网络服务提供者知道网络用户利用其网络服务侵害他人民事权益，未采取必要措施的，与该网络用户承担连带责任。"2015 年 8 月 29 日全国人民代表大会常务委员委会通过的《中华人民共和国刑法修正案（九）》中一个重要的内容就是对《刑法》中涉互联网安全的内容做了补充和完善，尤其强化了对计算机网络犯罪的打击力度，新增了许多关于网络安全的罪名，如拒不履行信息网络安全管理义务罪、非法利用信息网络罪、帮助信息网络犯罪活动罪；强化了互联网服务提供者的网络安全管理责任；把信息网络上常见的、带有预备实施犯罪性质的行为在《刑法》中作为独立的犯罪加以规定；对网络上具有帮助他人犯罪属性的行为，专门作为犯罪独立加以规定。

---

① 陈纯柱，王露．我国网络立法的发展、特点与政策建议［J］．重庆邮电大学学报（社会科学版），2014，26（1）：31-37.

三、 知行统一，提升网络空间守法意识

网络空间守法是事关我国网络建设全局和我国社会主义现代化发展的重大任务，是全面贯彻落实依法治网的必然要求。要实现全网守法，就要营造学法、知法、懂法、守法的社会氛围，提升网络空间守法意识，做到知行统一，使所有网络空间参与者都自觉运用法治思维考虑问题、以法治方式处理问题。实现知行统一是网络空间法治的工作目标和根本要求，是提高守法实效性的基本策略，也是当前网络空间守法意识培育面临的一大难点。知行不一是导致网络守法缺乏实效的重要原因。因此，在探索提升网络空间守法意识的进程中，应当充分重视守法精神的树立、守法机制的健全、守法环境的营造，从而实现知与行的真正统一，使网络空间守法精神得以树立，守法意识得到巩固。

（一）树立守法精神，培养现代化的网络空间守法主体

在网络空间中，守法的实质不再仅仅局限于法律规范得到实施，而是主要看守法主体是否从内心深处产生对于法律的尊崇。自觉守法是实现依法治网的重要保证，培养以自律为基础的守法意识，使人们发自内心地形成对宪法和法律的信仰与崇敬，把法律内化为自身的行为准则，积极地遵守法律，做到自觉诚信守法。如前所述，全球信息化发展速度很快，守法的理由也在呈多元化趋势发展，即网络守法的动机也是多种多样的。在西方守法理由主要有社会契约论、法律正当论、功利主义论、暴力威慑论、公平对待论等。而在中国法学界关于守法的理由主要有守法工具论和国家强制论，其中守法工具论主要是指将公民遵守法律视为达到某个既定的目的，实现其他价值的中介环境；国家强制论将公民的守法理由归于国家的强制力，把公民惧怕法律制裁作为公民遵守法律的原因。无论何种守法理由，在其背后一定存在着稳定、恒久不变的因素，它是守法的最为根本的力量，根植于每个守法主体内心。"守法不仅是法定义务和道德要求，更重要的是一种精神境界，即守法道德的实质就是守法精神。"[①] 树立守法精神正是培养现代化的网络守法主体的核心。

---

① 郝大林．论守法道德 [J]．安徽农业大学学报（社会科学版），2006，15（1）：59－61．

1. 正确理解守法精神内涵，是培养现代化的网络空间守法主体的前提

日本著名法学家川岛武宜在《现代化与法》中对公民守法精神进行了较为全面和深入的研究。他认为，即便是制定良好的法律也并不必然会使人们对它服从，法律想要得到人们的遵守，就必须要求公民具有与之相应的守法精神。川岛武宜认为，"近代法意识最根本的基础因素是主体性的意识。"[①] 简单来说，主体性意识在树立守法精神中具有基础性地位。在川岛武宜看来，法实现的最大保障是守法精神，而守法精神是市民社会独有的现象，所以守法精神又需在社会中寻找。主体性意识是守法精神的本质构造，其含义包括"我"之觉醒和"他"之尊重。"我"之觉醒，意在维护本人权利，个人认识到自己作为人的独立价值，追求自由的意识。"他"之尊重，意在尊重他人权利，个人即使是为了个体的自由主张权利，也不能肆意行为，而要把尊重他人的权利理所当然地作为义务。狄骥曾说："作为个体的人仅仅是知性的造物。权利的概念必须以社会生活的概念为基础。因此，如果一个人说他享有某些权利，这些权利只能来自他所生存的社会环境，他不能反过来将自己的权利凌驾于社会之上。"[②] 然而，守法精神不仅仅要求守法主体具备主体性意识，还需要看守法主体是否具有主观自发性。制定出来的法律即便是良法，也不会自发地跃然走入生活中，它的实现是依靠作为社会主体的人来完成的，只有当人们理性地认识法律，才会自觉认可并接受法律，这就要求守法主体具有主观自发性。对于"良法"，应发自内心地认同并遵守，发挥法律真正的价值；对于"恶法"，人们应该通过发挥主观自发性理性地进行价值判断，而不是盲目地服从。由此可见，守法精神就是守法主体的主体性意识体现，是主体基于对法律的价值理性分析而形成的自发的守法动机。守法精神在网络空间社会的树立为网络守法主体指明了方向，为网络法治化建设奠定了坚实的基础，但它同样需要通过培养现代化的网络空间守法主体来推动守法精神在网络社会的扎根生长。

正如英格尔斯所说："如果一个国家的人民缺乏一种能够赋予这种制度真实生命的广泛的现代化理论基础，如果执行和运行这些现代化制度的人自身还没有

---

① ［日］川岛武宜. 现代化与法［M］. 北京：中国政法大学出版社，1994：56.
② ［法］狄骥. 公法的变迁［M］. 郑戈，译. 北京：中国法制出版社，2010：6.

从心理、思想、态度和行为方式都经历一个向现代化的转变，失败和畸形发展的悲剧是不可避免的。"① 网络空间作为一种人为的创造物，更体现了"人"的关键性，因此培养现代化网络空间守法主体就成为一种必要，而培养现代化网络空间守法主体的核心应从培养其正确的守法观念入手。

2. 培养网络公民意识是推动网络空间主体守法的重要支持

公民概念常常在宪法中使用，非常形象地表达了个人在国家中的身份和地位，它是一个法律概念。网络公民是互联网发展的产物。所谓网络公民，就是现实生活中的公民在网络社会中呈现独立、自主、参与、进取等特征的角色延伸和存在状态。② 根据我国互联网发展现状不难看出网络公民已然成为现代公共生活领域的重要群体，培养网络公民意识就是网络空间中公民意识的培养。公民意识是一种法律意识，正如有学者认为，"公民意识具有多元内在结构和丰富而深刻的内涵，合理性意识是其核心，它决定着合法性意识和积极守法精神的形态，而合法性意识和积极守法精神则是合理性意识的不同层次的现实化表现，且在制度运行、社会文化等诸因素作用下又对合理性意识产生能动影响，从而使公民意识呈现出一种动态、开放的系统状态。"③ 要成为网络公民，具有公民意识是前提。只有网络空间中的积极参与者才能成为网络公民，网络公民的重要表现在于具有守法主体的主体性意识。这种主体性意识主要表现在以下两个方面。

一是培育正确的公民权利意识，即在网络空间中网络参与者要具有正确的主人翁意识。近年来，人们进入了全新的数字化时代。网络在我国最突出的贡献就是唤醒了公民的权利意识，并以其非凡的生命力推动了公民权利意识的觉醒。有人将 2007 年称为"网络公共元年"。《人民日报》刊发的评论文章《2007，倾听中国网民》中讲述道："在中国改革史上，这一年以及在这一年发出声音的一亿多网民，终将被载入史册。入选理由，不只是中国互联网诞生 20 周年，更是网民已成为推动社会主义民主政治建设的有生力量。"网民积极参与到了陕西华南虎虎照的真伪之辨、山西"黑砖窑"的曝光、厦门 PX 项目的迁址、重庆"史上最牛钉子户"以及《物权法》的大讨论，这些事件都体现了公民权利意识的觉

① ［美］阿列克斯·英格尔斯. 人的现代化 ［M］. 殷陆君，译. 成都：四川人民出版社，1985：4.
② 陈联俊，李萍. 网络社会中的"网络公民"及其教育 ［J］. 学术论坛，2009（5）：198-201.
③ 马长山. 法治的社会根基 ［M］. 北京：中国社会科学出版社，2003：249-250.

醒，但并不都是正确的公民权利意识。培育正确的公民权利意识，一方面要求正确认识网络空间中所享有的权利和应当履行的义务。网络空间赋予人们自由，但并非绝对的自由，正确认识网络空间中网民的权利义务显得尤为重要。不仅要清楚了解网络空间活动中赋予网络公民享有的人身安全权、隐私安全权、财产安全权、言论自由权、结社权、知情权、自由选择权、公平交易权、受尊重权、获得赔偿权等，还要认识到作为网络公民应当履行遵守相关法律法规的义务，依照网络信息、商品、服务等合法规制进行网络行为，依法维权，从而真正成为一个有社会责任感、守法的网络公民。另一方面，要正确处理网络空间中公民权利义务失衡的局面。我们常说权利与义务是相辅相成、对立与统一的。具体到网络空间中，要求每位网络参与者不仅维护自身权利，更重要的是尊重他人权利，做到不损害他人这一义务规制，具体表现在不违反法律法规，不发表、转发损害他人的言论，不发表、转发淫秽侮辱性的视频、图片等资料，不制造传播虚假消息等。只有充分认识自己在网络空间中的权利与义务，把握权利义务在网络空间中的关系，摆脱淡漠冷淡的姿态，以主人翁的精神置身于网络空间中，才能培育出正确的公民权利意识。

二是增强守法理性与感性的统一。守法感性容易理解，是以人们日常生活经验为前提，以传统的行为方式来指导自己的法律行为选择。守法理性则需要守法者以法律权威性、合理性以及实效性作为前提。守法行为需要依赖于守法理性来实现，正如有学者认为，"守法不靠神的启示，不靠强力，而应置于守法者的理性之上，理性精神是守法意识的基础，人的自由、平等和权利要求来源于主体利益的理性要求。"[1] 由此可见，理性意识就是守法主体对守法本身的一种理性欲求。对于网络空间中出现的法律问题，增强守法者的理性意识非常重要。一方面，要加强网络守法者的独立判断意识和能力。网络社会如同一个潘多拉魔盒，带给人们丰富多彩的体验，尤其是信息传播非常迅速，面对铺天盖地的网络舆论，网络守法者要保持清醒的头脑。网络舆论比现实舆论观点更现实、鲜明，对人们的冲击影响巨大，很多时候会使网络公民在网络社会中陷入迷惘，受到其牵引，这就需要网络公民时刻保持理性思维，坚持法律至上的价值观念，增强自身的独立判断意识和能力。另一方面，网络守法者要从理性角度对待法律法规的遵

---

① 曹刚. 法律的道德批判［M］. 南昌：江西人民出版社，2001：165.

守，同样在情感上要认同法律的现实作用。在法经济学中常常提及人们在有意识地追求自身利益最大化时仍然会选择社会利益，在追求个体利益时同样重视自身的社会性。"无论人们会认为某个人怎样自私，这个人的天赋总是明显地存在着这样一些本性，这些本性使他们关心别人的命运，把别人的幸福看成自己的事情，虽然他除了看到别人幸福而感到高兴以外，一无所得。"[①] 正如网络社会中也有很多守法行为并不仅仅是由于自身利益的驱使，一些类似"轻松筹""微微助力"等传播社会正能量、帮助他人的行为，以及帮助他人守法的行为，都更好地体现了守法理性与感性的统一，更能够促进人们自觉形成网络公民意识，促进守法行为的传播。

3. 塑造良好的道德精神，是培养现代化的网络空间守法主体的关键

从守法主体自身来看，如果失去内在的自律性道德精神的有力支撑，只是靠法律法规外在的驱动力得以维持，这是消极的被动的守法，并不是积极的自觉主动的守法，更谈不上守法主体所具备的精神。何为道德精神？道德精神是道德结构中的一种伦理意识，表现在公民守法意识与行为领域就是所说的"守法正义"。网络空间需要挖掘公民守法的良好道德精神，追求守法正义。在网络空间，网络公民守法不仅是为了享受网络社会带来的自由，实现自身的权利，还体现在守法的自由道德层面。将网络守法作为实现自身利益完善的表现形式，塑造良好的道德精神，能够使网络空间守法主体在本质上成为自主、自律的人格主体，更能推进网络空间的守法行为。

从中国传统法律文化价值中挖掘公民守法道德养成的资源。黑格尔说过，"历史对一个民族永远是非常重要的，因为他们靠了历史，才能意识到自己的法律、礼节、风格和事功上的发展行程。法律所变现的风格、礼节和设备，在本质上是民族生存的永久的东西。"[②] 马克思也曾经说过，"人们自己创造自己的历史，但是他们并不是随心所欲地创造，并不是在他们自己选定的条件下创造，而是在直接碰到的、既定的、从过去承继下来的条件下创造。"对于网络空间公民守法道德精神的塑造，需要从中国传统法律文化的资源中取其精华继承。例如，

---

① ［英］亚当·斯密．道德情操论［M］．蒋自强，钦北愚，等，译．北京：商务印书馆，1997：5．
② ［德］黑格尔．历史哲学［M］．上海：三联书店，1956：206．

"援礼入法"的道德主义有利于制定网络空间中的良法，网络空间守法主体遵守的法律须为"良法"。然而，中国传统的法文化结构是礼法结合，儒家思想始终影响着中国传统法律文化的核心理念。儒家始终把道德作为法律的依据，认为只有符合道德的法律才是值得遵守的良好的法律，也提出了"天人合一"等和谐的理念，这些道德理念对网络现代立法有很好的借鉴，需要在完善法律法规时注重时代道德的基本原则与基本精神，充分考虑网络社会中人们的道德观念。"重义轻利"的传统道德观念有利于消除守法者的功利心理。如近年来频繁出现的网络餐饮"黑心厨房"，网络平台中呈现出干净的餐厅，在现实生活中却是脏乱、卫生不合格的小作坊，这是本应为网络守法者的商家为了利益、经济效益而做出的有失诚信的行为。在网络平台中大力弘扬中国传统法律文化中的诚信精神，发扬君子爱财、取之有道的精神传统，助力消除电子商务中网络技术弊端带来的种种不诚信现象。

（二）健全守法机制，培育网络空间良好的守法土壤

守法精神是网络空间守法意识的内在驱动力，而守法意识要在网络社会中广泛深入地树立于每个网络参与者心中，就需要适合网络空间守法意识扎根生长的土壤。守法精神如同种子播撒在每位网络守法者内心，而网络守法行为的选择和做出都依赖于网络空间的守法土壤，需要有健全的守法机制，从而更好地促进网络空间守法意识的生长。

1. 理性建构网络空间法律机制，为网络空间守法提供保障

（1）构建和完善网络立法，确保网络空间法律的良善性

首先，制定网络基本法是重点。以《宪法》为根本，尽快出台网络基本法，为网络空间立法做好顶层设计。有了网络基本法，在网络空间中无论是部门规章还是地方法规，都有了立法依据。网络基本法的制定，不仅需要明确网络法律治理的基本原则，构建网络管理体制，还要进一步明确网络营运、电子认证服务、域名注册管理、信息服务发布等行为主体的权利义务以及应承担的网络法律责任。其次，尽快填补网络法律法规空白，完善现有网络法律法规。通过本章第二部分我国现有网络空间法律法规概览不难看出，一是我国在网络空间很多方面都没有进行专项立法，如对于网络舆论、未成年人网络信息安全法、电子交易法

等，以及对手机媒体、APP 使用、微博、微信等的管理法规，这些都需要根据我国网络立法的环境和条件进行填补，使网络空间法律对网络社会行为选择做出正确的指引，减少网络社会发展的障碍。二是要完善现有网络法律法规。对于很多新兴的网络行为，由于网络空间的虚拟性、开放性以及时效性，很难时时对其进行一一专门立法，因此就需要加强现有法律的修改，在现行的法律法规中结合网络发展的特点进行修改，及时废止与上位法或现实发展相矛盾的条款，确保法律之间的协调统一。还可以通过修改或解释既定法律的方式来规范网络行为，指引网络守法主体进行守法行为。最后，结合网络空间的发展，有些重要的问题亟需法律规范：一是电子商务方面。电子商务已经逐步取代了传统的商务方式，成为人们生活中密不可分的部分，但是电子商务的迅速发展也带来了电子商务交易中的许多问题，如恶意欺诈、合同违约、虚假广告等违法行为。我国政府应制定电子商务发展的总体战略型文件，如日本的《电子商务联合宣言》、欧盟的《电子商务行动方案》等。二是网络著作权方面。近年来涉及网络服务提供者共同侵权的案件时有发生，判决结果却各种各样，甚至出现同案不同判的情形。这就需要在网络著作权方面进行专门立法，通过司法解释对现行法条进行细化，促进互联网技术发展保护著作权人的合法权益。三是网络语言暴力方面。针对当前的网络语言暴力侵权，我国法律规制欠缺甚至存在空白。需要对网络语言暴力的侵权主体进行规制，要明确网络语言暴力侵权的标准。四是网络犯罪方面。网络带给人们生活便利的同时，也是犯罪分子的乐土，为了清理网络不良现象，惩罚犯罪行为，要对网络犯罪进行系统、全面的综合防治，不断完善网络犯罪立法。

（2）坚持严格执法、公正司法，增强网络空间守法主体法律至上的观念，确立法律权威性

一方面，网络空间必须严格执法。如果网络空间法律得不到执行或者不能严格地执行，就会丧失法律的作用，使法律形同虚设，守法者就会对所遵守的法律产生怀疑，对执法产生疑惑，自然削弱了网络空间的守法意识。一是网络空间严格执法，需要优化网络执法机构。目前，我国网络执法是由多主体共同进行的，看似对网络违法行为监管广泛，但是各个执法主体依据本部门的有关规定进行执法，就会带来不同执法主体对同一行为产生不同的执法结果。例如腾讯 QQ 与奇虎 360 之间的互联网大战，在 2010 年年初就开始白热化，由于部门职责不清，在经过 6 个回合的"战争"之后，直到 2010 年 11 月公安部、工业和信息化部、

互联网协会等部门才采取应对方案，以行政命令的方式要求双方不再纷争。① 优化网络执法机构，协调各执法部门的关系，才能更好地做到网络严格执法。二是网络空间严格执法，需要提升网络执法人员的素质。网络执法人员在严格执法中需要具备职业道德素质和专业业务素质。网络执法人员职业道德素质缺失，会降低网络执法人员的独立合法合理执法能力，甚至难以抵制金钱、功名利益的诱惑，阻碍严格执法的进行。网络执法人员专业业务素质的缺失，会在网络执法过程中呈现出工作效率低、效果差的情况，有损执法机关的形象。这就要求不仅要加强网络执法人员职业道德素质的培养，还要根据网络执法人员具体情况，对录用的网络执法人员注重其业务素质，具备网络安全和执法专业知识。对于在职人员则定期进行专门的培训，使其掌握新兴的网络技术，从而有效提升网络执法能力。三是关注网络执法新技术的提升，促进严格执法的有效开展。面对互联网的迅速发展，需要加大财政投入，资助专业机构为网络执法机关提供新技术，从而加强网络执法队伍的战斗力，健全网络执法装备，对网络执法业务建设起到重要的作用。

另一方面，网络空间下必须坚持司法公正。"宽严相济"是我国一贯奉行的刑事政策，体现了现代刑法的谦抑精神。在坚决依法打击"网络大谣"及恶意造谣者、传谣者的同时，也应当防止误伤，给予公民必要的"说错话"的宽容空间，纠正个别基层司法机关滥用错用司法手段的问题。② 网络社会的自由共享性为民众提供了关注司法审判的平台，使得网络舆论对司法审判带来了冲击。例如药家鑫案，在法院受理期间，因网络舆论的大肆报道，法院竟然在审理阶段当庭发放问卷调查，调查民意，这无疑对我国的司法公正产生冲击，严重影响了司法的独立性、客观性以及司法的权威性。处理好网络舆论与司法审判的影响，是网络空间下司法公正的当务之急。面对网络上铺天盖地的报道，各类专家锋芒毕露地发表意见，甚至是对法院判决的虚假提前宣布信息，司法工作者要做到感受法徽的分量，客观冷静地对待网络舆论，寻求真理，追求法律真正的意义。司法机关应转变观念，积极认识网络舆论的"正能量"。网络社会的发展离不开网络舆论的发展，司法机关工作人员不仅要加强网络知识的学习，运用网络技术提升自

---

① 黎慈. 网络空间法治化及其在中国的路径选择 [J]. 云南行政学院学报，2015 (6)：156-160.
② 刘武俊. 网络空间的法律标尺 [N]. 人民法院报，2013-09-12 (2).

身专业素养，还要转变对网络舆论的认识，树立正确的认识观，不要惧怕网络舆论，面对网络舆论应坚持理性的法律人心态，应对网络舆论，有效地分辨出网民真实的呼声，转变思维方式，运用非强制的方式，针对网民呼声或诉求作出及时有效的交流，达到司法审判和网络舆论的良性互动。

2. 充分完善网络空间社会机制，营造网络空间守法的环境

习近平总书记在网络安全和信息化工作座谈会上讲话强调，网络空间是亿万民众的共同家园，要本着对社会负责、对人民负责的态度，依法加强网络空间治理，加强网络内容建设，加强网上正面宣传，培育积极健康、向上向善的网络文化，用社会主义核心价值观和人类优秀文明成果滋养人心、滋养社会，做到正能量充沛、主旋律高昂，为广大网民特别是青少年营造一个风清气正的网络空间。① 无论从中国网络自身发展需求还是网络化社会发展的总趋势来看，网络空间守法环境的营造除了法律机制的健全，也离不开政治的互动机制、经济的守法激励机制以及网络各行业自律机制的完善。

（1）构建和谐绿色的网络政治互动机制，为塑造理想网络守法政治生态环境
指引方向

根据行为法学的研究范围，主体行为所追求的自由常常与政府对主体行为的管制构成辩证统一的关系。同样在网络社会中，网络活动参与者对自由的追求必然会引来政府对于其行为的管制。无论是现实社会还是网络社会，追求"私权最大的自由，公权最小的管制"，有效处理政府与个体行为的互动机制是重要的研究课题。网络空间为互联网政治互动机制提供了平台，同样和谐绿色的网络政治互动机制也为网络公民实现其权利提供了现实可能性。网络社会是现实社会生活的重要部分，它的政治功能不言而喻。国家有必要加强网络政治能力的建设，充分发挥网络自身特性，提高政府处理危机事务及化解社会矛盾的能力。

关于政治互动机制，最著名的就是哈贝马斯的研究成果中提出的理想沟通情景的理性规则。该规则的主要内容有三点，假定：①每个独立公民具有发言自由和行动自由，并且都能主动参与并讨论公共事务；②每个公民都具有足够的理性，对于任何不同于自己看法的主张提出反对意见，自由表达自己的想法，包括

---

① 曹复兴. 让网络空间正能量更充沛［N］. 甘肃日报，2016 - 08 - 15（10）.

但不限于自己的真实意愿、态度、需求及喜好等；③每个公民都是平等自由的，不存在任何外在权力限制其表达意愿、表达自由。① 这些理论同样适用于构建和谐绿色的网络政治互动机制。可以主要从以下几点入手：加快"网络政府"治理模式构建。实行"网络政府"制度是对传统政府的办公模式和思维方式的改变。网络时代的政治参与对传统政府管制模式提出了新挑战、新要求。一方面，在构建"网络政府"的实践中要破除狭隘的电子政府观念，不要简单地将其理解为政务信息电子化。不仅要合理使用网络，发挥网络政府以电子信息技术为载体的工具性，还要更多地注入民主、公平、正义、诚信等丰富的价值内涵，赋予电子政务以"灵魂"，由政府为网络社会注入传统精华和人文关怀。另一方面，在网络政治互动机制构建中，要强化信息表达机制、信息回应及反馈机制等，充分完善网络行政公开。网络行政公开是最直接对网络公民行为选择作出指引的有效方法。我国《宪法》赋予了公民知情权，确立公民知情权为基本权利的地位是保证网络行政公开的基础。同样，网络行政公开要贯穿整个政府管制过程，如在事前建立事前公开行政信息，在事中公开行政过程中完善网络公民身份制度、行政听证制度、行政回避制度等，在事后公开行政决定，建立和完善行政行为送达、行政行为说明制度等。

（2）正确对待守法的经济机制，完善守法的激励机制，为塑造理想网络守法
　　　环境奠定基础

一要加大经济投入，加快建设网络基础设施，夯实网络环境下守法意识培育的物质条件。在网络环境下建设网络基础设施对于提高公民守法意识有重要的意义，能有效消除"数字鸿沟"对公民守法意识的不良影响。网络基础设施的建设具有高度联通融合的特点，能够注重协调各方面因素，实现统筹快速发展。我国一直非常注重互联网基础设施建设，如2015年5月国务院办公厅印发了《关于加快高速宽带网络建设推进网络提速降费的指导意见》，明确指出了要加快基础设施建设，大幅提高网络速率。由此，不仅要加大投资力度，还要重点加强农村网络基础设施建设，从而建立一个更安全、更普及、更高效的信息网络，为网络环境下守法意识的培育奠定基础。

---

① Wahl‐Jorgensen K，Galperin H. Discourse Ethics and the Regulation of Media：The Case of the U. S. Newpaper［J］. Journal of Communication Inquiry，2000，24（1）：19‐40.

二要理性对待"经济人"理论，完善守法激励机制。"经济人"是市场经济浪潮下的产物，是以完全追求物质利益为目的而进行经济活动的主体。在研究守法时，"守法成本""守法效益"概念都是研究的重点，守法激励机制是促进守法行为选择以及保持的有效途径，这就需要理性地对待"经济人"理论。守法主体在作出选择时，要平衡"经济人"和"道德人"的关系。著名经济学家张维迎教授说过："社会要解决的问题就是如何使个人能够对自己所有的行为负责任。如果他对所有的行为负责任，个人最好的东西也是对社会最好的东西，我们怎么样让他外部的东西内部化，这就是激励机制的一个核心问题，如何对一个行为的外部结果内部化，这就是我理解的法律作为激励机制的核心观点。"① 作为网络社会中守法激励机制的构建，一方面要注重物质激励。主要的方式是"赏罚分明"。惩罚机制起到负激励作用，通常是需要强制力来保障实施的，通过惩罚让不应发生的行为自行避免或杜绝。惩罚机制最需要关注的是惩罚力度的合法合理化，以既能使违法行为承担责任，又不会给社会增添新的成本为限度。奖励机制起到正激励作用。对于网络空间中的主动守法者，通过奖励的方式让守法者对自己的行为正当性进一步认可。奖励意味着该行为是法律和社会予以鼓励的，从而能使更多的守法信息传递给更多的人。例如，我国很多交通管理部门都开设了微信、微博等平台，鼓励公民通过网络平台实名举报不文明驾驶行为或者酒驾、超速、交通事故逃逸等，并给予这些网民以相应的奖励。同样，奖励机制可以让行为人纠正自我评价误差，树立自觉守法精神，产生法律认同感，为守法带来积极的力量。

（3）充分发展网络行业自律机制，走向网络文化自觉，为塑造理想网络守法
　　　环境输送正能量

随着网络的快速发展，国家的政策支持使得很多行业进入了"互联网＋"时代，迎来了行业的兴盛和繁荣，但网络空间的虚拟性、开放性、共享性及时效性也给互联网各行业发展带来了挑战。网络技术的不断更新与进步虽然可以为各行业的互联网发展提供保障，但"道高一尺，魔高一丈"，黑客技术、病毒编制技术常常比"正统"技术的发展速度更快、水平更高。网络空间行业的发展可以通过法律手段、经济手段、政府管制手段等保障，但终究都属于外在他律机制，不

---

① 倪正茂．激励法学探析［M］．上海：上海社会科学出版社，2012：101．

能从根本内在解决网络行业发展所面临的问题。所以，只有充分发展网络行业自律机制，走向网络文化自觉，才能为塑造理想网络守法环境输送源源不断的能量。

一方面，加强我国网络行业自治组织的建设。对网络行业自治组织的管理采用法律手段与行政管理相结合的方式。网络行业自治组织对业内各主体行为的约束需要以相应的法律为依托，这不仅可以为行政管理明确范围，还可减少政府对网络行业自治组织的过多干预，增大其行业道德自律管理的动力。网络行业自治组织应学习发达国家的成功经验，注重服务职能，树立权威地位，提升行业内部凝聚力。另一方面，要完善网络行业自律机制。网络行业自治组织可以充分发挥其监管作用，提高行业内网络市场准入机制，使要进入网络环境的单位提高守法意识，提高自我监督审查能力。在网络空间运行中，网络行业自治组织也要根据本行业的特性，合法地制定相关惩戒机制，更好地指导行业内单位的行为，减少业内单位在网络空间给他人和社会带来的危害，从而使各行业自身在网络空间发展中牢固守法意识，更好地塑造网络空间的守法环境。

（三）加强守法教育，提升网络空间守法意识境界

网络空间守法意识的加强需要树立守法精神、构建理想的法律机制、完善健全社会机制等，但其前提是网络社会中的人要充分认知守法，产生守法情感，最终才能更好地提升网络空间守法意识。加强守法教育是提升网络空间守法意识的重要途径，主要可以从以下两个方面入手。

（1）创新网络守法教育方法

教育的有效性取决于方法，同样，要加强网络守法教育，就要创新教育方法，使得受教育者乐于接受，以提高其实效性。目前，网络守法教育方法仍比较单一老套，如仍较多地采用播放宣传广告和广播、办板报、拉横幅、发资料等普法宣传和教育方式。由于网络空间的时效性，其发展变化速度很快，很多接受宣传教育的群众由于自身文化水平限制，对很多抽象的法律条文理解困难，这样很难激发公民学习网络法律和守法的积极性。鉴于此，一是根据目前我国网民特点，创新守法教育方法。目前我国相当部分的网民属于青少年，这就需要创新网络守法教育方法，如榜样示范法，在网络世界中选择网民喜欢的"网络游戏世界正面偶像""网络红人""微博大V"等，对这些网络世界正面偶像普及网络法律

法规，提升他们的守法意识，使这些群体在网络社会中发挥榜样示范的作用，引领网民提升自身守法意识。二是根据互联网虚拟性、隐蔽性的特性，创新守法教育方法。很多网民在网络空间中肆意宣泄自身的压力，利用网络的隐蔽性舒缓心理，因此可以考虑在网络空间守法宣传中应用心理咨询法。如运用心理学的相关技能和知识，设计网络平台或者 APP，使网络参与者在信任和放松的环境中潜移默化地接受教育，从而增强网络守法意识教育的实际效果。

（2）网络守法教育权利和义务并重

近年来，网络守法教育工作成效并不显著，其中重要的原因在于网络守法教育工作内容重心有偏差。其后果是公民虽然学习了一定的网络法律知识，但对于培育守法意识和用法实践效果甚微。有些地方的网络守法教育中只注重禁止性规范和法律义务的宣传，忽视法律权利的普及；有些地方只在形式上宣传要加强网络空间守法意识，但由于讲解或解释不够细致，导致很多公民对网络环境下自身享有的权利和履行义务的范围界定不清，出现滥用权利或维权方式异化。在网络守法教育工作中应权利和义务并重，全面地对法律法规及其用途进行宣传，改变以往片面的做法，加大对网络权利性法律法规的教育，才能促进网络空间守法意识的培育。要使网络空间这一人类命运共同体真正成为亿万民众共同的精神家园，实现网络空间天朗气清、生态良好，就必须坚持正能量是总要求，管得住是硬道理，建立健全网络法治体系，依法建网、依法管网、依法治网、依法用网，厘清网络主体、引导网络利益、规范网络行为、调整网络关系、明晰网络义务、严格网络责任、惩戒网络违法、打击网络犯罪、管控网络信息、保护网络数据、保障网络权益、防范网络风险。[①] 卢梭曾强调："所有法律中的第一条就是尊重法律。"[②] 正如有学者所言："对于任何社会来说，维持社会的健康、稳定和发展，只依赖政治制度的作用是不够的，必须考虑人的主观性因素，社会成员若缺乏良好的公民德行和责任意识，任何制度都可能遭受扭曲和破坏。"一个国家的公民信赖并笃守法律就表明他们对这个国家社会政治秩序的认可和尊重。反之，轻视并抵制法律则体现对社会政治秩序的对立与冷漠。无论是认可尊重或是轻视抵制，都受到守法意识的影响。守法意识不仅指引公民在行为层面遵守法律规定

---

① 曹诗权. 全面推进网络空间法治化 [J]. 网络安全技术与应用，2016（10）：2.

② ［英］韦恩·莫里森. 法理学：从古希腊到后现代 [M]. 李佳林，等，译. 武汉：武汉大学出版社，2003：165.

进行作为或不作为，而且在心理层面树立守法的信念，对自己已经不守法的行为或可能不守法时内心会产生愧疚感和自责感，对于他人已经不守法的行为或可能不守法时内心会产生愤慨和谴责。守法意识是守法最为根本的力量，它构成了法律得以实施的内在根基，它指引守法主体珍视一个正义社会中来之不易的法律秩序，这种珍视必然能同时促进社会秩序的稳固。

第四章　严格网络空间行政执法

2016 年 4 月 19 日，习近平总书记在"网络安全和信息化工作座谈会"上明确提出了"依法加强网络空间治理"的要求。加强网络空间治理，净化网络空间，离不开严格的网络空间行政执法。亚里士多德指出，法治应当包含两重意义：已成立的法律获得普遍的服从，而大家所服从的法律本身又是制定得良好的法律。不难理解，只有依靠理性、科学、高效的执法，才能真正保障良法得到普遍遵守。网络空间也不例外。互联网相关管理部门必须严格按照法律、法规赋予的职能、职责，加强依法治网、依法管网，用法治规范网络空间的行为。

一、网络空间执法的"缺位""错位"

在网络中，上网者的身份被数字化，其行为具有匿名性和隐蔽性，有人形象地称为"隐形人"，因此网上流传着一句非常形象的俗话："在网上，没人知道你是条狗。"上网者在网上自由活动，减少甚至消除了在现实社会中活动时的种种顾虑，往往不顾现实社会的法律法规而为所欲为，往往超越法律的界限，存在大量的违法犯罪行为。要使网络空间天朗气清、生态良好，离不开严格的网络空间行政执法，但毋庸讳言，目前的网络空间行政执法还存在不同程度的"缺位""错位"现象，有的网络空间行政执法部门之间争权夺利，有利可图的事项争着管，无利可图的事项相互推诿扯皮不愿管，形成了"见利当仁不让，无利谦虚礼让"的恶性网络空间行政执法现象，造成了国家有关互联网方面的法律、法规、规章执行得不好、不到位，有些甚至根本未落实，严重阻碍了网络空间法治建设的进程。正确认识网络空间行政执法的"缺位""错位"，准确分析造成这种情况的原因，恰当采取相应的对策和措施，才能确保网络空间天朗气清、生态良好。

（一）网络空间需要行政执法

关于行政执法的法律概念，我国学术界和实务界存在不同理解。目前学术界以及实务界更多的是在具体行政行为这一层面上使用行政执法这一概念，这是通说的行政执法概念，认为行政执法是指行政主体依法采取的具体直接影响行政相对人权利义务的行为，或者对个人、组织的权利义务的行使和履行情况进行监督检查的具体行政行为。行政执法的特征主要有三个方面：第一，行政执法的主体是行政主体。行政执法是行政主体行使职权的活动，只有行政主体才能够以自己的名义独立地进行行政执法活动、承担行政执法的法律后果。第二，行政执法的内容直接或间接影响、涉及行政相对人的权利、义务。第三，行政执法的对象是特定的。行政执法的对象是特定的人和事。

网络空间行政执法属于行政执法的一种。网络空间行政执法具有上述行政执法的特征，同时网络空间行政执法又不同于一般的行政执法，其与网络空间紧密联系，针对的是网络上的行为。

有部分人认为，网络是虚拟的，因此主张网络是自由的。既然如此，在网络空间不需要法律，自然也不存在行政执法的问题。换句话说，这些人认为网络空间不需要行政执法。果真如此吗？答案是否定的。

众所周知，人类已经步入了网络时代。网络的触角在不经意间已延伸到人们的日常生活、学习、工作、娱乐等方方面面，网络成为人们生活必不可少的组成部分，也为人类的生活开辟了新的空间——网络虚拟社会。网络为人们的生活创造了"神话"，为人们提供了一个没有国界、不分种族的全新的生活空间。但网络也是一把"双刃剑"，在为人们提供了方便、机遇的同时也给人们带来了麻烦、挑战。万物互联与人工智能（AI）时代，社会生活和日常生活已经网络化，而在自动化和人工智能大幅度提升便利度的同时，黑客入侵及技术滥用是技术进步带来的副作用。

　　网络的虚拟性、开放性、交互性等特点客观上刺激了违法犯罪行为的发生。网络的虚拟性在一定程度上刺激一些人暴露出其人性中恶的一面，使其利用网络进行一些违法犯罪行为。网络空间违法行为、犯罪行为频发，很大程度上是由于人们对网络社会的认识误区。网络社会为人们提供了一个虚拟、自由的空间，人们认为网络社会是"看不见，摸不着"的生活空间，在网络上无论做什么事情都是隐蔽的、不留痕迹的。还有的人主张网络绝对自由，认为网络社会中无任何管制，无法律、无道德。不管从全世界范围来看，还是从我国网络空间的现状来看，网络诈骗、网络黑客、网络暴力、隐私侵犯等问题在网络空间经常发生，严重威胁到网络安全；网络色情、网络贩毒、网络吸毒等问题充斥网络空间，严重毒害人们的身心健康。据公安部 2015 年 11 月 12 日发布的消息，公安机关打击整治网络黑客犯罪专项行动自 2015 年 7 月在全国范围内组织开展至消息发布时止，各地公安机关成功侦破黑客犯罪案件 400 余起，抓获违法犯罪嫌疑人 900 余名。网络空间违法犯罪的现状呼唤行政执法。

　　网络空间行政执法，其目的就是给网络一片自由而文明的空间。在网络空间，允许民众在网络上有自由的声音，不能一味采取屏蔽、禁言和删号的"封杀"策略。古语有云："防民之口甚于防川。"但同时，任何自由都要受到限制，世界上不存在不受任何限制的自由。公民在享受网络自由时，不能损害和侵犯国家的、集体的、其他公民个人的权利和自由，不能进行违法犯罪行为。网络空间行政执法，就是针对网络空间的违法行为进行行政执法，制止和纠正违法行为，保障公民合法地享有网络自由，保障网络空间的安全、净化和文明。

　　网络空间执法已成为网络上广泛聚焦的热点问题。2014 年 3 月 19 日，江苏省徐州警方成功捣毁了一个以"下订单"为名，通过向多个网店店主的手机植入木马、拦截网银短信进行网络盗窃的犯罪团伙，在 14 个省份抓获了涉案犯罪嫌疑人 37 名，该案受害人达 261 名，涉案金额 2000 余万元。[①] 2015 年 5 月，根据网民举报，湖南省网信办联合公安部门核查发现，犯罪嫌疑人马某某创建"长沙夜网"，为长沙市 10 余个涉黄场所发布招嫖广告大肆敛财，网站注册会员超过 11 万名。公安部门依法逮捕马某某等犯罪嫌疑人，并清查招嫖场所，抓获涉案人员

---

① 　2014 年网络诈骗十大案例 [EB/OL]. （2015 - 01 - 21）［2016 - 07 - 08］. http://tech. gmw. cn/newspaper/2015 - 01/21/content_103932774. htm.

44 人。① 针对网络违法犯罪活动多发，危害我国互联网络安全、侵害人民群众合法权益的情况，自 2015 年 7 月起，公安部组织全国公安机关开展为期半年的打击整治网络违法犯罪"净网行动"。此次专项行动以严厉打击网络攻击破坏、入侵控制网站、网银木马盗窃、网络诈骗等违法犯罪为重点。在公安部的统一指挥下，一个多月的时间，各地公安机关已侦办网络犯罪案件 7400 余起，抓获犯罪嫌疑人 1.5 万余人。各地公安机关还加大了对违法有害信息集中的网站、栏目和服务商的整治力度，并指导互联网服务单位清理网上涉枪涉爆、淫秽色情、网络赌博等违法信息 19 万余条，集中查处违法网站和栏目 6.6 万余个。②

（二）网络空间执法的"缺位"

要确保网络空间天朗气清、生态良好，网络空间执法就不能"缺位"。网络空间执法的"缺位"，是指负有网络空间执法职责的行政机关（政府职能部门）的本职工作没有人管和不能落实，应该干的工作没有干或没干好，可以通俗地称作行政不作为。从网络空间的现状来看，虽说不上是乌烟瘴气，但很难说是天朗气清、生态良好，还存在不少违法犯罪现象。导致这种状况的原因很多，但网络空间执法的"缺位"不能不说是重要原因。

网络空间执法的"缺位"主要表现为以下三种情况：

一是无法可依。"有法可依"是对立法方面提出的要求，是社会主义法治的前提条件和重要内容，当然也是网络空间行政执法的前提。网络空间行政执法首先必须有执法依据的存在，完善的执法依据是保障网络空间行政执法顺利实施、保证网络空间行政执法行为合法、合理的重要前提。如果没有与网络相关的法律，或者法律很不完备，网络空间行政执法就缺少了依据和前提，网络空间行政执法的效果不可能满意。由于我国的法治进程起步较晚，目前现行的有关网络空间行政管理的法律、法规不健全、不完善，还存在网络管理行政机关没有可依据的法律、法规而做出具体行政行为的行政违法行为。在 2014 年 10 月 31 日至 11月 1 日召开的第五届全国信息安全法律大会上，中央网络安全与信息化领导小组

---

① 全国网络 2015 年度十大典型举报案例公布 [EB/OL]. (2016 - 02 - 01) [2016 - 07 - 08]. http://politics. people. com. cn/n1/2016/0201/c1001 - 28101999. html.

② 公安部严打网络攻击破坏等违法犯罪 通报 10 起案例 [EB/OL]. (2015 - 08 - 18) [2016 - 08 - 09]. http://www. chinanews. com/gn/2015/08 - 18/7474977. shtml.

办公室调研员张胜表示，我国现行法律法规体系尚未完善；我国网络法律结构单一，难以适应信息技术发展的需要和日益严重的网络安全问题；我国现行的网络安全法律法规中有的条款无法与传统的法律规则相协调，这是我国网络信息安全立法目前面临的三大"软肋"。

二是有法不依。有了法律还必须付诸实施，要求一切组织和公民认真遵守和执行。有了法律而不贯彻执行，再好的法律也只是一纸空文。这就要求网络空间行政执法主体必须严格依法办事。但实践中还存在个别网络管理行政机关在做出具体行政行为时不依据法律、法规的现象。

三是不作为。"执法必严"是对执法机关和执法人员提出的要求。执法机关和执法人员必须严格按照法律规定的内容精神和程序办事，不能徇私枉法、消极执法。网络空间行政执法必须遵循这一要求。在实践中，网络空间执法还存在不作为的现象，有的网络空间行政执法工作人员在执法活动中消极执法，任意放弃或不履行法定职责，互相推诿，放纵违法行为。

（三）网络空间执法的"错位"

要确保网络空间天朗气清、生态良好，网络空间执法也不能"错位"。何为"错位"？根据中国社会科学院语言研究所词典编辑室编的《现代汉语词典》（第6版，商务印书馆出版）的解释，错位是指离开原来的或应有的位置。具体到网络空间执法的"错位"，是指网络空间行政执法机关对其工作职能定位不准而开展的活动，可以通俗地称作行政乱作为。也就是说网络空间行政执法机关及其工作人员在做出具体行政行为时依据了不当的法律、法规或没有依据应该依据的法律、法规的违法行政行为。

网络空间执法的"错位"现象主要表现为：第一，违反程序执法。有的网络空间行政执法人员在执法过程中，违反程序规定实施行政处罚，甚至搞暗箱操作。第二，滥用权力执法。这是网络空间行政执法"错位"的典型表现。第三，执法裁量失度。有的网络空间行政执法人员随意拔高或降低处罚标准，徇私枉法，以权谋私。第四，执法行为失当。有的网络空间行政执法人员官僚主义严重，作风粗暴，态度蛮横，甚至"不给钱不办事，给了钱乱办事"。

造成网络空间执法"错位"的因素很多，有部门利益驱动的原因，有执法人员素质不高的原因，有监督乏力及行政体制制度不健全等原因，但是网络空间行政执法部门工作人员执法观念的"错位"是一个重要原因。公权是法律赋予行政主体必须承担的义务，部分网络空间行政执法人员将行政机关的公权力与公民的私权力混为一谈，将公权看为私权，把自己的工作领域看成个人的"地盘"，从"社会公仆"蜕变成"社会主人"。一些执法部门的工作人员不从保障行业健康有序发展的角度出发，简单地认为"管理就是处罚，执法就是打压"，有的执法简单粗暴、态度生硬，有的随心所欲，不遵循法定程序执法，使得行政权力部门化、部门权力个人化、个人权力利益化。

二、落实网络空间执法主体责任

在互联网治理方面，我国长期存在多头管理的现象。我国多个部委相关部门如国务院新闻办公室、工业和信息化部、国家新闻出版广电总局、文化部、教育部、国家工商行政管理总局、公安部、国家保密局、国家安全部等分别负责互联网站的审批、经营项目及内容管理。地方各级人民政府中相对应的职能部门也都有互联网管理的职责。很多人会想，有这么多部门作为网络空间行政执法的主体，网络空间应该治理得很好了。但是实际上，正是因为多个部门均享有网络空间管理权，一方面可能出现对有些事项多个部门都去管而重复执法，另一方面也可能出现对有的事项大家都不去管而产生执法真空。因此，必须明确各网络空间执法主体的职权，严格落实各网络空间执法主体的责任，避免权责不明、越治越乱的现象发生。

（一）网络空间执法的主体及其职权

严格网络空间执法，首先必须明确谁来执法。在现实生活中，财物被盗，人们第一时间会想到派出所；生了病，患者第一时间会想到医院；打官司，当事人第一时间会想到法院。但是网络空间中的受害者在第一时间会想到哪些执法部门呢？也许会想到很多，也许会大脑中一片空白。似乎公安、工信、工商、广电等部门都有权管，又似乎谁都不能全面管。下面对我国有关互联网的几部主要法律、法规、行政规章等所明确的网络空间执法主体及其职权具体阐述。

一是《全国人民代表大会常务委员会关于维护互联网安全的决定》明确的执法主体及其职权。2000 年 12 月 28 日，第九届全国人民代表大会常务委员会第十九次会议通过了《全国人民代表大会常务委员会关于维护互联网安全的决定》（以下简称《决定》），明确规定了公安机关及有关行政管理部门作为网络空间执法的主体及其职权。《决定》第六条规定："利用互联网实施违法行为，违反社会治安管理，尚不构成犯罪的，由公安机关依照《治安管理处罚条例》①予以处罚；违反其他法律、行政法规，尚不构成犯罪的，由有关行政管理部门依法给予行政处罚；对直接负责的主管人员和其他直接责任人员，依法给予行政处分或者纪律处分。利用互联网侵犯他人合法权益，构成民事侵权的，依法承担民事责任。"《决定》第七条规定："……有关主管部门要加强对互联网的运行安全和信息安全的宣传教育，依法实施有效的监督管理，防范和制止利用互联网进行的各种违法活动，为互联网的健康发展创造良好的社会环境……"

二是《治安管理处罚法》明确的执法主体及其职权。公安机关是网络空间行政执法的主力军，《决定》原则规定了公安机关对网络空间违反治安管理尚不构成犯罪的违法行为的管理职权，《治安管理处罚法》进一步作了明确具体的规定。《治安管理处罚法》第二十九条规定："有下列行为之一的，处五日以下拘留；情节较重的，处五日以上十日以下拘留：（一）违反国家规定，侵入计算机信息系统，造成危害的；（二）违反国家规定，对计算机信息系统功能进行删除、修改、增加、干扰，造成计算机信息系统不能正常运行的；（三）违反国家规定，对计算机信息系统中存储、处理、传输的数据和应用程序进行删除、修改、增加的；（四）故意制作、传播计算机病毒等破坏性程序，影响计算机信息系统正常运行的。"第四十七条规定："煽动民族仇恨、民族歧视，或者在出版物、计算机信息网络中刊载民族歧视、侮辱内容的，处十日以上十五日以下拘留，可以并处一千元以下罚款。"第六十八条规定："制作、运输、复制、出售、出租淫秽的书刊、图片、影片、音像制品等淫秽物品或者利用计算机信息网络、电话以及其他通讯工具传播淫秽信息的，处十日以上十五日以下拘留，可以并处三千元以下罚款；情节较轻的，处五日以下拘留或者五百元以下罚款。"此外，对在网络空间进行的其他违反治安管理的行为，公安机关依照《治安管理处罚法》的有关规定进行处罚。2013年8月26日晚，百度贴吧"清河吧"网民赵某（女，20岁）发布消息称："听说娄庄发生命案了，有谁知道真相吗？"河北省清河县公安机关认为，

---

① 该条例已经废除，现为《治安管理处罚法》。

此谣言严重扰乱了当地社会公共安全秩序，给广大群众带来恐慌，于是根据相关法律法规对造谣网民赵某行政拘留 5 日。2013 年 6 月 5 日凌晨 2 时 32 分，深圳市龙岗区横岗安良村 28 号某工厂起火，所幸火灾没有造成人员伤亡，但中午时腾讯微博却出现一条博文："安良的火烧得真猛！烧死了 100 多个人！爽死了！"引起公众"围观"。公安机关查实情况后，对用手机随意散布谣言扰乱公共秩序的广西合浦人吴某（22 岁）给予行政拘留 5 日的治安管理处罚。

三是《互联网信息服务管理办法》明确的执法主体及其职权。《互联网信息服务管理办法》进一步具体明确了公安机关及有关主管部门的信息服务管理职权。《互联网信息服务管理办法》第十八条规定："国务院信息产业主管部门和省、自治区、直辖市电信管理机构，依法对互联网信息服务实施监督管理。新闻、出版、教育、卫生、药品监督管理、工商行政管理和公安、国家安全等有关主管部门，在各自职责范围内依法对互联网信息内容实施监督管理。"根据《互联网信息服务管理办法》第十九条的规定，违反该办法的规定，未取得经营许可证，擅自从事经营性互联网信息服务，或者超出许可的项目提供服务的，由省、自治区、直辖市电信管理机构责令限期改正，并根据具体情况依法作出相应处罚。根据《互联网信息服务管理办法》第二十条的规定，制作、复制、发布、传播以下内容之一的信息，尚不构成犯罪的，由公安机关、国家安全机关依照《中华人民共和国治安管理处罚法》《计算机信息网络国际联网安全保护管理办法》等有关法律、行政法规的规定予以处罚：反对宪法所确定的基本原则的；危害国家安全，泄露国家秘密，颠覆国家政权，破坏国家统一的；损害国家荣誉和利益的；煽动民族仇恨、民族歧视，破坏民族团结的；破坏国家宗教政策，宣扬邪教和封建迷信的；散布谣言，扰乱社会秩序，破坏社会稳定的；散布淫秽、色情、赌博、暴力、凶杀、恐怖或者教唆犯罪的；侮辱或者诽谤他人，侵害他人合法权益的；含有法律、行政法规禁止的其他内容的。根据《互联网信息服务管理办法》第二十四条的规定，互联网信息服务提供者在其业务活动中，违反其他法律、法规的，由新闻、出版、教育、卫生、药品监督管理和工商行政管理等有关主管部门依照有关法律、法规的规定处罚。同时，还明确规定了对违反本管理办法的其他有关行为的处罚及执法主体。比如，深圳市市场监督管理局是 2009 年 8 月根据中央机构编制委员会和广东省委、省政府批准的《深圳市人民政府机构改革方案》组建而成的行政机关，其监管职责涵盖了原工商行政管理、质量技术监督、知识产权（商标、专利、版权）、物价、餐饮监管、酒类产品监管等部门职责。2014 年 6 月 26 日，深圳市市场监督管理局以快播涉嫌侵权腾讯为由，向其开出 2.6 亿元罚单。罚单称，快播未经许可，通过网络向公众传播《北京爱情故事》等影视剧、综艺类作品，获得非法经营额 8671.6 万元，罚款数额系非法经营额的 3 倍。

四是《计算机信息网络国际联网安全保护管理办法》明确的执法主体及其职权。《计算机信息网络国际联网安全保护管理办法》明确了公安机关对计算机信息网络国际联网安全保护的管理职权。根据第三条的规定，公安部计算机管理监察机构负责计算机信息网络国际联网的安全保护管理工作。按照第八条的规定，从事国际联网业务的单位和个人应当接受公安机关的安全监督、检查和指导，如实向公安机关提供有关安全保护的信息、资料及数据文件，协助公安机关查处通过国际联网的计算机信息网络的违法犯罪行为。依据第十五条的规定，省、自治区、直辖市公安厅（局），地（市）、县（市）公安局应当有相应机构负责国际联网的安全保护管理工作。同时，还明确规定了对违反该管理办法的其他有关行为的处罚及执法主体。

五是《互联网新闻信息服务管理规定》明确的执法主体及其职权。《互联网新闻信息服务管理规定》明确了国务院新闻办公室和省级人民政府新闻办公室对互联网新闻信息服务单位的监督检查职权。《互联网新闻信息服务管理规定》第二十二条规定："国务院新闻办公室和省、自治区、直辖市人民政府新闻办公室，依法对互联网新闻信息服务单位进行监督检查，有关单位、个人应当予以配合。"同时，还明确规定了对违反该规定其他有关行为的处罚及执法主体。

六是《互联网文化管理暂行规定》明确的执法主体及其职权。2011 年 4 月 1 日起施行的新的《互联网文化管理暂行规定》明确了文化部和省、自治区、直辖市人民政府文化行政部门的相应职权，并明确了省、自治区、直辖市电信管理机构的相应职权。第六条规定："文化部负责制定互联网文化发展与管理的方针、政策和规划，监督管理全国互联网文化活动。省、自治区、直辖市人民政府文化行政部门对申请从事经营性互联网文化活动的单位进行审批，对从事非经营性互联网文化活动的单位进行备案。县级以上人民政府文化行政部门负责本行政区域内互联网文化活动的监督管理工作。县级以上人民政府文化行政部门或者文化市场综合执法机构对从事互联网文化活动违反国家有关法规的行为实施处罚。"第三十一条规定："违反本规定第二十条的，由省、自治区、直辖市电信管理机构责令改正；情节严重的，由省、自治区、直辖市电信管理机构责令停业整顿或者责令暂时关闭网站。"此处的第二十条规定的是："互联网文化单位应当记录备份所提供的文化产品内容及其时间、互联网地址或者域名，记录备份应当保存60日，并在国家有关部门依法查询时予以提供。"同时，《互联网文化管理暂行规定》还明确规定了对违反该规定其他有关行为的处罚及执法主体。比如，内蒙古自治区呼和浩特市文化市场综合执法局为了规范网络文化市场经营秩序、净化网络文化环境，确定2016年为网络文化执法年，到2016年6月初，将内蒙古自治区转办的6起网络文化执法督办案件全部结案，立案查处了4起，对违规的4起案件分别给予警告、罚款、责令改正的处罚。

七是《网络交易管理办法》明确的执法主体及其职权。2014年3月15日起施行的《网络交易管理办法》明确了工商行政管理部门的相应职权。《网络交易管理办法》第三十九条规定："网络商品交易及有关服务的监督管理由县级以上工商行政管理部门负责。"同时，明确规定了对有关违法行为的处罚及执法主体。据《中国消费者报》（记者黄劼）报道，2016年上半年，广东省广州市工商局共立案查办侵犯知识产权和假冒伪劣商品案件699宗，没收侵权商品70.67万件，移送司法机关案件（线索）10宗，捣毁侵权假冒窝点11个。

近年来，各级国家行政机关主动作为，查处和曝光了一大批网络违法行政处罚案件。2015年3月20日，山东省青岛市工商行政管理局网监处执法人员在监督检查中发现青岛某整形美容医院有限公司进行对外虚假宣传的案件线索。后查明，2015年3月15日至3月31日，该整形美容医院有限公司为扩大医院在行业内的影响力，提高知名度，在其总公司网站上发布了"青岛某整形美容医院获评A级医院""迄今为止有数千家海内外媒体对公司旗下医院做过相关报道""荣膺亚洲实力最强整形美容机构""从瞿颖的痘疤看华韩的美容技术、全球定点的明星整容美容基地""连续5年荣获消费者最放心医院""遍布全球20多个国家73万成功案例的亚洲表率整形美容医院""拥有多项领先的独创核心整形美容技术"等宣传信息，但是当事人均不能出示合法有效的证明。山东省青岛市工商行政管理局认为当事人的行为违反了《反不正当竞争法》第九条第一款的规定，构成了引人误解的虚假宣传行为，依法对当事人进行了行政处罚：责令当事人停止违法行为，消除影响，并处罚款。① 2015 年 10 月，中国互联网违法和不良信息举报中心接到北京小桔科技有限公司（"滴滴打车"软件运营公司）举报："爱玛""一片云""搜码"等 8 家网站出售不记名手机空号、死号，并代为接收短信验证码，供网民和黑色产业链上的不法分子注册电子商务账号，用于虚假交易，实施刷单诈骗。核查后，国家互联网信息办公室等执法部门依法关停相关非法网站。②

（二）网络空间执法主体的责任

网络空间行政执法主体必须严格依法行使其职权，坚持权责统一原则。所谓权责统一原则，是指公权力具有权力与责任的双重属性，公权力的行使者必须为其公权力应行使而未行使、越权行使、不正确行使承担相应的法律责任，不得逃避责任、豁免责任或者由其他主体替代承担责任。具体有两个层次的要求：一是权责主体相一致，即有权力就有责任；二是权责程度相适应，即行使了多大权力就承担多大责任。简单地讲就是网络空间行政执法主体对于不依法行使其职权的行为应承担相应的责任。

合法的网络空间行政执法行为应符合一定的条件。网络空间行政执法行为的合法要件具体包括四点：第一，网络空间行政执法主体及其职权合法；第二，网络空间行政执法依据包括事实根据和法律根据要合法且充分；第三，网络空间行政执法内容明确且合法；第四，网络空间行政执法程序合法且正当。违反了上述合法性要件的网络空间行政执法行为就构成了行政违法。

网络空间行政执法主体的行政违法行为主要包括：第一，超越职权。超越职权是网络空间行政执法主体超越其法定行政职权的违法行政行为，又分为行政权限逾越和行政权能逾越。行政权限逾越，是指网络空间行政执法主体的执法行为在事务、地域和层级的某一方面或某几方面逾越该执法主体职权的情形。行政权能逾越，是指网络空间行政执法主体的执法行为超出了其法定权力主体限度的情形。比如，公安机关在网络空间行政执法时吊销了某企业的营业执照，工商行政管理机关在网络空间执法时对行政相对人作出治安拘留的行政处罚，都属于行政

① 2015 年山东省工商和市场监管部门查处的 10 件网络违法经营典型案例 ［EB/OL］.（2016 - 01 - 07）［2016 - 07 - 20］. http://www. sdaic. gov. cn/sdgsj/gsgg/psgs/838837/index. html.
② 网信办公布 2015 年度十大网络举报案 ［EB/OL］.（2016 - 02 - 01）［2016 - 07 - 20］. http://tech. 163. com/api/16/0201/14/BEOC0FRG000915BF. html.

权能逾越。第二，滥用职权。滥用职权，即滥用行政裁量权，是指网络空间行政执法主体及其工作人员在职务权限范围内违反行政合理性原则的裁量行为。其具体表现形式可以概括为以下主要情形：背离法定目的，不相关的考虑，违反可行性原则，违反均衡原则，违反平等对待原则，违反惯例原则，违反遵守行政规则原则，结果显示不公正。第三，不作为违法。不作为违法是指网络空间行政执法主体有积极实施法定行政作为的义务，并且能够履行而未履行的状态。第四，违反法定程序。网络空间行政执法主体及其工作人员应该按照法定的步骤、顺序、方式和时限行使自己的执法权，如果未按照法定的步骤、顺序、方式和时限执法，即构成违反法定程序。第五，事实问题瑕疵。网络空间行政执法主体在作出行政行为时依靠证据和推理认定的事实有误差甚至是虚假的，即为事实问题瑕疵。事实问题瑕疵具体表现为：网络空间行政执法主体收集、审定并最后采纳的作为认定事实的证据违法（证据缺乏客观性或关联性，证据的形式不符合法律要求，非法定主体收集的证据，违反法定程序获得的证据，通过非法权能取得的证据），导致事实认定瑕疵；网络空间行政执法主体因行政程序中举证责任分配违法而导致事实认定瑕疵；网络空间行政执法主体认定事实时的行政推定和行政认知违法而导致事实认定瑕疵；网络空间行政执法主体在行政程序中对事实的认定违反证明标准而导致事实认定瑕疵。第六，适法错误。适法错误是指网络空间行政执法主体在执法时因对法律的理解错误或对法律规范的援引错误而导致适用法律、法规错误的执法行为。

如果网络空间行政执法主体发生上述行政违法行为，网络空间行政执法主体及其工作人员应承担相应的法律责任。第一，网络空间行政执法主体的行政责任形式包括停止侵害责任形式、恢复性责任形式和补救性责任形式。停止侵害责任形式要求网络空间行政执法主体将正在进行中的行政损害予以终结，从而将行政损害控制在一定范围之内。恢复性责任形式是特定国家机关要求网络空间行政执法主体采取一定的措施，以重现行政相对人遭受行政损害的合法权益的原貌，并使其达到行政损害发生前的状态，包括恢复原状、恢复资格、赔礼道歉、恢复名誉、消除影响。补救性责任形式指金钱补偿，是指在不能适用恢复性责任形式或者单纯适用恢复性责任形式不能实现预期目标时，通过给予适当的金钱补偿，达到与恢复应有状态相同的效果。第二，网络空间行政执法工作人员的行政责任形式包括：身份处分，是指因不胜任本职工作所引起的行政执法（包括公务员）身份丧失的法律后果；行政处分，是指行政机关对违反法定纪律的执法人员所给予的制裁措施；行政追偿，是指执法人员违法进行执法行为造成相对人损失，网络空间行政执法主体在对相对人赔偿损失后，依法责令有故意或重大过失的执法人员承担部分或全部赔偿费用的行政责任形式；违法所得收入的没收、追缴或退赔，是指执法人员因违法行使职权取得的非法收入，监察机关及其他有权机关可以进行没收、追缴或者要求执法人员退赔；通报批评，是对执法人员处以一种精神性惩罚，通常以书面形式进行。

三、严格执法，净化网络空间

立法虽重要，执法是关键。行政执法作为法治建设的重要组成部分，在全面推进依法治国和依法行政的进程中具有重要的地位和作用。行政执法是依法治国和依法行政的核心和关键。净化网络空间，离不开严格的网络空间行政执法。

（一）净化网络空间具有重大意义

互联网已经普及和广泛应用于社会生活的方方面面，保持网络空间的天朗气清，有利于维护国家安全，有利于维持社会治安，有利于经济健康发展，有利于维护公民合法权益。具体来说：

第一，净化网络空间为国家安全提供保障。习近平同志在中央网络安全和信息化领导小组成立初期就深刻指出：没有网络安全就没有国家安全。互联网的普及和广泛应用引起人类生产生活方式的深刻变革，但也给国家主权、安全和发展利益提出了新的挑战。毫不夸张地说，网络空间已经成为国与国较量的新阵地，网络渗透与反渗透、控制与反控制的斗争异常激烈。某些国家凭借网络技术优势，可以掌握其他国家的政治、经济和军事秘密，可以瘫痪其通信网络、金融信息系统和军事指挥系统，实现不战而屈人之兵。基于此，网络空间又被称作陆、海、空、天之后的第五大主权空间，是保障国家安全的基础空间。如果一个国家掌控不了网络空间，国家安全就无从谈起。

第二，净化网络空间是控制社会舆论的关键。中国互联网信息中心发布的第38次《中国互联网络发展状况统计报告》显示，截至 2016 年 6 月，中国网民规模达 7.1 亿人，手机网民规模达 6.56 亿人，网民中使用手机上网的人群占比由

2015 年年底的 90.1% 提升至 92.5%，仅通过手机上网的网民占比达到 24.5%，网民上网设备进一步向移动端集中。中国网民和手机网民的状况使得社会舆论导向逐渐网络化，网络舆情影响急剧增大。一些别有用心的人利用网络的低门槛、匿名性等特点，在网络上肆意传播虚假信息，操纵舆论、严重践踏社会底线和公众道德良知。网络空间如果缺乏管控，就会成为社会不良舆情的孵化器，长此以往，将扰乱网络秩序，诱发群体事件，影响社会稳定，损害国家安全，侵犯公民权益，甚至颠覆维系社会安全的主流价值观，恶化和毒化舆论环境。因此，净化网络空间，营造健康、文明的网络舆论环境，是维系民心和社会治安的源头和关键。

第三，净化网络空间为经济健康发展提供保障。互联网经济已经成为当今世界发展最快、创新最活跃、带动力最强、渗透性最广的战略性新兴经济形式。特别是云计算、大数据、物联网等新型技术的产生、发展以及"互联网＋"产业的蓬勃发展，国际经济竞争、综合国力竞争越来越聚焦在网络空间，网络空间已经成为经济发展的战略高地。

第四，净化网络空间有利于维护公民权益。在已经名副其实的网络时代、信息时代的今天，网络空间已经成为人们工作、生活、学习的现实空间的重要延伸，公民的个人权益也由线下转为线上。但在网络空间存在大量的违法犯罪问题，公民个人信息屡遭泄露，网络诈骗愈演愈烈，网络谣言层出不穷，网络诽谤频繁发生。因此，净化网络空间，才能确保公民合法权益不受侵犯。

（二）准确把握网络空间违法犯罪的形式和特点

准确把握网络空间违法犯罪的形式和特点，对实现网络空间行政执法准确、及时具有重要意义。

一是要准确把握网络空间违法犯罪的形式。网络空间的违法犯罪在行为方式上分为以计算机网络为违法犯罪工具和以计算机网络为攻击对象两种。网络空间违法犯罪行为主要可以概括为以下几种形式：第一，制造、传播计算机病毒或实施黑客行为，危害计算机信息网络安全。计算机病毒通过网络传播，具有潜伏性、隐蔽性、可激发性、传染性等特点，对计算机信息网络安全危害非常大，可以造成计算机信息系统的数据丢失、局部功能损坏，甚至造成计算机系统瘫痪，更为严重的会造成局部或区域性信息网络的瘫痪。实施黑客行为是指未经许可非法侵入他人计算机信息系统，有的还实施破坏行为，从而使他人计算机信息系统不能正常运行。第二，利用网络窃取账号、信用卡资料等，侵犯公私财产。在网络空间，有的人利用网络存在的缺陷和漏洞进行违法犯罪行为，如利用网络窃取他人的上网账号用于自己上网、网上购物，或者利用网络窃取他人金融系统的账号、信用卡资料、支付宝用户名和密码、股票交易的账号和密码等，将他人账号上的资金挪用、转移或消费。第三，利用网络进行诈骗。在网络空间，有的人利用互联网采用虚构某种事实或隐瞒事实真相的方法骗取公私财物，如网络拍卖诈骗、网络休闲诈骗、信用卡诈骗、网络传销诈骗等。第四，在网络空间侵犯他人隐私权、名誉权、著作权以及散布谣言等。在网络空间，用户可以使用电子邮件（E‑mail）、电子公告板（BBS）、论坛（Forum）、聊天室等工具自由发表言论、传播信息，不再受报纸等媒体的新闻检查和版面制约，但也经常发生侵犯他人隐私权、名誉权、著作权的情况，给相关权利人造成了严重损害。此外，在网络空间，有的网民利用网络传播恶意制造的虚假信息，尤其是故意制造、传播网络谣言。这些行为严重扰乱了网络秩序，损害了社会公共利益。第五，利用计算机网络制作、复制、传播、贩卖色情淫秽物品。有的在互联网上建立色情网站或制作色情网页，在网上制作、复制、贩卖、传播色情淫秽电影、表演、动画等视频文件、音频文件以及淫秽图片、电子书刊、短信、文章等。此外，还有在互联网空间散布反动言论危害国家安全、网上贩毒、利用互联网进行赌博等多种形式的违法犯罪。

二是要准确把握网络空间违法犯罪的特点。网络空间违法犯罪是在虚拟的网络世界借助高新技术手段实施的一种违法犯罪行为，是一种新型的高智能的违法犯罪，与当今信息时代的发展密切联系在一起，主要呈现出以下特点：第一，隐蔽性高，风险小，违法犯罪主体确定比较困难。网络空间违法犯罪是利用计算机信息技术进行的违法犯罪，不受时间、地点限制，行为的实施地和后果的出现地可以分离并且经常是分离的，往往作案时间比较短、过程简单。这类违法犯罪行为没有特定的表现场所和客观表现形态，往往也没有目击证人和作案痕迹，即使有作案痕迹也往往可以被轻易销毁，发现和侦破十分困难，致使违法犯罪主体确定比较困难。第二，预谋性居多。网络空间违法犯罪是一种高智能的违法犯罪，要运用计算机专业知识，行为人往往进行周密的安排以及事前的准备。第三，违法犯罪主体低龄化。青少年群体是上网的主力军，很多青少年经常不经允许就非法侵入他人网络,他们中很多人并没有商业动机和政治目的,多是出于好奇,有的是为了显示自己的计算机水平,有的是为了寻求刺激,因此在黑客中青少年所占比例比较大。第四,违法犯罪侵害的目标比较集中。很多违法犯罪人往往出于敛财的目的,还有的是蓄意报复,目标主要集中在金融、证券、电信等部门。第五,社会危害性极大。计算机及其网络越普及,应用程度越高,对社会的作用越大,网络空间违法犯罪的社会危害性就越大。随着社会信息化的不断发展,包括国防、金融、交通、电力等国家各个部门的网络化,全社会对网络的依赖越来越大,一旦这些部门受到违法犯罪行为的侵害,后果将不堪设想。

(三) 网络空间行政执法应确立的思维

严格执法,净化网络空间,要求网络空间行政执法主体应当确立和遵循如下五种思维:网络空间行政执法的合作性思维,网络空间行政执法的合理性思维,网络空间行政执法的诚信度思维,网络空间行政执法的廉洁性思维和网络空间行政程序的正当性思维。

一是网络空间行政执法的合作性思维。在网络空间行政执法过程中,执法主体应当遵循与执行对象合作的思维,既要避免采取"控制-服从"的刚性措施,更要避免陷入"命令-反抗"的对峙困局,应该促成两者之间形成"服务-合作"的和谐关系。之所以要确立和遵循行政执法的合作性思维,主要是为了调动网络空间行政执法过程中各方的积极性、主动性,更好地实现网络空间行政执法的预定目标,保障和促进公民的合法权益,这也是文明执法的要求。

二是网络空间行政执法的合理性思维。由于立法能力的有限性,无法全面预测和规范变化的社会发展,也不能都用清晰、准确的语言来描述规则,因此需要自由裁量。同时,行政裁量是适应社会经济发展和行政规制的需要,是为了实现个案的正义。但是必须要有一个统一的原则来统辖、指导自由裁量,这个原则就是合理行政。合理行政体现在网络空间行政执法过程中,执法主体不仅应当采取一种合法化的方式,符合形式合法性的要求,而且要谋求最佳合理性地行使自由裁量权,以达到实质合法性的要求。网络空间行政执法的合理性思维具体体现为以下四个原则:第一,公平、公正原则。这一原则是我国很多行政法所规定和要求的,如《行政处罚法》第四条第一款规定:"行政处罚遵循公正、公开的原则。"《行政许可法》第五条第一款规定:"设定和实施行政许可,应当遵循公开、公平、公正的原则。"网络空间行政执法确立和遵循合理性思维也必须坚持公平、公正的原则。第二，平等对待原则。"相同案件相同处理，不同案件不同处理"是其基本内涵。对这里的"相同""不同"要作正确理解，它是指本质上的要件，包括事实和法律要件是相同的或者是不同的，并不是说要求个案中表现出来的细枝末节相同或不同。网络空间行政执法时，不能因为当事人的社会地位、经济状况或者性别等原因而区别对待。如果在空间和时间上看对于本质相同的案件，网络空间行政执法行为却前后不一，或者从横向上看，网络空间行政执法行为彼此不一，表现出任意和专横，就违反了平等对待原则。第三，正当裁量原则。在网络空间行政执法时，执法主体追求的目的应该是法律授权的目的，不得追求不适当的目的，也不应在追求法定目的的同时还存在法律所不允许的附属目的或隐藏目的。同时，在网络空间行政执法时，执法主体应考虑相关因素，不能考虑不相关因素。第四，比例原则。所谓比例原则，就是对行政手段与行政目的之间的关系进行衡量，甚至是对两者各自所代表的、相互冲突的利益进行权衡，以保证行政行为是合乎比例的、是恰当的。该原则可以理解和阐述为手段的妥当性、必要性和法益相称性。妥当性就是国家措施必须适合于增进或实现所追求的目标之目的。必要性就是说要靠以往的经验与学识的积累，对所追求的目的和所采取的手段之间的相当比例进行判断，保证所要采取的手段在多种可供选择的手段中是最温和的、侵害最小的。法益相称性，就是要求干预的严厉程度与理由的充分程度之间要严格成比例，要求以公权力对人权的"干涉分量"来判断该行为是否合法，要求对行政行为的实际利益与人民付出的相应损害进行"利益衡量"，使人民因此受到的损害，或者说作出的特别牺牲比起公权力由此获得的利益来讲要小得多，要合算得多，是人民可以合理忍受的程度，否则公权力的行使就有违法、违宪之嫌。不遵守法益相称性，将导致行政行为无效，如果行政机关明知或应当知道其行为违反该原则，则还可能导致国家赔偿。

三是网络空间行政执法的诚信度思维。要求政府诚实守信，是维护社会秩序的重要基础。现代社会，人们只有对行政机关有基本的信赖感，才能有效地进行经济交易、安排生活。作为政府，也应该给予人们这样的信赖。网络空间行政执法主体必须确立和遵循诚信度思维。我国 2003 年颁布的《行政许可法》第一次在法律中明确规定了许可权行使主体的诚信义务，国务院《全面推进依法行政实施纲要》进一步将上述思想推广适用到所有的行政决定。在网络空间行政执法过程中，执法主体不得隐瞒真实身份执法，不得采取欺骗的方式执法，不得以反复无常的方式执法，不得以逃避法律责任的方式执法，不得违背社会诚信义务。只有这样，才能提高网络空间行政执法的公信力、权威性和有效性，才能使行政执法相对人信赖、合作和服从。

四是网络空间行政执法的廉洁性思维。这一思维的法治基础是权责统一原则。不廉洁的执法主体必定是不负责任的法律主体，也必定会逃避其违法行为所引发的法律责任。我国《公务员法》关于公务员任职回避和地域回避的规定以及公务员不得在商业性部门兼职的规定就是执法的廉洁性思维的具体立法体现。《行政强制法》规定，行政机关及其工作人员不得利用行政强制权为单位或者个人谋取利益。这是行政执法的廉洁性思维最清晰、最简洁、最核心的体现。在网络空间行政执法过程中，执法主体行使权力不得考虑任何不相关的因素，特别是不得与行政相对人有利益关联。禁止网络空间行政执法主体利用其优势地位，将行政职权进行商业化的使用。

五是网络空间行政程序的正当性思维。程序的正当性与最终结果的实质正义有着内在的关联性，程序权利能够促进形式正义和法治的实现。长期以来，我国很多行政执法人员存在重实体、轻程序的错误认识。受此错误观念的影响和支配，很多很好的法律在执行中走了样，很好的政策被扭曲。从《行政处罚法》颁布实施开始，我国越来越注重行政程序建设。网络空间行政执法中，正当程序的基本要求包括：第一，行政公开。网络空间行政执法时，除公开会损及公共利益情况下，执法主体有义务将有关情况予以公开，以接受来自公众的监督，防止与杜绝"暗箱操作"，及时发现和纠正错误。第二，听取意见。网络空间行政执法，在作出行政决定之前，应该给可能受到影响的相对人、利害关系人一个听证、发表意见或者辩解的机会，让其参加到行政程序中来。形式上可以采取听证会、论证会、座谈会等。第三，保障行政管理相对人、利害关系人的知情权、参与权和救济权。网络空间行政执法时，要积极吸纳相对人、利害关系人参加到行政行为的形成过程中，及时反映他们的意见，从而保证行政行为的准确和正确。同时，还要努力畅通救济渠道，建立高效、便捷、成本低廉的化解社会矛盾的机制，切实保障相对人的合法权益。第四，回避。网络空间行政执法人员如与执法案件或事项有利害关系，应主动回避，以维护执法的权威性和客观公正性。总之，网络空间行政执法的程序应当符合程序正义的基本要求，既要避免程序正义不充分，又要防止程序过度，造成公共资源的浪费。程序要充分，必须满足正当程序原则的基本步骤和要求，如回避、表明身份、听取意见、说明理由等。程序要适度，程序的繁杂度和参与度应当与网络空间行政执法的事项、决定的性质和影响的范围基本相当。如涉及权益较小的事项，可以采取简易听证方式；如涉及权益较大的事项，必须采取正式听证方式。

（四）当前网络空间行政执法存在的问题

近些年来，我国网络空间法制建设有了很大进步，网络空间行政执法逐步走上了法治的轨道，但是当前的网络空间行政执法还存在不容忽视的问题，这些问题主要体现在以下几个方面：

一是网络空间行政执法的依据还存在诸多不足。行政执法必须首先有执法依据的存在，完备的执法依据是保障行政执法顺利实施的重要前提，是保证行政执法行为合法、合理的重要前提。网络空间行政执法亦如此。我国互联网产生较晚，但发展迅猛，互联网立法相对滞后，网络空间行政执法的依据还存在许多不足之处。第一，对网络空间的部分违法行为的行政执法还无法可依。近年来，我国互联网立法成就显著，《全国人民代表大会常务委员会关于维护互联网安全的决定》《互联网信息服务管理办法》《互联网新闻信息服务管理规定》等大量法律、法规颁布和实施，有关互联网的法律、法规逐步完备，但是对有的网络空间违法行为还缺乏相应的行政执法依据。第二，网络空间行政执法的依据之间相互冲突。互联网立法的层次比较多，使得网络空间行政执法的依据具有多层次的特点，不同层次的执法依据的效力也不同。如果不同层次的执法依据之间不协调、不统一，网络空间行政执法主体将无所适从，网络空间行政执法也不可能顺利实施。我国由于缺乏有效的宪法审查机制，不同的网络空间行政执法依据之间会产生不少冲突，如很多地方制定的法规、规章等与法律、行政法规相冲突，地方性规章与部门规章不一致等，新的执法依据与旧的执法依据之间不一致的现象也不同程度地存在，这都会对网络空间行政执法的实施造成困难。第三，部分网络空间行政执法的依据不是良法。党的十八届四中全会决议强调指出："法律是治国之重器，良法是善治之前提。"良法、善治，表达了法治的核心含义。早在古希腊时代，哲学家亚里士多德就指出："法治应当包含两重意义：已成立的法律获得普遍的服从，而大家所服从的法律本身又应该是制定得良好的法律。"① 北宋王安石也说过："立善法于天下，则天下治；立善法于一国，则一国治。"行政执法行为要合法、合理，首要的是确保行政执法的依据是良法。但是由于利益的驱动，以及地方保护主义、部门保护主义的存在，某些有关互联网的部门规章、地方性法规、地方性规章等不是良法。

二是网络空间行政执法主体情况还不尽如人意。网络空间行政执法主体的情况直接关系着网络空间行政执法的质量，二者之间关系密切。如果网络空间行政执法的主体不适格，其所做出的行政执法行为也必然会存在瑕疵和缺陷。目前，网络空间行政执法主体还存在一些问题。一方面，网络空间行政执法主体之间的职责不清，主要体现为交叉执法与重复处罚。对网络违法行为，地域之间、部门之间不时存在交叉执法的情形，导致重复处罚。这种情况的发生主要是由我国现有的网络空间行政执法体制造成的，在我国现行的条块分割的行政执法体制下，网络空间行政执法主体之间缺乏协调，各自为政，再加上网络立法的不完善，网络空间行政执法主体之间职责不清、交叉执法的情形就不可避免。另一方面，网络空间行政执法人员的素质有待进一步提高。行政执法是一项复杂的工作，是将行政执法依据的规定适用于具体事件的复杂过程，行政执法依据的法律、法规等规范性文件是一般性的、抽象的，而具体事件则是千变万化的，行政执法者必须能够准确地理解法律、法规，并能够根据具体情况准确适用有关的行政执法依据，这就要求行政执法者要有完备的法律知识、较强的法律意识、丰富的社会经验、高尚的道德品质、敬业的工作态度等。由于信息技术的高科技特征，网络空间行政执法工作更为复杂，对执法者的素质提出了更高的要求。但是我国包括网络空间行政执法在内的行政执法人员的整体素质不容乐观，部分人员文化水平低、素质差，未受过专业及相关法律知识培训，还有的因编制不足而聘用合同工、临时工执法。

三是网络空间行政执法行为有违法或不当情形。网络空间行政执法行为违法或者不当主要表现为三种情形：第一，滥用职权。行政主体的执法行为必须符合法定目的，不能滥用职权。在我国，有些地方的地方保护主义盛行，在网络空间行政执法时，为了维护本地行政相对人的利益而对外地的相对人给予不公平的待

---

① ［古希腊］亚里士多德. 政治学 ［M］. 北京：商务印书馆，1997：199.

遇，限制外地的企业、组织在本地的发展；有的因利益驱动而执法行为变异，造成执法行为与执法目的严重背离；有的在执法力度上片面追求罚款额度的最大化；有的在执法过程中徇私徇情而滥用职权。第二，程序违法。程序公正是实体公正的重要保障，没有程序的公正，即便结果公正，相对人对这种结果的公正性也往往持怀疑态度。我国在传统上重视实体公正而轻视程序公正，加上我国还未制定专门的《行政程序法》，现有的关于行政程序方面的立法也较为原则性，多种原因导致了在网络空间行政执法过程中，很多时候不注重执法程序的公正，不注重保护行政相对人的程序权利，存在随意剥夺行政相对人应享有的告知、救济等权利的情况。比如，有的在网络空间行政执法时不出示执法证件，不表明执法身份；有的应适用一般程序却错误地适用了简易程序；有的不按照法定程序送达；有的执法痕迹缺失情况严重；有的在作出行政处罚决定时"省略"了"告知"这一法定程序；有的在"告知"时只告知复议权，不告知起诉权；有的只告知可向上级主管部门申请复议，而不告知也可向同级人民政府申请复议；有的在网络空间行政执法中不说明理由、不给予行政相对人陈述、申辩的机会；有的不按照法定期限做出执法行为。第三，放弃或拖延履行法定职责。行政职责是行政主体在行使行政职权时必须承担的法定义务。行政主体不能放弃行政职责，也不能拖延履行行政职责，必须依法履行行政职责，否则即为违法。在实践中，部分网络空间行政执法主体由于各方面的原因应作为而不作为，或者虽作为但没有完全作为，或者不合理作为，或者作为不符合法律规范，有时对违法行为视而不见、处理过轻或者简单地以罚款了事，有时对要求其履行法定职责的请求采取拖延的方式。

四是网络空间行政执法的监督不力或者不到位。行政执法监督对确保行政权力正当行使、维护行政相对人的合法权益极其重要。目前，我国已经初步建立了包括网络空间行政执法在内的行政执法监督体系，但是不管是国家权力机关的监督还是行政机关的内部监督，都缺乏有效性或作用有限，司法机关的监督力度不够，而社会监督更是流于形式。

（五）改进网络空间行政执法的对策

解决上述网络空间行政执法存在的问题，必须采取相应的对策。

一是加快立法，完备网络空间行政执法依据。一方面，要加快立法进程，改变部分网络空间行政执法领域无法可依的状况；另一方面，要对现行的网络空间行政执法依据进行清理，通过法定程序，确保每一个网络空间行政执法依据都是合宪的，确保网络空间行政执法依据之间相统一、相协调，形成一个有机的整体。

二是增加拨款，为网络空间行政执法提供经费保障。必要的物质经费保障对网络空间行政执法的正常进行不可或缺。缺乏必要的物质经费保障是有的行政执法组织滥用职权追求经济利益的重要原因。如果网络空间行政执法组织正常运行的经费得不到保障，缺口较大，其经费只能靠收费、罚款以及乱收费、乱罚款来维持，网络空间行政执法不可能得到改进。

三是建强队伍，提高网络空间行政执法人员素质。法律的执行最终要靠人。严格网络空间行政执法的关键在于建设一支强大的网络空间行政执法队伍。第一，合理确定网络空间行政执法组织的编制。如果网络空间行政执法组织的合法编制人员太少，就不可能适应网络空间行政执法工作的需要，就会出现随意设置网络空间行政执法组织，随意进行委托执法、承包执法等问题。第二，完善网络空间行政执法人员的更新机制。要加强人才政策保障机制建设。政府应加强高水平信息安全人才的引进力度，创新安全人才就业指导、评价发现、选拔任用、流动配置、激励约束、落户安排及保障工作机制。要严格选拔网络空间行政执法人员，公平竞争，择优录用，将优秀的人才吸引到网络空间行政执法队伍中。同时，要完善退休、交流、辞退、辞职等制度，促进网络空间行政执法队伍的"新陈代谢"，合理确定和保持队伍的知识结构、年龄结构、能力结构等。第三，采取有效措施促使网络空间执法人员提高自身素质。在网络空间行政执法人员职务晋升机制上，要摒弃"论资排辈"的做法，弥补过去职务晋升上的缺陷，去除职务晋升上的弊端，形成良好的竞争机制，做到"强者上、平者让、庸者下、劣者汰"。同时，采取考核、奖励、工资保险福利和职务升降等各项制度激发网络空间行政执法人员的积极性、主动性、创造性，促使网络空间行政执法人员不断提高自身素质。第四，通过培训提高现有网络空间执法人员的素质。网络空间行政执法人员既有权利也有义务接受培训。网络空间行政执法组织要加强队伍内部的提升和管控，明确职能和职责，充分认识到网络空间执法的重要性和必要性，增强责任感和紧迫感，避免责权不清、执法不严、追诉不力。要对现有人员进行业务知识的培训，提高网络空间行政执法人员的专业水平和技能，如组织网络空间行政执法人员学习新颁布的网络法律、法规，有效增加网络空间行政执法人员的法律专业知识，从而更好地适用法律。对现有人员进行更新知识的培训，拓宽其知识面，提高其综合素质。在培训途径和方式上，要充分利用社会资源。很多民营企业拥有一批高素质、多资质、丰富攻防经验的安全培训讲师和安全实践人才，政府可以提供与市场沟通和对接的渠道，整合更多民营单位参与信息安全人才的培养建设。

四是注重教育，强化全民网络法治观念。通过加强网络法治教育改进网络空间行政执法包括两个方面：一方面，加强网络法治教育，使公民在网络空间不实施违法行为。网络社会是新型的社会形态，在其发展过程中会出现许多现实社会没有出现过的问题，有的人因为法律素质低下而去钻网络法律的漏洞，以侵犯他人合法权益而沾沾自喜。同时，如果缺乏网络法治教育的引导，人们容易淡化自己在网络社会中的社会责任，做出违反法律的行为。因此，只有加强网络法治教育，才能引导人们的网络行为，提高人们的法律素质，促使人们在实施网络行为时完全可以凭借自己的法律意识判断是非的边界，实施适法行为。另一方面，加强网络法治教育，使公民对违法的网络空间行政执法行为及时说"不"。公民的网络法律知识匮乏和法治观念淡薄是公民容忍损害自己合法权益的网络空间行政执法行为的重要原因，这也间接导致了网络空间行政执法违法行为的增多。

（六）网络空间行政执法应注意的几个方面

要切实加强和改进网络空间行政执法，真正使网络空间天朗气清，必须注意以下几个方面：

一是网络空间行政执法主体应合法。执法主体是指享有国家行政权力，能以自己的名义从事行政执法活动，并能独立承担由此产生的法律责任的组织。目前我国行政执法主体有三类，即行政机关、法律法规授权的组织和受委托的组织。不管是行政机关还是法律法规授权的组织，抑或受委托的组织，进行网络空间行政执法必须具有相应的执法权。同时需要注意，并不是合法的执法主体中的所有人员都能执法，必须是合法的网络空间行政执法主体中依法取得行政执法证件的公务员或者符合公务员条件的工作人员。非正式工作人员没有执法资格，不得到执法岗位工作。

二是网络空间行政执法的案件事实应清楚、证据应充分。网络空间行政执法应建立在案件事实清楚的基础之上，不查清案件事实，行政执法不可能正确，当然也不可能合法、合理。同时，法律上的事实必须是由证据证明的事实。网络空间行政执法主体必须增强证据意识，注意搜集、查找、保存证据，注意证据和案件事实的关联，同时注意证据本身不得违法，证据的取得不得违法，还要注意证据要充分，足以证明案件事实。

三是网络空间行政执法的程序应合法。程序正义是看得见的正义。正义不仅应得到实现，而且要以人们看得见的方式实现。在网络空间行政执法时，不仅实体要正确、公平，而且程序要正当，让人们看得见正义，网络空间行政执法的结论才会被人们认可、尊重。以网络空间行政执法的行政处罚来说，主要有以下程序：第一，表明身份。执法人员在执法时，要向相对人出示合法有效的行政执法证件，且执法人员不得少于两人。第二，保障行政相对人的陈述权和申辩权。要告知相对人违法事实、处罚理由和依据，并听取相对人的陈述和申辩，且不得因相对人申辩而加重处罚。第三，保障相对人的听证权。对有的行政处罚，在作出行政处罚决定前，相对人有要求听证的权利。第四，保障相对人的复议和诉讼权。相对人对行政处罚决定不服，有权申请行政复议和行政诉讼。网络空间行政执法应高度重视程序问题，确保规范文明执法。互联网自身的开放性从某种程度上也让执法活动的边界趋于模糊，程序上的"失守"造成的后果将很可能比现实中更严重，对于网络执法工作的程序和方式某些时候要求比现实中更加公平、公正、公开。因此，要处理好严格执法与文明执法的关系，改进执法方式，做到以法为据、以理服人。

四是网络空间行政执法所适用的法律、法规、规章等依据应正确。也就是说，网络空间行政执法机关在做出具体行政行为时所适用的法律依据是合法的、现行有效的，并且正确地适用了该法律依据。在实践中，本应适用甲依据却适用了乙依据，适用法律依据的条款不正确，应同时适用两个以上的依据却只适用了其中某一依据，适用的依据已经失效或者尚未生效等，都是适用依据错误。

五是网络空间行政执法所作出的决定应适当。网络空间行政执法所作出的决定，动因应符合行政目的，应建立在正当考虑的基础上，要有正当的动机，必须出于公心，平等地对待行政相对人，内容应合乎情理。

六是网络空间行政执法应充分考虑互联网企业自身的特点。互联网企业不断呈现出一些新特点、新气象，对互联网企业的执法需要根据这种情况，尽量选择符合互联网企业特点的执法方式，将法治精神与互联网精神更好地结合起来。

七是网络空间行政执法应注意弥补"技术不对称"。加强网络空间行政执法，难点在于弥补"技术不对称"。网络时代，很多拥有高超计算机技术的个体，在网络空间享有普通人无法企及的力量，普通民众的信息安全在黑客面前是不设防的，这就是"技术不对称"带来的网络社会不平等。网络空间行政执法应将"技术不对称"造成的网络社会不平等纳入公力救济的核心范围，用专业化的网络空间行政执法武装公民、保护隐私，塑造网络社会中的人人平等。

八是网络空间行政执法应突出重点。目前，应根据网络空间违法犯罪行为的具体情况，突出重点，在全面执法的同时着重严肃查处以下几种违法犯罪行为：第一，应严肃查处传播危害国家安全信息的违法犯罪行为。有的违法网站大量发布、传播反对宪法确定的基本原则、危害国家安全、破坏国家统一、损害国家荣誉和利益、破坏社会稳定等有害信息，对这些网站应依法关停。第二，应集中查处网络敲诈、虚假招聘、违法办网行为。依法责令有关网站删除大量网络敲诈、侮辱诽谤、虚假招聘等违法信息；对发布虚假新闻、篡改新闻标题原意、集纳登载负面新闻的违规网站进行约谈；关停违规开办的地方频道。第三，应持续深入开展网上"扫黄打非"、规范网络视频直播、打击非法集资、打击侵权假冒、防范互联网金融风险。责令相关网站删除涉淫秽色情、侵权假冒、电信诈骗、非法集资的违法信息，删除推销改号盗号、考试作弊等违禁器材设备的违法信息；责令有关网站依法关闭大量传播淫秽色情视频、贩卖伪基站和黑广播等违法设备以及非法从事集资经营活动的账号、群组。

总之，必须持续加大行政执法力度，严肃查处网上违法信息和网站违法行为，维护网络良好生态，促进网络空间天朗气清。

第五章　完善网络空间司法保障

网络空间以其"超领土"的虚拟存在，已经全面渗透到现实世界的政治、经济、军事、科技、文化等方方面面，甚至被称为继陆、海、空、天实体空间之后的"第二类生存空间"和"第五个作战领域"，也是目前最具活力、影响力和发展潜力的新领域。① 在给人类社会带来巨大变化，促进经济繁荣和生活便利的同时，来自网络空间的威胁也不容忽视。网络空间的战略资源地位决定了其成为各类主体争夺的焦点。

随着信息社会深入发展，网络空间频繁发生违法犯罪现象，总结起来大致分为两类：一类是以计算机为对象的违法犯罪，是指利用网络技术，以计算机信息系统或计算机数据和应用程序为对象进行侵犯的行为；另一类是以计算机为工具的违法犯罪，是指以计算机网络技术为工具进行传统的违法行为，或者说是"用机违法"（具体类型参见表5-1）。也有学者将此两类称为纯正的网络违法行为和不纯正的网络违法行为。②

表5-1　主要网络违法犯罪行为类型

类型	具体种类	基　本　含　义
以计算机为对象的违法犯罪行为	非法侵入计算机网络信息系统	非经授权（含超越授权），侵入或不退出公共或个人计算机信息系统的违法行为

---

① 郭宏生. 网络空间安全战略 [M]. 北京：航空工业出版社，2006：3.
② 姜金良，柳冠名. 大学生网络违法行为及其防范对策 [J]. 北京邮电大学学报（社会科学版），2008（4）：77-81.

类型	具体种类	基 本 含 义
以计算机为对象的违法犯罪行为	破坏计算机信息系统功能	非经授权，利用网络技术如增加、删除、修改、干扰、发送破坏性程序等手段造成他人计算机采集、加工、存储、传输、检索等其他功能受到破坏的行为
	破坏计算机信息系统数据或应用程序	非经授权，利用网络技术对计算机系统内部的各类数据或应用程序进行删除、修改、增加等破坏性行为
	制作、传播计算机病毒等破坏性程序	计算机病毒是指编制或者在计算机程序中插入的破坏计算机功能或者毁坏数据，影响计算机使用，并能自我复制的一组计算机指令或者程序代码。制作、传播计算机病毒包括两种行为类型：制作并传播病毒和传播病毒
以计算机为工具的违法犯罪行为	不利于国家安定的违法行为	利用一定的网络技术，向他人或在一定的网站上发表不利于国家安全、稳定的言论、图片等信息以及侵犯国家秘密的行为
	网络财产性违法行为	利用网络技术或以网络为媒介和平台，从事诈骗、赌博和盗窃等行为
	侵犯他人名誉的违法行为	利用网络技术或以网络为媒介和平台，公然侮辱或诽谤他人，损害他人名誉的行为
	侵犯秘密信息的违法行为	秘密信息可分为三种：一是国家秘密，二是商业秘密，三是个人秘密。对国家秘密的侵犯这里归属到不利于国家安定的违法行为中，不再赘述。侵犯商业秘密的违法行为是指行为人利用计算机网络技术入侵公司或其他类似组织的计算信息系统，以获得商业秘密，侵犯其知识产权的行为。侵犯个人秘密的违法行为是指行为人利用计算机网络技术入侵个人计算机信息系统，获得他人隐私，侵犯其隐私权的行为
	侵犯知识产权的行为	未经有关权利人授权，利用网络采取复制、表演、发行、翻译、注释等方式使用他人的创作或下载盗版软件等侵犯知识产权的行为
	利用网络传授犯罪方法的行为	行为人利用网络，通过文字、声音、图片、视频等手段向他人传授犯罪方法的行为
	网络色情的违法行为	主要包括三类：制作色情信息并公布于网络，传播色情信息，网络色情视频行为

在建设社会主义法治国家的进程中，大量纷繁复杂的网络违法犯罪现象必然需要依靠法律的力量予以打击和惩处，以净化网络空间环境，强化网络空间司法，维护网络生态秩序。

司法，也称为"法的适用"，它是指国家司法机关及其司法人员依据法定职权和法定程序，具体应用法律处理案件的专门活动。司法是法适用的重要方式之一，对实现立法目的、发挥法律功能具有重要的意义。[①]

网络空间司法，是指国家司法机关适用法律处理一切网络违法或犯罪案件的专门活动。作为我国网络法治建设的重要一环，网络空间司法旨在解决网络中大量存在的违法或犯罪现象，尤其是传统违法或犯罪行为"迁移"到网络空间领域而带来的司法定性问题。完善网络空间司法保障，有利于惩罚网络违法和犯罪，维护网络安全，有利于促进网络空间司法效率，服务广大人民，有利于保障网络空间司法公开，提高司法公信力，对稳步推进网络强国战略至关重要。

一、网络空间司法的"真空""镂空"

然而，在对网络空间与司法关系的理解上，人们的认识并不一致。有的认为司法必须实现网络信息化才能跟上时代的步伐；有的认为网络化的司法难以实现传统司法能够保障的公平正义，认为网络空间与司法要慎重建立关系。不同的理念驱动不同的网络空间司法实践，直接决定着未来网络空间司法可能达到的境界。形象地讲，我国网络空间司法处于"真空"和"镂空"状态。所谓"真空"状态，是指我国大部分地区仍以传统司法应对网络空间中的案件，没有任何网络空间司法实践；所谓"镂空"状态，是指我国部分互联网经济发达地区的网络空间司法已经冲破"传统"，开始探索对传统司法模式的改革，但现实又困难重重。

（一）网络空间司法的"真空"状态

互联网的每一次技术革新都会导致网络行为方式的更替。网络空间司法的"真空"状态，意味着司法在解决网络空间违法犯罪过程中缺乏网络信息化实践，造成网络空间违法犯罪与传统司法的断层。这种断层源于网络空间违法行为已区别于传统违法行为，戴上网络空间帽子的传统违法行为呈现出众多的新特点。

---

① 张文显. 法理学［M］. 北京：高等教育出版社，2003：276.

1. 网络空间违法行为的特点

毛泽东同志曾指出：如果不研究矛盾的特殊性，就无从确定一事物不同于他事物的特殊本质，就无从发现事物运动发展的特殊原因，或特殊根据，也就无从辨别事物，无从区分科学研究的领域。从对近年来网络违法行为的统计与分析可以看出，网络空间违法行为除了具有传统违法行为的社会危害性特点以外，还具有以下四个方面的特点。

（1）行为主体的广泛性

随着个人电脑、智能手机在人们生活中的广泛普及，越来越多的主体具备了娴熟的网络操作技能。任何一个违法主体只要通过一台联网的计算机或手机便可以与整个网络联成一体，调阅、下载、发布各类信息，实施违法甚至犯罪行为。首先，由于"翻墙"、黑客、病毒程序等网络违法行为技术的便捷化和工具化，越来越多的主体可以非常容易地接触、学习和使用这些"工具"，使网络违法行为的主体呈现广泛化的趋势。其次，由于网络具有跨国性，即网络冲破了地域限制，网络违法行为呈国际化的趋势。当各式各样的信息通过网络传输时，国家和地理界限暂时消失，行为主体完全可以来自各个不同的民族、国家、地区。同时，网络的资源共享性特点也为犯罪集团或共同犯罪提供了极大的便利。最后，由于网络具有匿名性，即行为人在接受网络中的文字或图像信息的过程中没有真实的身份登记，完全匿名在线，若其实施了违法犯罪行为，也就很难追踪和调查取证，这就大大增强了各类上网主体实施违法犯罪行为的决心，使其成为违法主体的可能性增大。

（2）行为客体的多样性

网络违法行为所侵犯的对象多种多样，如非法侵入电子商务认证机构、金融机构计算机信息系统的违法犯罪；破坏电子商务计算机信息系统的违法犯罪；恶意攻击电子商务计算机信息系统的违法犯罪；虚假认证的违法犯罪；盗用、伪造客户网上支付账户的违法犯罪；电子商务诈骗的违法犯罪；侵犯知识产权的违法犯罪；网络色情、网络赌博、洗钱、盗窃银行、操纵股市等违法犯罪。这些为违法主体侵犯的对象背后包含的社会关系也呈现多样性的特点，即网络违法行为侵犯的客体不是单一客体，而是复杂客体或多样客体，并且随着网络技术和违法行为手段的更新而日益多样。除了网络违法行为所特有的客体

——网络安全秩序之外，传统违法行为所侵害的客体，如公民的人身权利、民主权利、公私财产权利、社会管理秩序等都可以成为网络违法行为所侵犯的客体，而以国家安全、社会经济秩序、国防利益等为侵犯客体的违法行为在网络违法行为中也极为常见。①

（3）行为手段的智能性

网络违法行为手段的技术性和专业化使得网络违法行为具有极强的智能性。实施的网络违法行为，违法主体要掌握相当的计算机和网络应用技术，需要对该技术具备较多的专业知识并擅长实际操作，才能逃避安全防范系统的监控，掩盖违法或犯罪行为。因此，网络违法行为的违法主体很多是掌握计算机技术和网络技术的专业人员，他们熟悉网络的缺陷与漏洞，运用丰富的计算机和网络技术，借助四通八达的网络，对网络系统及各种电子数据、资料等信息发动进攻，进行破坏、搜集利用。由于得到较高的技术支撑，网络违法行为作案时间短，手段复杂隐蔽，许多网络违法行为的实施可在瞬间完成，而且往往不留痕迹，给网络违法犯罪案件的侦破和审理带来了极大的困难。并且，随着计算机及网络信息安全技术的深入发展，违法主体的作案手段迅速更新，甚至一些身为计算机和信息安全技术专家的职务人员也铤而走险，其违法犯罪所采用的手段则更趋专业化和智能化。

（4）行为方式的隐蔽性

网络的开放性、不确定性、虚拟性和超时空性等特点使得网络违法行为具有极高的隐蔽性，增加了网络违法犯罪案件的侦破难度。据调查，已经发现的利用计算机或网络实施的犯罪仅占实施的计算机或网络犯罪总数的5%～10%，② 而且往往很多犯罪行为的发现出于偶然，如同伙的告发或计算机出了故障等。大多数的网络违法行为，行为人都是经过周密的安排，利用计算机和网络专业知识而实施的。实施这种违法犯罪行为时，行为人只需要向计算机输入错误代码，篡改软件程序，短时间内对计算机硬件和信息载体不会造成任何损害，作案不留痕迹，使非专业人员很难觉察到计算机内部软件上发生的细微变化。同时，网络的跨国性和匿名性特征也凸显了网络违法行为的隐蔽性特征。

---

① 陈桃. 青少年网络违法行为及其预防［J］. 长春教育学院学报，2016（6）：6.
② 网络违法犯罪的特点有哪些［EB/OL］.（2015-08-11）［2016-12-20］. http://china. findlaw. cn/bianhu/fanzuileixing/wlfz/1242034. html.

2. 网络空间司法的法律依据"真空"

网络空间是典型的非领土空间，其信息传播的速度、广度、深度达到了前所未有的程度，给司法的公正、效率、民主等传统价值注入了全新的要求。在信息时代的科技浪潮下，司法这一古老的纠纷解决方式在面对呈现诸多新特点的网络违法行为时存在较多的问题和挑战，主要表现在如下几个方面。

（1）网络空间司法关于管辖权问题的法律依据"真空"

任何一种具有社会或时代特征的事物的出现，一旦对国家司法审判带来冲击和影响，几乎无一例外首先并总是带有决定性地反映在司法管辖上。这种特性既是社会特点在司法领域的必然反映，也是时代精神在司法领域的具体体现。信息网络是一个全球性和开放性的体系，有着自己鲜明的特点。它既是一个信息传输的渠道，又是一个虚拟的网络空间，所有基于网络的违法或犯罪行为形成的网络案件一经产生就很快地触及国家司法管辖的各个类型。无论是民事管辖还是刑事管辖，都可能因为案件本身的跨区域特征、当事人的多种属性、行为地与出生地的脱节性等使得管辖问题纷繁复杂、千头万绪。此时要套用传统的管辖权规则比较困难，从而使司法管辖权的确定受到阻挠。因此，审理本苏珊饭店诉金（Bensusan Restaurant Corporation V. King）一案的法官范·格拉夫兰德（Van Graafeiland）曾这样说过：对迅速发展的互联网适用法律就像试图登上行进中的公共汽车一样。管辖权无法确定很可能引起将来的管辖推诿（有管辖权的各个法院均规避管辖）或者管辖竞合与争端（有管辖权的同一地区的多个法院或者不同地区的多个有管辖权的法院依据诉至法院的诉状竞相管辖）。因此，可以肯定，管辖权问题必将是网络空间违法犯罪与传统司法脱节的主要障碍。[①]

（2）网络空间司法关于"互联网＋"形态问题的法律依据"真空"

"互联网＋"代表了一种新的经济社会形态，即充分发挥互联网在社会生产要素配置中的优化和集成作用，将互联网的创新成果深度融合于经济社会的各领域，提升实体经济的生产力和创新力，形成更广泛的以互联网为基础设施和实现工具的经济发展新形态。[②]随着"互联网＋"上升为国家战略，"互联网＋"正

---

① 周园. 论虚拟财产交易国际规则［D］. 长沙：湘潭大学，2006.
② 徐兴家. 我国农资电商发展与机遇［J］. 化工管理，2015（31）：37.

连接着我国社会领域的各个方面，即"互联网＋各个传统行业"，互联网与传统行业进行深度融合，促进经济社会新发展。"互联网＋"行动计划是 2015 年 3 月 5 日首次出现在政府工作报告中。伴随"互联网＋工业""互联网＋商业""互联网＋金融"等融合新形态的飞速发展，相关的法律却没有跟上时代的步伐。例如，在"互联网＋商业"中，电子商务、物联网等新型案件的审判工作缺乏法律依据。互联网商业模式的创新是互联网发展的基本动力，然而也突破了传统的合同订立和实现方式的司法规则，在审判实践中引发了大量争议。再如"互联网＋金融"中，"余额宝""理财通"等借助互联网和移动通信手段，实现资金融通、支付和信息中介一体化，以低廉的交易成本和灵活的交易模式对银行等传统金融业造成"颠覆式"的冲击。然而，涉及数千万用户和数千亿资金规模的"余额宝""理财通"等互联网金融业务却缺乏相应的法律规范，法律风险极高，很多企业的老板携资金潜逃，却难以有效通过司法进行救济。①

（3）网络空间司法关于公民权利保护问题的法律依据"真空"

网络空间知识产权的司法保护缺乏法律依据。21 世纪是知识经济的时代，知识产权的信息属性已经表现出其不同于传统知识产权的明显特征。知识产权信息除具有信息的一般特征外，还具有独特的属性：一是法定性，即知识产权的权利信息是基于法律而存在的，法律规定着知识产权信息的种类、范围、数量及时效等。二是时效性，当知识产权失去法律效力后，知识产权的权利信息便随之消亡。网络空间中，知识产权信息具有显示功能、认识功能、信息资源功能、法律凭证功能和咨询功能等。因此，有的研究者感到："对于版权持有人来说，网络空间好像在两个领域里都很糟糕，首先它是一个复制得不能再好的地方，其次它是一个法律保护糟得不能再糟的地方。"面对网络，如何保护信息时代的知识产权？网上侵权案件又如何审理？特别是是否构成侵权这一难题，一直是近年来人们讨论的热点。

网络空间公民隐私权的司法保护缺乏法律依据。网络信息社会，传统隐私权不断向网络领域延伸，并增加了新的实体内容。但网络又是一个无法触摸的数字世界，网络中介机构的服务对象是具体的用户个体，为了追求商业利益的最大化，其往往对公民个人资料进行收集整理并应用于以营利为目的的经营活动，侵

---

① 孙佑海．互联网：人民法院工作面临的机遇和挑战 [J]．法律适用，2014（12）：89 - 90.

犯消费者对于其个人隐私所享有的隐瞒、支配、维护以及利用权，种种违法现象一方面亟待法律予以规范，另一方面也加大了当事人利用现有法律资源寻求司法干预和调整的难度。有的学者研究认为，目前互联网上对公民隐私权的侵害主要存在以下几种情形：网站对个人信息的侵害；专门的网络窥探业务对个人隐私造成的侵害；设备供应商的侵权行为；电子邮件、网络广告中对个人隐私的侵害问题；电子商务中的隐私权问题；雇主对雇员隐私权的侵犯等。在这个无法触摸的虚拟世界里，这类案件不仅种类多样，而且涉及的人数及其影响范围都将越来越大。不仅对传统的司法审判方式形成一种挑战态势，也会因当事人的身份真伪难辨，给当事人身份资格的认定带来相当的困难。①

3. 网络空间司法应当具备的异质性

网络空间司法，是指国家司法机关适用法律处理一切网络违法或犯罪案件的专门活动。和传统的司法模式不同，新时代背景下的网络空间司法有着自己鲜明的特征。

（1）网络空间司法应当更具开放性

层出不穷的网络违法犯罪现象正不知不觉地撬开传统司法的大门。由于网络具有开放性，网络空间司法也难以回避这一特点。网络空间司法在面对网络违法犯罪现象时需具备包容的态度，也应当具有开放性，主要表现在两个方面，即司法运作过程和司法参与主体。第一，网络空间司法全过程应开放。除特殊情况外，整个司法过程应该都是公开的。不单单是审判过程透明，而且是包含立案、证据采信理由、审判人员、司法裁判文书、执行公开等多方面的公开。第二，司法参与主体除包含诉讼者，还应当向人民大众、人大代表等主体开放。开放性可以将法院和社会公众连接起来，将司法的权力置于人民的共同监督之下，保证权力运行具有合法性和正当性。

（2）网络空间司法应当更具便民性

网络空间司法的便民性是网络空间司法的核心特征，它包括两个方面：一方面是方便司法工作人员，另一方面是方便案件的当事人和其他诉讼参与人等。多地法院通过连接互联网，进行信息化建设，实行无纸化办公、倡导绿色办公模

---

① 王立．信息时代对司法审判的挑战——兼论未来的法庭［J］．法律适用，2005（4）：74－75.

式，建立了电子签章、视频会议两大智能化系统，并安装了法院档案电子化管理系统，方便了办案人员调阅卷宗和当事人实现网络阅卷等。甚至施行网上法庭，不仅诉讼双方当事人不用跑法院，而且整个诉讼过程在网上公开，接受人们的评点、监督。再比如，当一个人要打官司，他首先想到的可能是找一个好律师，然后才可能是了解怎么走司法程序。在这方面，目前国内陆续出现了一些网上律师服务平台。如有的平台借助微信、APP 程序把不同的律师事务所和律师联结在一起，为人们提供法律咨询服务，方便当事人找到自己满意的律师。因此，完善网络空间司法保障是一个必然趋势，它可以更好地让包括司法工作人员在内的广大人民群众在每一个司法案件中感受到司法的权威和公平正义。

（3）网路空间司法应当更具创新性

习近平主席在 2016 年杭州 G20 峰会开幕式上指出：创新是从根本上打开增长之锁的钥匙。以互联网为核心的新一轮科技和产业革命蓄势待发，人工智能、虚拟现实等新技术日新月异，虚拟经济与实体经济的结合将给人们的生产方式和生活方式带来革命性变化。这种变化不会一蹴而就，也不会一帆风顺，需要各国合力推动。① 网络空间司法是新时代的必然产物，其实践是任何历史阶段都不可能达到的新高度，它在发展完善中的每一步都属于创新发展。当下，通过借助互联网在金融领域运用积累的经验，可以创建司法大数据中心，使之成为深化司法改革的利器。首先，利用互联网做好司法数据的搜集、整合、分析和利用工作，把大数据中心建设好、维护好，不仅有助于分析司法实践中出现的法律问题，分析当事人的诉讼请求及所需要的司法服务，切实贯彻"司法为民"的工作宗旨，而且能更好地为立法、司法、执法等工作提供权威、翔实的数据支持。其次，在互联网及大数据平台的基础上，可以建立全国法院系统的案件信息共享机制。该机制的建立可以有效地避免当事人重复立案，也有利于法官掌握更加全面的案件信息，作出更加公正的裁判。同时，利用互联网及大数据平台可以加强法院与其他部门的联系，实现及时沟通，协同"作战"。最后，利用互联网及大数据中心可以全面考察司法工作。通过对司法数据的分析可以明确司法工作的重难点，对于规范、引导、重塑当事人的诉讼行为也具有积极的现实意义。

①　习近平在二十国集团工商峰会开幕式上发表主旨演讲［R/OL］.（2016 - 09 - 03）［2016 - 09 - 18］. http://www. chinanews. com/gn/2016/09 - 03/7993214. shtml.

（二）网络空间司法的"镂空"状态

事实上，网络空间司法探索并非"真空"一片，在个别地区已现"镂空"状态。网络空间司法在互联网信息技术比较发达的地区，如浙江、广东、北京、上海等地已经开始尝试进行网络空间司法改革，具体体现在对内覆盖和对外公开两个方面，对内覆盖是为了提高司法工作效率和科学配置司法资源，对外公开的目的则是提高司法公信和重塑司法权威。探究网络空间司法的我国发展，首先需要对当代我国司法的网络空间化进程有清晰的了解，这将为我们研究网络空间司法提供一个坚实的逻辑起点。综观我国司法的网络空间化发展，总体可分为两个阶段：2000～2014 年的接轨阶段，法院信息化的对内覆盖阶段；2015 年至今的法院庭审的互联网化的对外公开便民阶段。

1. 对内覆盖阶段的法院信息化审视

对于以网络新形式呈现的传统违法犯罪和网络空间条件下出现的新型违法犯罪，传统司法模式难以适应。"打铁还需自身硬"，越来越多的法院以进一步提高处理网络案件的工作效率与司法能力为目标，进行了一些探索与尝试，积极推动法院信息化建设，以信息化手段促进法院的科学发展，以最终保证司法的公平正义。然而，为稳步推进网络空间司法，必须对过去十余年法院信息化的成果予以审视。不可否认，经过不断的努力，整个法院系统已经构架出相对完整的信息化体系，硬件水平不断提高，信息化对于提升办案水平也有很大帮助，法院对于信息化的期待与认识逐步深化。但从整体而言，审视需要看最终的效果，这样就无法回避法院信息化的三大终极目标，即司法是否更加公正，人民群众行使诉权是否更加便利，法官是否能够更好地减负。鉴于此，过去多年的人民法院信息化建设远未达到理想目标。

就司法公正目标，仅从信息化角度看也有因可循。无论是对裁量权的约束，还是法官与律师的关系，抑或是案外因素的影响，现有法院信息化体系无能为力。司法公开的理念提升了公众对于司法公正的信心。但裁判文书作为结果公开仍是阶段性成果，套用时髦的互联网版本用语，这算是司法公开 1.0（结果公开）。更重要的是过程公开，或者说每一个案件具备全过程公开的可能性（但鉴于隐私保护等需要，并非一定要真正公开，但大多数存在公开的可能性），并随时接受公众或相关机构的监督，达到司法公开 2.0（过程公开）。目前来看，这还有一定的难度。人民法院工作过程中出现的任何瑕疵都容易被炒作或者被利用，如互联网舆情应对不力引发新问题。在"快播"案审理的网上直播中，网友对检察官语言举止的抨击，甚至在网上造成逆势翻盘的倾向，虽然最终实现了公平正义，但司法机关的权威和能够实现公平正义的能力在人们心目中则大打折扣，受到质疑。

就司法便民目标，尽管采用了部分便利办理诉讼业务的网上程序，但作为诉讼最为核心的利益相关方，人民群众在诉讼过程中本应处于核心地位，却因为司法与大众属于两套话语体系，知悉度严重缺乏，导致对司法的安全感与信赖度无法提升。根本原因就在于，过往法院信息化以信息技术构架展开，更多考虑审判流程设计与案件管理，更准确地说，侧重于司法机关的网上办案，而忽视了当事人的视角。此外，对于人民群众而言，还存在诸多问题，如庞杂的法律体系给普通当事人带来信息不对称；当事人需要支付高额律师费，造成经济上的压力；在举证责任分配上，缺乏法律知识的当事人被配置严苛的举证责任。现有的法院信息化体系对这些问题却无力回答。

就法官减负目标，一方面，随着法院总体收案数量的持续增长，法院信息化并未成为法官减负的良药。一个法官承载的审理量是固定、有限的，法院收案数量持续增长与法官审理量不可能大幅增加构成了一对难以调和的矛盾，现有法院信息化体系在促成制度预期、推动纠纷于司法前端解决上无所作为。另一方面，网上办案系统上线后，法官不仅要面对案件审判的压力，还要留出足够的时间完成"信息化"系统带来的额外的强制性工作流程，法院信息化实际上并没有实现法官减负，却真实地增加了法官的工作量。

2. 对外公开阶段的法院庭审互联网化检视

法院信息化是人民法院就自身管理工作与网络接轨，而法院庭审的互联网化则是人民法院的审判执行工作与网络的接轨。法院庭审的互联网化主要体现在网上法庭的诞生。网上法庭充分利用网络平台现有的技术优势和数据资源，实现无缝对接、数据共享。不管身处天南海北，原告被告只需找一台能上网、有摄像头的电脑，就能免去来回法院的奔波，实现"网上恩怨网上了"。但网上法庭并非解决网络违法行为的完美良药，其存在着较多的漏洞。

（1）网上法庭违背了诉讼中的亲历性原则

司法审判活动讲求亲历性原则，它是指裁判者要亲自经历裁判的全过程，即法官对当事人、代理人、辩护人、证人、鉴定人等都必须当面听取其口头陈述，必须当面听取原被告或者控辩双方的法庭辩论与质证。然而，在网络空间司法中，视频庭审和微信庭审似乎违反了这一原则，视频庭审中法官、当事人、证人各自坐在几个甚至更多的摄像头面前，这种间接审理的方式会导致一系列的不利后果：首先，网上法庭少了最稳定的"面对面验证"，视频庭审中，法官对当事人和证人的身份认定真伪难辨，难以确认。其次，视频庭审中法官难以根据当事人陈述时的语气、面部表情等来判断其陈述的真实性。再次，如何维护法庭权威，控制庭审现场，如制止各种中途离场、开小差、发表情、相互扯皮抵赖等各种现实庭审中不允许发生的事情。最后，法律文书传送的安全性谁来保证。这些都是网络空间司法未来网上法庭必须面对的重要问题。①

（2）网上法庭增加了法官的心理负担

信息时代网络技术的发展赋予公民个人发布信息的权利，容易对法官审理案件造成"广场围观"的舆论负担和心理压力。建立在网络传播超越时空特质下的新的网上法庭，实际上是让法庭在全社会的注视之下进行审判，在带来司法公正的同时，也给法官带来心理负担。因为人是群居动物，任何群体对某个个体的围观都会对该个体造成一定程度的心理压力。合议庭中的法官及陪审员也是社会的普通成员，其心理承受能力很难达到理论上"可以完全不顾及社会舆情发展"的程度。特别是在网络"人肉搜索"等触及公民正当隐私权的不规范行为存在的情况下，网络社会的"围观"容易造成法庭组成人员的强大心理压力甚至现实威胁。

（3）网上法庭难以保证现有证据规则的运用

因为无法亲历庭审现场，会带来另一个棘手的问题：证据的真实性难以保证。质证是指当事人、诉讼代理人及第三人在法庭的主持下，对当事人及第三人提出的证据就其真实性、合法性、关联性以及证明力的有无、大小予以说明和质辩的活动。《最高人民法院关于民事诉讼证据的若干规定》第四十七条规定："证据应当在法庭上出示，由当事人质证。未经质证的证据，不能作为认定案件事实

---

① 董萧萧. 浅论"互联网＋司法"利与弊［J］. 商界论坛，2016（23）：239.

的依据。"视频庭审虽然也存在质证环节，但是却无法保证质证环节的质量和证据的真实性。当事人双方对于证据的了解仅限于利用互联网传输系统上传而交换的证据，人们常说"耳听为虚，眼见为实"，对于只存在于电脑或者手机屏幕上的书面证据和物证等实物证据，双方无法判断其真实性，如书面证据上盖章的真假、是否为原件和物证是否为伪造等问题都是难以认定的。再如，2012年新《刑事诉讼法》第二百〇一条规定：法庭笔录中的证人证言部分，应当当庭宣读或者交给证人阅读。证人在承认没有错误后，应当签名或者盖章。在庭审面向信息网络公开特别是要求同步公开的改革背景下，如果只考虑公开的同步性和即时性，在尚未得到当事人或证人阅读核实的情况下，利用微博、微信等即时通信工具对外发布未进行处理的庭审记录材料，就有可能违背《刑事诉讼法》确立的证据规则，出现庭审程序违法的不良后果。

（4）网上法庭损害了司法文化的历史传承

网上法庭损害了司法的仪式感。同宗教活动类似，司法活动同样追求仪式的神圣，如西方国家证人按在圣经上的宣誓和我国古代象征着公平正义的神兽獬豸，都是这种仪式感的产物。历史上，司法活动是一个从"广场化"到"剧场化"的过程。司法的"剧场化"是指在人造的建筑空间内进行司法活动的形式，其空间范围限定在法庭，这是司法文明发展的必然结果。法庭有着庄严的建筑风格，悬挂国徽，当事人、法官、证人的位置都有着严明的规定，庭审时有法警维持秩序，这一切都展现着司法活动的威严与神圣，正是这种威严与神圣，使人们相信法院作出的裁判是公平公正的。而在网上法庭中，当事人和法官身处不同场所，这些场所有可能是客厅、办公室，也有可能是卧室、厨房，甚至是卫生间，充满了随意性，更不用提有任何的庄严仪式感，在这种情形下作出的判决，人们往往会对法官是否枉法裁判、裁判过程是否合法合理、裁判结果是否公平且权威产生怀疑，久而久之，人们将不再认为法律是威严神圣的，也不会再尊敬和信仰它。

（三）完善网络空间司法保障的积极意义

司法不再保守回避，而是勇敢挑战网络空间，这是司法机关对自己自信的表现。司法机关探索运用信息网络，进行了一场便民、晒权、增质、提效的自我革新。司法网络信息化应运而生，它不仅包括司法机关的机构改革，也包括接轨网络违法犯罪司法模式的革新，在增强司法管理效能、提高司法能力、提升司法公信力的同时也在悄然改变着司法工作的方方面面。

1. 我国司法网络信息化的积极意义

（1）司法网络信息化有助于提高法院司法效率

司法网络信息化提高了司法效率，节约了司法成本，从而带来了更高质量的司法服务，缓解了法官的办案压力，具体表现在：首先，司法网络信息化提高了法律文书送达的效率与准确度，法院可以通过与腾讯、阿里巴巴等平台合作，将法律文书送达当事人的相应收货地址并及时跟踪物流状态（浙江省高级人民法院已有先例），使问题得以解决。其次，司法网络信息化提升了庭审的效率，在异地法院管辖的案件中，尤其是新型的电子商务纠纷，当事人和法官往往遇到"一案三地"的情况，此时利用远程视频或者微信开庭，可以避免当事人的异地奔波之苦，提高法官审判效率，真正做到"网上恩怨网上了"。最后，网上司法拍卖提高了司法拍卖的效率与质量。在传统的司法拍卖程序中，往往存在拍卖周期长、流拍和串标的情况。而网上司法拍卖则可以利用网络技术和商业平台，明确法院、竞买人和网络平台之间的权利义务关系，实行零佣金和过程公开，节约了当事人的成本，实现了司法拍卖的透明化。除此之外，经过法院信息化阶段而建立的较为完善的法院信息化体系对提高司法效率做出了突出贡献。

（2）司法网络信息化有助于促进法院司法公开

司法公开原则是最基本的法律原则之一，在当代法治国家的建设中具有不可替代的重要作用。2013 年最高人民法院提出，要建立和完善审判流程公开、审判文书公开、执行信息公开三大平台。借助这些网络平台，立案、审案、执行、审限、结案等重大审判流程信息将全面公开，可以确保对法官审理案件的监督。首先，微信公众号直播、微博直播庭审过程，可以使社会关注度高、影响大的案件第一时间进入公众视野，打消公众对司法公正的疑虑。其次，利用网络平台和手机移动平台进行司法信息公开，不仅可以增加公开的范围和力度，也可以实现司法公开的互动性，社会公众和当事人可以及时将意见反馈到司法机关。最后，随着案件执行信息和裁判文书借助网络被更加广泛地公开，一些失信的被执行人也将暴露在人们的视线之中，这对提高司法执行力、维护司法权威有着极其重要的作用。

（3）司法网络信息化有助于法院之间的信息资源共享

共享是指资源的共同分享及利用。在信息网络时代，共享已然成为一种精神。随着时代的发展，各种各样的新类型、非典型的疑难复杂案件如电子商务侵权案件、非法运营网络游戏案件不断涌现，在司法网络信息化模式下，法院每完成一个案件的审判与执行，就可以通过互联网系统将案件的相关信息备案与上传，从而形成一个涵盖各类案件的云端数据库，利用这个数据库将法院的信息系统进行对接，不仅可以增强法官专业能力，更能使法院在遇到新型案件和复杂案件时有所借鉴，提高审判质量，逐步形成优势互补、相互促进、联动发展的司法协作模式。

（4）司法网络信息化有助于人民法院反腐工作

我党历来坚持"反腐倡廉"，尤其在经济体制转换的改革开放时期，更是把反腐工作作为党风廉政建设的行动纲领。无处不在的网络正在改变传统反腐败格局。由于互联网的公开透明特性，网络反腐成为人民群众开展反腐败斗争的新利器。事实表明，网络反腐的出现有助于人民法院的反腐败工作。例如，2013年上海市高级人民法院4名法官集体违纪事件等都是在互联网上曝光并引起社会高度关注，从而追究相关人员的责任。互联网的发展和连续出现的网络曝光，对于遏制法官自身违法行为有巨大的威慑作用。

（5）司法网络信息化有助于提高人民法院的网络空间司法能力

首先，通过审判与互联网相关的知识产权和金融等民商事案件，可以促进法院技术创新和司法改革，提高法院处理网络空间民商事案件的能力。知识产权、金融等民商事法律所确立的基本原则和一般规则在通常情况下可以调整和规范互联网的民商事法律关系，但面对P2P、O2O、IPTV等不断更替的信息网络技术，人民法院通过裁判与互联网相关的知识产权和金融案件，可以明确裁判规则，激励技术创新，惩治违法行为，为实施国家创新驱动发展战略、建设创新型国家提供了有力的司法保障。

其次，通过审判与互联网相关的行政案件，可以提高法院处理网络空间行政案件的能力，促进政府依法行政。随着互联网的普及，社会公众对政府信息网上公开的需求越来越迫切，涉及政府信息公开的行政诉讼案件日益增多。与此同时，随着政府对互联网监管的加强，不服政府的互联网监管行政行为的行政诉讼案件也逐渐增多。人民法院审理与互联网相关的行政案件，可以探索科学的裁判规则，纠正政府违法行为，为法院网络空间司法实践提供充足的经验，同时保障了公民知情权等合法权益，促进了政府信息公开工作的有效推进，支持了行政机关对网络行为依法履行监管职责，促进了各级政府依法行政。①

最后，通过依法惩治与互联网相关的犯罪活动，可以提高法院处理网络空间刑事案件的能力，维护国家和社会安全。据公安部统计，1998 年我国公安机关全年办理的网络犯罪案件仅 142 起，2008 年猛增至 3.5 万件，2012 年至 2013 年案件数和抓获犯罪嫌疑人数分别达 12.5 万件、21.6 万人和 14.4 万件、25.2 万人。网络犯罪呈现高发态势，有的针对我国政府网站和重要计算机系统实施攻击，窃取政治、军事等机密，危害我国信息安全；有的利用网络窃取企业秘密，对竞争性企业进行致命打击；有的利用互联网获取并泄露公民个人信息，给公民的人身和财产安全构成巨大威胁。人民法院依法审判新型网络违法犯罪案件，可以总结网络犯罪的特点和成因，进行归类，为未来网络犯罪立法提供较为完备的指导素材。

2. 我国司法网络信息化的最新发展

近年来，电子商务高速发展，随之而来的电商纠纷不断涌现和升级。借助于各电商平台自身的净化能力，相当一部分纠纷得到了有效化解，但仍有部分纠纷、矛盾进入司法程序，涉电商案件呈逐年大幅上升态势。一旦产生纠纷，网络"跨地域"的特点，不论是对电子商务经营者还是对一般消费者而言，均转化成了远距离诉讼的不便。新形势下网络空间领域纠纷的这种独特性，对寻找便捷的审判方式——网上法庭提出了迫切的需求。

2015 年是网络空间司法发展的重要转折年。2 月 4 日正式修改施行的最高人民法院关于适用《中华人民共和国民事诉讼法》的解释关于开庭方式新增了重要一条。第二百五十九条明确规定："当事人双方可就开庭方式向人民法院提出申请，由人民法院决定是否准许。经当事人双方同意，可以采用视听传输技术等方式开庭。"通过互联网进行相关案件的审判，自此具有了法律上的依据。

杭州作为全国互联网经济发达地区，涉电商纠纷案件审判压力尤为巨大。为切合时代发展，基于互联网交易的诸特点，浙江省电子商务网上法庭于 2015 年 3

---

① 孙佑海 . 互联网：人民法院工作面临的机遇和挑战［J］. 法律适用，2014（12）：89 - 90.

月正式开始搭建，5月完成内测，形成雏形，8月正式面向公众上线。如今的电子商务网上法庭已经实现了起诉、调解、立案（管辖异议）、举证、质证、开庭、判决等各诉讼环节的全程网络化。自2015年8月13日正式上线至2016年1月4日，浙江省电子商务网上法庭共计收到案件申请1770件，审理中的有365件，正在立案审查的有301件，经诉前调解撤回申请或主动撤回申请的有504件，诉前调解中的有301件，审结案件113件，因不符合管辖等规定退回的有186件。[①]

足不出户，网上解决纠纷已成现实。如今，在全国范围内杭州不仅率先实现了网络交易纠纷案件的网上解决，还通过网上法庭审理互联网金融纠纷案件、网络著作权侵权纠纷案件，将常见的网络纠纷"一网打尽"。除此之外，各地法院也纷纷尝试一些身份诉讼和刑事诉讼，取得了明显效果（表5-2）。

完善网络空间司法保障将助推司法规范、司法公开、司法公正，促使当事人得到最实惠的便利，方便法官办案，也使人民法院的公信力得到了明显提升。

表5-2　网络庭审互联网化案例列举

案件种类	案件概况
电商诉讼	湖南何先生花3216元在网上购买了一个中秋礼盒，收到实物后，发现这款号称"不含添加剂、防腐剂，为原粒松子仁"的"进口月饼"不仅没有松子仁，还满满的都是添加剂。何先生认为此事涉嫌虚假宣传、消费欺诈，遂将销售商与平台方一并告上法庭。 原告在湖南，两个被告一个在上海，一个在杭州。2015年10月30日，该案在杭州市余杭区法院电子商务网上法庭"隔空"开审。原被告双方均没有出现在法院，而是通过网络连接出现在电脑界面上完成庭审。
身份诉讼	离婚纠纷：原告周先生，35岁，杭州人；被告李女士，38岁，韩国人。李女士不会说中文，对中国的法律也不熟悉，因此委托律师代为出庭应诉。周先生在起诉状中说，他和李女士是2002年在国外留学期间认识的，两人性情相投，不久就确立了恋爱关系，第二年在当地民政局登记结婚。2008年，两人先后在中国和韩国办了结婚仪式，之后又一起在国外住了几年。2012年，周先生学成回国，在某高校当了老师，李女士也回到韩国，在一所学校教授外文。 2016年6月7日上午10点，西湖法院网上法庭开庭审理了这起离婚纠纷。庭审只持续了二十分钟，由于网上法庭配备语音识别智慧云平台系统，庭审笔录会实时显示在电脑屏幕上，因此开庭结束后，双方只需要点击"确认"键，就完成了相应手续。

① 王健. 杭州法院开启网上法庭新模式［EB/OL］.（2016-02-17）［2016-10-20］. http://www.mzyfz.com/cms/benwangzhuanfang/xinwenzhongxin/zuixinbaodao/html/1040/2016-02-17/content-1177882.html.

案件种类	案　件　概　况
刑事诉讼	2016年6月9日《法制日报》报道：5月5日，安徽省合肥市中级人民法院刑三庭通过"远程提讯系统"对安徽省白湖监狱管理分局拟报的高某某等354名服刑人员的减刑假释案件进行提讯。经过审理，5月10日至14日，合肥中院对高某某等354名服刑人员的减刑假释情况进行了公示。然而，如果合肥中院没有建设减刑假释网上办案信息平台，不要说坐在法庭内就可以完成异地提讯，这样批量的减刑假释案件少则一个月、多则更长时间才能审结。这是"互联网＋诉讼"变革带来的成果。

二、网络空间司法必须坚持的基本原则

作为我国网络法治建设的重要一环，完善网络空间司法保障势在必行。事关网络治理和网络未来发展的走向，对当下我国网络强国战略的推进具有深远的历史意义和现实意义。然而，网络空间司法不只是网络法治建设进程中一个美丽的符号，更应该成为一种源自国家和社会的实践。为此，必须准确把握网络空间司法的基本原则，大胆推进网络空间司法实践。

（一）网络空间司法基本原则的特征和功能

1. 网络空间司法基本原则的特征

网络空间司法的基本原则，是指体现网络空间司法的根本价值和基本精神，对网络空间司法实践具有普遍指导意义的出发点和基本行为准则，是网络空间司法的基础性真理和原理。从这一定义可以看出，网络空间司法的基本原则应具有以下几个特征。

（1）规范性

规范性是就网络空间司法基本原则的性质而言的。从法理学的角度来看，法律规范是由法律原则、法律概念和法律规则三部分内容构成的，[①] 而网络空间司法原则又可以划分为网络空间司法的基本原则与网络空间的具体原则两大类。据此，网络空间司法基本原则是构成网络空间司法规范体系的基本要素之一，对其

---

① 在法理学界，通说将法的要素概括为"原则、概念和规则"。

调整对象具有法律拘束力。凡是违反网络空间司法基本原则的行为，均应当得到否定性的法律评价，并将导致承担相应法律责任的后果；凡符合网络空间司法基本原则的行为，则应当得到肯定性的法律评价，其行为的合法性将得到确认，并对此给予保护或鼓励。因此，规范性是网络空间司法基本原则与其他不具有规范性的一般原则的重大区别。

需要说明的是，规范性与法定性不能划等号。规范性并不表明网络空间司法基本原则都是由法律条文所明文规定的，它也可以体现于网络空间司法的指导思想、目的、任务、具体制度和程序之中。由于网络空间司法实践目前没有统一的法律文本，所以其基本原则的概括和确定并不一定必须具有法定性。

（2）本源性

本源性是就网络空间司法基本原则的地位而言的。网络空间司法基本原则体现了网络空间司法的根本价值观念，既是隐藏在网络空间法律规范之后的思想浓缩，也是一条支撑着网络空间法律规范整个体系的主线。网络空间司法基本原则规范是其他两类规范的本源性依据，产生并作用于其他两类规范。因此，基本原则规范与其他两类规范是统率与被统率、支配与被支配的关系，其他两类规范必须以基本原则规范为指导，反映并体现基本原则规范，而不得违反基本原则规范或与之相抵触；基本原则规范贯穿于其他两类规范之中，同时又高于其他两类规范。本源性是网络空间司法基本原则与其他两类规范的重大区别。

（3）普适性

普适性是就网络空间司法基本原则的适用范围而言的。在逻辑结构上，与法律规则有具体的假定条件、行为模式以及明确的法律后果相比，法律原则常常并不预设具体的假定条件和明确的法律后果，更不设定具体的可操作的行为模式。因此，在对事及对人的覆盖面上，法律原则较宽，法律规则较窄，即法律原则有更大的宏观指导性，某一法律原则常常成为一系列规则的基础。正是在这个意义上，有的学者把原则称为"超级规则"。[①] 也就是说，相对于法律规则来说，法律原则具有普适性。网络空间司法基本原则也是如此，它对网络空间领域所调整的各类违法社会关系而言具有普适性，能够涵盖网络空间司法的各个领域、各个方面和各个环节，不仅适用于涉及网络空间的诉讼法的制定过程，也适用于网络

---

① 张文显. 法理学［M］. 北京：高等教育出版社，1999：74 - 75.

空间司法的实施过程。

（4）稳定性

稳定性是就网络空间司法基本原则的效力而言的。网络空间司法基本原则较之其他法律规范更加稳定，对网络空间司法活动起着基本框架的作用。一方面，它体现了网络空间司法的本质和基本精神，构成其他诉讼法律规范的原理、基础或者出发点；另一方面，它也是对网络空间司法理论的规范化。因此，它对网络空间司法所调整的所有网络违法社会关系的要求具有较强的适应性，具有自始至终的效力，对网络空间司法实施中的各种情况具有稳定的指导作用，除非网络空间司法所调整的网络违法社会关系发生了变化。

2. 网络空间司法基本原则的功能

（1）指导功能

这一功能主要是针对网络空间立法主体而言的。首先，网络空间司法基本原则是创制涉网诉讼法律规范的出发点。因为涉网诉讼法律规范是由法律原则规范、法律概念规范和法律规则规范所构成的统一体，各种涉网诉讼的法律概念规范和涉网诉讼法律规则规范要形成一个协调一致、互不矛盾的体系，必须以网络空间司法基本原则规范为出发点。立法主体在制定涉网诉讼的法律规范时首先必须根据网络空间司法基本原则规范的要求对诉讼法律文件的内容进行总体上的框定。其次，网络空间司法基本原则实际上就是网络空间立法精神的反映，是立法者以基本原则的形式表现出来的立法意图和目的。

（2）规范功能

这一功能主要是针对司法主体即司法机关而言的。首先，网络空间司法基本原则有利于正确理解和掌握相关法律规范。网络空间司法基本原则是司法机关适用三大诉讼法律规范处理网络违法犯罪案件的准绳，司法机关只有理解、把握网络空间司法基本原则的涵义，才能在司法活动中正确适用法律规范。网络空间司法基本原则尤其对于司法机关自由裁量的公正性具有指导作用。根据网络空间司法基本原则，司法机关进行自由裁量时就有了相对稳定的法律标准。其次，网络空间司法基本原则还有利于弥补司法机关处理网络案件时的法律规范漏洞问题。网络空间司法基本原则直接反映了网络空间司法的本质和内容，以及网络空间司法活动的规律性和要求。因此，当法律规范对某些网络违法犯罪案件缺乏明确规定时，或者诉讼法律规范给司法机关留下较广泛的自由裁量余地时，此原则对司法机关会有所帮助。

（3）预测功能

这一作用主要是针对网络违法犯罪的当事人而言的。首先，网络空间司法基本原则有利于网络上的个人或组织预测司法机关的司法行为。网络空间司法基本原则不仅是一种行为规则，而且是一种带有价值判断标准的行为规则。网络上的个人或组织可以根据网络空间司法基本原则对司法机关的司法行为是否正确进行判断。同时，司法机关也可以根据网络空间司法基本原则来预测自己的行为是否符合诉讼法的精神，从而提高司法人员依法执法的自觉性。其次，网络空间司法基本原则还有利于当事人依法维护自己的合法权益，正确行使自己的诉权。

（二）网络空间司法的基本原则

网络空间司法的基本原则承载着网络空间司法的基本价值追求，指导着网络空间司法模式的具体建构，并具有引导性和前瞻性。据此，网络空间司法必须坚持司法法治原则、司法平等原则、司法独立原则、司法责任原则、司法公正原则、司法实证原则等基本原则。

1. 司法法治原则

司法法治原则是指在司法过程中要严格依法司法。依法司法既指依实体法司法，也要依程序法司法。在我国，这条原则具体地体现为"以事实为根据，以法律为准绳"的原则。

以事实为根据，就是司法机关对案件作出处理决定，只能以被合法证据证明了的事实和依法推定的事实作为适用法律的依据。前一种事实属于客观事实的范围，它是已经被合法的并且具有证明力的证据所确定的事实。后一种事实是在案件客观事实真相无法查明的情况下，依照法律中有关举证责任和法律原则推定的事实。尽管这种事实可能与客观事实有所不同，但是在法律上能够起到同样的效果。在网络信息时代，由于电子证据真伪性难以辨别，第二种事实较为常见。

以法律为准绳，就是指司法机关在司法时，要严格按照法律规定办事，把法律作为处理案件的唯一标准和尺度。在查办案件的全过程中，要按照法定权限和法定程序，依照法律的有关规定，确定案件性质，区分合法与违法、一般违法和犯罪等，并根据案件的性质给予恰当正确的裁决。以法律为准绳，意味着在整个司法活动中，在审理案件中，法律是最高的标准，这是社会主义法治对司法提出的必然要求。然而，在网络空间司法实践中，很多问题缺乏法律依据，如电商案件中的管辖问题、"互联网＋"形态下的违法犯罪以及网上虚拟财产保护问题都是网络空间立法必须解决的重要问题。

2. 司法平等原则

司法平等原则是社会主义法律平等原则在司法活动中的具体体现。平等原则是指凡是我国公民都必须平等地遵守我国的法律，平等地享有法定权利和承担法定义务，不允许任何人有超越法律之上的特权；任何公民的合法权益都平等地受到法律的保护，他人不得侵犯；任何公民的违法犯罪行为都应平等地依法受到法律追究和制裁，决不允许其逍遥法外。同理，任何人在网络空间领域涉及民事、行政、刑事案件时，不论是网络空间的管理者还是网络空间的活动者，都应受到平等的、公平的对待。

在我国，司法平等原则具体地体现为"公民在法律面前一律平等"的原则。它是指各级国家司法机关及其司法人员在处理案件、行使司法权时，对于任何公民，不论其民族、种族、性别、职业、宗教信仰、教育程度、财产状况、居住期限等有何差别，也不论其出身、政治历史、社会地位和政治地位有何不同，在适用法律上一律平等。这一原则不仅适用于公民个人，也适用于法人和其他各种社会组织。在网络空间司法中，这种平等甚至还及于不同国家、不同地区的自然人。

司法平等原则是社会主义司法的一项重要原则。实行这一原则，对于切实保障公民在适用法律上的平等权利，反对特权思想和行为，惩治司法腐败行为，维护社会主义法制的权威、尊严和统一，保护国家和人民的利益，调动广大人民的积极性，加速实现法治，具有重要意义。

3. 司法独立原则

司法独立原则，即司法权独立行使的原则，是指司法机关在办案过程中依照法律规定独立行使司法权。这是我国《宪法》规定的一条根本法原则，也是我国有关组织法和诉讼法规定的司法机关适用法律的一个基本原则。即使司法审判搬到了网上，法官在案件审理中也必须坚持自身的独立性，不受"民意"和"民情"的影响。在这方面，20 世纪 90 年代美国的罗德尼·金案或许是一个很好的启示。面对滔滔民意、黑人暴动，法官终究不为所动，严格据法以判，暴动反倒收手，民意反倒平息。①

司法独立原则要求国家的司法权只能由国家的司法机关统一行使，其他任何组织和个人都无权行使此项权力；要求司法机关行使司法权只服从法律，不受其他行政机关、社会团体和个人的干涉；要求司法机关行使司法权时，必须严格依照法律规定和法律程序办事，准确适用法律。

坚持司法独立原则，并不意味着司法机关行使司法权可以不受任何监督和约束。司法权如同其他任何权力一样，都要接受监督和制约。不受监督和制约的权力（包括司法权力）会导致腐败。

4. 司法责任原则

司法责任原则，是指司法机关和司法人员在行使司法权过程中侵犯了公民、法人和其他社会组织的合法权益，造成严重后果而应承担责任的一种制度。

司法责任原则是根据权利与责任相统一的法治原则而提出的权力约束机制。司法机关和司法人员接受人民权力的委托，行使国家的司法权，负有重大的职责和权力。按照权力与责任相一致的原则，一方面对司法机关和司法人员行使国家司法权给予法律保障，另一方面对司法机关及其司法人员的违法和犯罪行为给予严惩。只有将司法权力与司法责任结合起来，才能更好地增强司法机关和司法人员的责任感，防止司法过程中的违法行为，并对违法行为进行法律制裁，以更好地维护社会主义司法的威信和社会主义法制的权威、尊严。在我国，已颁布的《国家赔偿法》《法官法》《检察官法》等法律确立了司法责任制度，对于实现网络空间领域的司法公正、司法廉洁必将产生深远的影响。

5. 司法公正原则

司法公正原则，是指司法权运作过程中各种因素达到的理想状态，是现代社

---

① 陈洪，徐昕，等."信息化时代的司法与审判"学术研讨会精要［J］. 云南大学学报（法学版），2010（7）：128.

会政治民主、进步的重要标志，也是现代国家经济发展和社会稳定的重要保证。公正指的是公平、公开、公正按程序执行法律赋予，公正是司法的生命和灵魂。

司法公正原则是法律的自身要求，也是依法治国的要求。司法公正包括实体公正和程序公正，前者是司法公正的根本目标，后者是司法公正的重要保障。整体公正与个体公正的关系反映了司法公正的价值定位和取向。

就法律实施而言，司法活动是保障法律公正的最后一道关口，也是保障法律公正的最重要和最有实效的一种手段。可以说，司法公正是法律公正的全权代表和集中体现。从依法治国的意义上讲，如果一个社会中没有了司法公正，这个社会也就根本没有公正可言了。司法公正是以司法人员的职能活动为载体的，是体现在司法人员的职能活动之中的，因此司法公正的主体当然是以法官为主的司法人员。毫无疑问，网络空间司法中审判过程和结果是否公正，仍主要取决于法官的职务活动，但是法官并非司法公正的唯一主体。检察官对审判活动是否公正具有监督职能，因此也应该属于司法公正的主体。至于各类诉讼案件的当事人，他们不是司法活动的行为人，而是司法活动的承受者，所以他们不是司法公正的主体，而是司法公正的对象。

6. 司法实证原则

司法实证原则，是指在网络空间司法领域，案件审理也应有凭有据。证据是证明（案件）事实的材料，证据问题是诉讼的核心问题，全部诉讼活动实际上都是围绕证据的搜集和运用进行的。

电子计算机技术广泛普及的背景下产生了一种新型证据——电子证据。在广义上，电子证据是以数字化的信息编码这种电子形式表现出来的反映案件事实的证明材料，表现形式主要有电子数据交换、电子签名、电子认证、传真、电子邮件、电子留言、电子聊天记录、博客、微博、电子公告、手机短信、电话通信记录、电子资金划拨、电子账目等。在狭义上，电子证据是指在计算机或计算机系统运行过程中产生的以其记录的内容来证明案件事实的电磁记录物。对电子证据的真实性、关联性审查是网上法庭司法审判的核心职能。

（三）网络空间司法的基本要求

网络空间司法实践除需要坚持六项基本原则以外，就稳步推进网络强国战略而言，还应具备以下基本要求。

1. 正确

正确首先是指各级国家司法机关适用法律时，对案件确认的事实要准确，即对确认的案件事实要清楚，案件证据要确凿可靠，这是正确司法的前提和基础。其次是对案件适用法律要正确，即在确认事实清楚的基础上，根据国家法律规定，区别刑事、民事、经济、行政案件，分清合法与违法、此案与彼案、罪与非罪、此罪与彼罪的界限，实事求是地加以认定。最后，对案件的处理要正确，审理案件要严格执行网络空间领域的法律规定，宽严轻重适度，做到罪刑相当，违法行为与处罚结果相当。

2. 合法

合法是指各级国家司法机关审理案件要合乎网络空间相关的法律规定，依法司法。在司法的过程中，每一个环节和步骤都要依照法律规定的权限进行操作，不仅在定性上要合乎法定的标准和规格，在程序上也必须合乎法律规定，不合程序规定的裁决不能发生法律效力。任何机关、组织、个人都不能随意行使国家司法权。

3. 及时

及时就是指国家司法机关审理网络案件时，要提高工作效率，保证办案质量，及时办案，及时结案。及时要求严格按照司法程序的各个环节及诉讼时限的要求办案，不能任意拖延。及时还要求在特殊情况下，按照法律规定的时限，保证办案质量，加快办案速度，尽快审结案件。

正确、合法、及时是网络空间司法的基本要求，三者是不可分割的统一整体，不可偏废，缺一不可。

三、公正司法，推动网络空间治理法治化

每一次科技的进步都会带来司法领域的创新。司法工作具有专业性、程序性强的特点，过去对普通社会公众而言一直比较陌生。在信息网络时代，司法机关

作为维护社会公平正义的公立机关，被社会各界寄予厚望。如何抓住机遇，应对挑战，完善网络空间司法保障，历史性地成为必须直面的重大课题。

（一）稳步推进司法公开

"阳光"是最好的防腐剂，对于司法来说，约束权力的最好方式就是将权力置于"阳光"下，让当事人以看得见的方式了解司法机关处理案件的过程，从程序上乃至实体上获取知情权，对案件处理结果心服口服，最终实现人们追求公平正义的诉求。因此，更加透明的司法是保障司法公正的重要举措。司法公开随着网络时代的到来，其展示空间得到大范围拓展，而且突破了传统的时间限制。对于网络空间司法而言，没有公开则亦无所谓正义。[①] 针对网络违法犯罪的司法活动通过网络予以公开，使人们亲身参与并体会司法及其本身的权威性，使人们形成对于司法的信仰。与此同时，面对这样一个公开的操作流程，司法显然少了点神秘，但司法的公开执行却大大提高了其在人们心中的公信力。但就国内的司法来看，其公开程度还远远没有达到人们对它的期望值。目前国内司法的公开仅仅是对立案审查、听证和审务的公开，而不是整个司法活动过程的公开。最高人民法院对司法公开的界定包括了六个环节，即立案公开、庭审公开、执行公开、听证公开、文书公开和审务公开。推进司法公开，当前需要重点从法庭审判公开、裁判过程公开、审判结论公开三个方面展开。

1. 法庭审判公开

建立健全有序开放、有效管理的公开庭审规则，消除公众和媒体知情监督的障碍。依法公开审理的案件，应面向公众、公开地执行，法庭审判的全过程应向任何公众与媒体开放。可以通过庭审视频、直播录播等方式满足公众和媒体了解庭审实况的需要，并允许他们参与。尤其对于一些在社会上影响巨大的案件，如"快播案"更应主动对人们和媒体开放，消除其疑虑。庭审过程中，所有证据应当在法庭上公开，能够当庭认证的应当当庭认证。除法律、司法解释规定可以不出庭的情形外，人民法院应当通知证人、鉴定人出庭作证。独任审判员、合议庭成员、审判委员会委员的基本情况应当公开，当事人依法有权申请回避。案件延

---

① ［美］伯尔曼. 宗教与法律［M］. 梁治平，译. 上海：三联书店，1991：48.

长审限的情况应当告知当事人。

2. 裁判过程公开

法庭审判可以通过网络向社会公开，但有时最终产生的裁判结果却令人们怀疑，原因就在于裁判过程没有做到实质的公开。裁判过程的公开指的是司法裁判与法官对证据采信两方面理由的公开。那些多次信访、上诉及申诉的案件，大多数都是因为裁判过程的不透明而造成的，也就是说，裁判书里面没有叙述裁判过程中判决时采取的具体法律依据和采信证据的具体理由，裁判文书简单地叙述了裁判结果，而关键的理由和依据却没有，这就导致公民得到裁判书的时候，对此裁判产生较多疑惑而无法接受，以致很多案件很长时间都无法结案。因此，对裁判过程中所有采信的理由依据都应公开。具体而言，就证据采信的具体理由，法官应本着证据的客观性、真实性、关联性的原则来考虑作出决定，并给出证据采信的有力的法律依据，当事人即使提供的证据没有被采信也能心服口服。其次，就裁判所依据的事实和法律规定而言，法官对事实的认可及采用的法律依据都要给出足够的描述，让双方都明白，为什么他们的要求不为法院所认可。如果法官对整个案件的裁判过程都全面地公开，让败诉的一方真正了解其败诉的原因，他们将毫无怨言地接受裁判事实。

3. 审判结论公开

这是对审判结论采取网络公开的一种方式。从保护当事人的姓名权和名誉权考量，考虑到保护双方当事人的隐私，法院将对其基本个人信息采取匿名的方式实现公开。裁判文书的网络公开制度充分体现了司法机关的自信，敢于面对大众和媒体，还能推动法官职业道德素质和业务水平的提高，面对公民的监督，甚至能减少司法腐败问题的出现。

（二）积极推动法官制度改革

1. 提高法官选任标准及素质

网络时代对司法的要求越来越高。为了满足社会需求，法律已变得越来越多元化。面对网络空间违法犯罪案件的处理，对于没有经过专业的培训或者没有相关法律工作经验的司法人员来说，很难担任处理此类案件的法官职务。所以，在法官选任时应严格执行是否有相关法律工作经验这一项标准。对法官的选拔并不是只看学历，更重要的是要看其法律运用能力以及工作经验，只有这样，法官才能游刃有余地处理网络空间中的复杂案件。法官除了具备业务素质以外，还应具备较高的伦理素质。每个法官的人格品质与道德修养的形成是法官发自内心地去抵抗外来因素影响司法公正的重要保证，每个法官的内心时刻装有高尚的司法良知与道德也是对法官职责的基本要求，这些是无法通过短期训练而获得的，它是内在长期固有的一种品德素质。因此，这就要求法官群体在司法工作中渐渐养成必备素质，即需要法官执法时本着司法良知，认真处理案件，择其适当的法律，以查明事实，做到依法办事、公平公正，绝无半点弄虚作假，以体现司法的严肃性。

2. 完善法官职业保障制度，抓好作风建设

法官也是普通社会个体，并非不食人间烟火，也不是有人认为的"被看作超脱狭隘的自身利益的一切考虑的"，[①] 就会受到外界因素如钱财、情感、名誉等的影响，尤其是在广泛、快速、自由、多元的网络舆论下，法官的独立性易受其左右。因此，为法官建立必要的职业保障制度是保证法官独立性的前提。首先，切实保障法官职业权利，即保障法官依法独立行使审判权，不受任何非法的干扰。法官是司法权行使的主体，法官能否受到切实的权力保障和职务保障，具备独立裁判能力，直接决定着独立审判和司法公正的实现。因此，保障法官职业权利有利于促进司法独立和司法公正。其次，切实保障法官职业身份，即法官一经依法选举、任命，非因法定事由、非经法定程序，不得随意更换，不得随意被免职、降职、辞职或者处分。《法官法》对法官职业身份作了专门规定，但由于我国的组织人事部门一直将法官作为普通公务员管理，有关法官身份保障的规定并未得到很好的落实。再次，切实保障法官职业收入，即保证法官在物质生活方面享有与其制度化社会地位相应的制度利益。法官职业收入缺乏保障，也在一定程度上削弱了法官面对各种利益诱惑的自律能力。要求法官保持清正廉洁，除了强化党风廉政建设，不断提高法官个人廉政素质外，还必须对法官的职业收入给予

---

① ［美］科特威尔：法律社会学导论［M］. 潘大松，等，译. 北京：华夏出版社，1989：262.

制度保障。最后，切实保障法官职业安全，即法官不因依法履行职务而受到任何打击报复、诬告、陷害等安全威胁。随着互联网迅猛发展和人们法律意识的普遍提高，诉至人民法院的各类案件逐年攀升，作为"最后一道防线"的守护人，法官已处在社会各类纷争的风口浪尖，法官的职业风险也越来越大，当事人及其近亲属因对裁判结果不满而"人肉搜索"、殴打、辱骂、故意伤害甚至杀害法官的事件屡见不鲜。因此，应采取必要的安全保障措施，如实行当事人入院安检制度、设置专门的安检通道、配置专职的安检员等。

3. 完善法官继续教育制度

网络违法行为呈现的新特点及法官职业特殊性，要求法官必须不断地更新、充实相关知识，不断地增强、提升审判业务技能，始终保持高超的司法技艺和优良的人格魅力，以适应审判实践不断发展变化的需要。关于法官继续教育，笔者认为：首先，明确教育培训的目标，要逐步实现四个转变，即实现从学历教育型培训为主向能力提升型培训为主转变、从普及型培训为主向专业型培训为主转变、从应急型培训为主向系统型培训为主转变、从临时型培训为主向持久型培训为主转变；其次，不断完善继续教育内容，始终做到三个结合，即强化学历教育与岗位培训相结合，增强理论素养与司法技能相结合，提升审判业务素质与调查研究能力相结合；最后，不断丰富教育培训方式方法，除传统的课堂讲授方式外，灵活采用案例解析、师生问答、座谈交流等互动教学方式，不断增强培训的实际效果，切实提高法官实际分析问题和解决问题的能力。

（三）主动应对网络舆情，提升对外司法公信力

1. 当前司法机关在应对网络舆情中存在的问题

过去处理网络空间违法犯罪案件的司法实践表明，不规范的司法行为导致的司法事件往往能够点燃网络舆情对司法公正的质疑。面对网络舆情，司法机关的应对行为存在瑕疵：首先，缺乏对涉法舆情风险的准确预警和评估，对于网络时代信息传播的方式及影响力估计不足。其次，对于已经出现的涉法舆情苗头重视不够，未能及时采取应对措施，往往错过了引导舆情的黄金时间，通常表现为面对公众质疑怕发声、不发声。再次，被动应付媒体炒作。把"删帖"作为"看家

法宝"。而实际上，删帖越多，人们"求真相"的好奇心就越强烈，质疑的声音也就越高。最后，匆忙应对，过早下结论。对于一个案件的调查，最终得出什么样的结论，应建立在大量证据的基础之上，而调查取证需要时间，这个调查的时间未必能够满足公众了解真相的迫切心情。但是先入为主、过早地向媒体陈述事件发生的原因，容易弄巧成拙。因此，过早下结论，表面上迎合了公众求真相的心理需求，实则容易给公众留下"草率""不真实"的印象。

2. 正确应对网络舆情的基本途径

面对已经出现的网络舆情，需要从网络传播和司法规律相结合的专业视角来处置。首先，应树立善待媒体、善待网民的工作理念。诚然，网络舆论具有非理性的特点，但是这并不能否认舆论监督对改进司法作风的积极作用。只有立场对了，态度才能正确，措施才会得当。其次，应遵循网络传播的规律，在黄金时间对于已经发生的事实主动发布信息，积极表明彻查事实真相的态度，在查清事实之前慎重发表关于事发原因的信息。在此期间，应特别注意，对于网络上的负面信息应采取摆事实、讲道理的方式积极引导，比如公布相关视频等，使谣言不攻自破，而不能迷信"外科手术"式的删帖思维。最后，在网络舆情应对方面，检察机关可以有所作为。尤其在涉法舆情事件中，检察机关可以依法适时介入调查，并根据调查进展情况及时发声，向社会主动发布信息，以正视听。对于执法瑕疵应及时予以纠正，对于违法办案造成严重后果的应依法追究相关人员的法律责任。同时，检察机关开展法律监督，主动回应舆论质疑，澄清事实，消除谣言，也是对司法工作人员依法履职最好的保护。

（四）主动建造网络媒体新平台，集聚网络空间司法正能量

1. 把握时代脉搏，打造舆论阵地

微博、微信公众号、论坛等网络平台对完善网络空间司法保障具有重要作用，但是目前很多法院并没有认识到这一点，导致在网络社区上法院没有多少话语权和影响力，在很多涉法事件中法院更是尴尬地被舆论围攻，法院在这种情况下又更加谨慎地考虑是否应该开通微博、微信公众号、论坛等平台。其实，作为法院新"声音"，微博等网络互动平台不但对法院展示自我形象、传递司法理念

有重要价值，对法院接受人们监督、把握社情民意也十分有利。如果各法院集体开通官方微博或公众号，在网络社会彼此互动，互相配合共同引导社会舆论，网络一定会成为法院赢得舆论支持的重要阵地。

当前，政法类网络互动平台开始进入快速发展阶段，法院开始积极努力地探索和研究如何利用网络互动平台促进司法建设。全国法院系统中湖北省恩施州中级人民法院在全国首开官方微博，这一举措对法院微博的发展起到了巨大的引领作用。随着河南省高级人民法院等省级司法行政部门开通官方微博，法院系统的微博使用力度进入了新的阶段。但法院微博在全国范围内还没能发展成熟，司法部门应该以更多的信心、更大的决心和更强的行动参与其中。

2. 注重互动效果，提高沟通技巧

网络互动平台在"没有互动，就不能成题"的网络时代，要打造成推动司法公开的有力助手和便民服务高效供给平台，在互动平台表达时就必须减少官方与专业用语的使用，以消除官方与大众两套话语体系之间的隔阂，增加亲和力，提升感召力，并以此为出发点提升法院互动平台评论转发回复率、刷新率、受关注度等。人们在微博上发表问题与发布信息之后应及时给出相应的回复。通过网络零距离的真实互动，吸引大众眼球，提升人们对法院司法工作的认识，使人们更加理解司法工作，相信司法工作，以此达到人们对司法享有基本权利的要求。

作为官方的答疑者，必须在司法公正的前提下建立完善的发言人制度，能够权威地、有说服力地及时发布网络信息，促使产生健全的网上答疑，能够确保所有言论属实、准确，以便正确引导网络言论。综上几点，就要求网上答疑必须做到"快说、敢说、会说"。权威、有说服力就是要增加司法工作的透明度，正确引导舆论传播，杜绝舆论带来的扩大化的不良影响，从法律的角度客观地驳倒不实言论。另一方面，加强宣传，建立宣讲团，组织开展法制宣传，促使维权正当化，避免极端的舆论行为发生。

（五）全面提升网络空间司法效率

提升网络空间司法效率必须坚持分两步走：一是加强相关制度建设；二是完善相关执行程序。相关制度建设，必须体察民心，明确我国社会主义发展的核心价值，明确协商与对话是现今司法实践的前提。相关制度也必须在诉讼前、诉讼

中和诉讼后进行全面的接洽，确保一切以民为主，确保用高效的司法程序服务于民。

网络案件引起的诉讼是一种全新的诉讼类型，在诉前阶段需对人们的行为进行引导以及对诉讼风险进行预警评估。引导和评估应由相关机构指导，促使人们选择最佳的纠纷解决路径，促使利用调解、仲裁、行政等方式解决纠纷，确保受理前期程序有保障，这一点也正好和其他法律中的诉前其他解纷机制前置规定不谋而合。通过诉前解决方式的全面协调，指导人们了解纠纷解决的途径和方法，利用合法的资源做出合理化的选择，实现正确的诉讼分流，促使纠纷解决方式提前化、速度化，从而减轻法院诉讼审判压力。这样，即便人们在最终司法解决中产生不满时，也不至于对司法产生失望，做出过激行为。

诉前调解作为前期铺垫，与审判相结合，可以在更大程度上缓解法院工作的压力，能够在诉讼中更好地引导当事人实现自己的诉讼权利，更有利于化解矛盾，也便于让当事人自由行使自己的权利。在司法效果与社会效果相统一的环境下，通过法院判决，促使纠纷在当事人的意愿下和法律的共同支撑下得以有效解决。

作为网络案件的最终裁决，必然存在认同与否定两种结果，认同则已，如果否定必然带来对裁决结果的怀疑，而释疑又是司法机关必需的职能。因此，建立网络案件的判后释疑制度尤为重要。判后释疑制度是指针对案件当事人对裁判提出的疑问，办案法官从事实认定、证据采信、法律适用等方面充分说明、解释裁判理由的过程。此项制度有效地补充了司法裁决的不足，促使当事人自愿接受法院裁决，执行生效的裁判义务活动，从而避免当事人重复申诉和过度缠诉。云南省高级人民法院一副院长曾经说过，判后释疑属于法官行使司法程序的重要形式范畴，能促使当事人正确地理解法院裁判，接受法院裁判；能够更有利于实现法律职责，促使法律效果、政治效果和社会效果的统一。

完善末端环节——司法执行程序。在当事人接受裁判的前提下，通过执行使人们的权利得以实现，这是司法给予人们最重要的权利——实现正义。网络案件的判后执行往往因为管辖问题而变得复杂。从目前情况来看，网络案件的司法执行效果不佳，不能完全兑现给当事人，无法使人们的权利得以实现，因此应加大改善力度，加强执行力度，提升执行效率。加大力度改善现有的执行制度，需从以下几个方面做起：第一，加强经费保障、增派执行人员、确保执行装备和物资的辅助等，巩固执行工作；第二，对内部网络空间司法工作人员队伍进行专门的知识培训，提升网络空间司法工作人员的意识；第三，建立执行队伍之间的沟通，加强执行机构同各部门、各单位联合执法，保持畅通的信息渠道，互相交流配合，实行联合执法，最终实现司法便民的目标；第四，打破单纯以执结率作为考评的单一标准，建立以执行结案工作为中心的考评机制，综合申请人和被执行人的反馈意见和执行出勤率、执结率等指标作为考评准则，惩罚分明，提升执行人员的工作热情，使之积极主动地执行；第五，对于长期遗留、久拖不决的案件进行清查，集中联合清理累案，确保所有案件及时、高效解决。

第六章 强化网络空间法律监督

法律监督，简单说就是对法律运行全过程的监督，目的在于使有效的国家法律制度"落地生根"，转化为法治行动。在一般法理学意义上，法律监督有广义和狭义两种理解。广义的法律监督是指一切国家机关、政党、社会组织和公民个人对立法、执法、司法、守法等活动的检查、督促；狭义的法律监督仅指有关国家机关（主要是国家检察机关）依照法定职权和法定程序，对立法、执法、司法、守法等活动进行的监察和督促。①

网络空间法律监督，即对网络空间法律运行全过程的监督。网络空间法律监督作为网络空间法治建设的重要环节，在健全中国特色社会主义法治体系、实现网络强国战略中具有十分重要的地位和作用。

一、 网络空间法律监督的"虚置""滥用"

根据监督主体和监督权性质的不同，法律监督可以分为国家机关监督和社会监督。国家机关监督主体是国家机关，包括国家权力机关、国家司法机关和国家行政机关。国家机关监督主体拥有宪法和法律赋予的监督权力，依法行使监督权，监督行为具有国家强制性，被监督对象拒绝监督要承担相应的法律责任。反之，国家机关监督主体怠于或不依法行使监督权，也要承担渎职或者滥用职权的

---

① 沈宗灵. 法理学 [M]. 北京：北京大学出版社，2000：450.

法律责任。社会监督的主体是各种社会力量，主要包括各种社会组织和人民群众。社会监督主体享有宪法和法律确认的监督权利。与国家机关监督行为不同的是，社会监督主体的监督行为不具有国家强制性。在信息网络时代，社会监督具有多样性、广泛性、全时性、及时性等特征，因而在国家法律监督体系中发挥着越来越重要的作用。

法律的生命力在于实施，法律的权威也在于实施。严密的法律监督是法律有效实施的重要保证。维护网络空间法制的统一、尊严和权威，必须切实保证网络法律法规的有效实施，不允许任何人以任何借口任何形式以言代法、以权压法、徇私枉法。当前，在网络虚拟空间，有法不依、执法不严、违法不究的现象较之现实社会更为严重，执法、司法不规范、不严格、不透明、不文明的现象也较为突出，网络空间法律监督"虚置""滥用"现象严重。

（一）网络空间法律监督"虚置"

网络空间法律监督"虚置"，即现有的网络空间法律监督体系未能发挥其应有的监督作用，甚至有些监督机制某种意义上形同虚设。"虚置"现象突出地表现在国家机关的网络空间法律监督职能发挥方面。有学者认为，造成这种"虚置"现象的主要原因是国家机关法律监督主体存在"人格缺陷"，以致影响其监督职能的发挥[①]，这种人格缺陷表现在国家机关监督主体的意志、行为、责任、物质基础等诸多方面。

1. "人格独立"是国家机关监督主体有效实现法律监督的必要条件

国家监督机关虽不同于一般民法意义上的法人单位，但也应当具有相应的完备人格，才能有效履行职责，这种完备人格体现在意志独立、行为独立、财产独立和责任自负等方面。

意志独立是国家监督机关有效实施法律监督的内部条件，即监督主体能够以自己的独立意志作出独立负责的判断，具体表现在对外意志独立，不受外界干扰，对内意志独立，具有民主科学完善的表意机制。其中，监督主体内部健全完善的表意机制是监督主体意志独立的核心。目前，我国国家监督机关的内部表意机制大体可以分为委员会制和首长个人负责制两种形式。

行为独立是国家监督机关有效实施法律监督的外部条件。行为独立是法律监督主体在自己意志支配之下，独立而不受干扰地行使各项法律赋予的职权。其对内表现为监督主体内部行为独立，特别是监督主体内部组织机构设置、人员奖惩、升迁进退等能够由监督主体自己或者本系统决定，而不是由其他主体特别是由作为被监督者的国家机关来决定；对外表现为监督主体外部行为独立，即监督主体能够依法独立地行使法律监督职权。当然，国家监督主体行为独立是相对的，而不是绝对的，因为其监督行为也必须受到一定制约。这种制约主要来自两个方面：一是受宪法和法律的制约。国家机关是公权力主体，其行为必须严格依法定权力和法定方式行使。二是受特定主体的制约。法律监督主体依法独立行使职权并不意味着可以不受任何外在的监督，而是其自身也必须受到制约和监督，如人民代表大会在监督其他国家机关时自身必须受人民的监督，上级人民法院在监督下级人民法院时自身必须受人民检察院的监督，人民检察院在监督其他国家机关时自身必须受人民代表大会的监督，等等。

财产独立是国家监督机关有效实施法律监督的物质基础。这里独立的财产表现为必要的经费和必备的办公条件，如办公场所、办公设备等。作为监督主体，实施监督行为所需的独立财产应当包括：一是以自己名义拥有财产和经费。由于国家监督机关经费来源于国家预算，以自己名义拥有财产和经费，就是说监督主体应当是一级独立的预算机关，否则该主体就不能认为具有履行法律监督之职的独立财产。二是具有充足的经费。财产独立不仅要求监督主体拥有财产和经费，而且要求监督主体拥有比较充足的经费和必要的办公条件。同样，由于监督主体经费来源于国家预算，监督主体充足的经费就要求国家财政给予充足的预算保障。三是对财产和经费拥有独立的支配使用权。只有真正独立而不受外界干扰地使用自己的财产和经费才是完全意义上的财产独立。

责任自负是国家监督机关有效实施法律监督的外在压力和动力。从法理上讲，任何社会主体的行为都会对其他主体产生影响，当这种影响是负面、消极的时候，该主体就应当受到法律的追惩，必须承担相应的法律责任。对国家机关监督主体来说，其监督行为直接影响国家权力能否公正行使，进而影响到法律的权威和效力，因此对没有依法履行监督职权的违法、失职行为必须追究法律责任。通过给予法律监督者以监督和责任，促使监督者充分、负责地履行法律赋予的职权。现代民主国家区别于专制国家的根本标志，就是任何公权力的行使都要受到法律的制约，追究违法行使权力者的责任是权力受到限制的最生动体现。

2. 我国国家机关监督主体不同程度地存在着"人格缺陷"

反观我国国家法律监督机关法律监督实施现状，"人格缺陷"均不同程度地存在，导致国家监督机关"不敢监督""不能监督""可不监督"现象较为普遍地存在。因此，改变现实社会和虚拟空间法律监督"虚置"现象，不仅需要改变法律监督的外部环境条件，更重要的是要健全监督主体的内部要素及运行机制，实现国家机关监督主体向"敢于监督""能够监督""必须监督"转变。

（1）我国国家法律监督机关主体缺乏独立意志

我国国家机关组织法规定了各级国家机关内部的决策机制，即意志形成机制，但就法律监督主体所需要的独立意志来说，仍存在以下问题：一是个别监督主体内部决策机制规定不够科学。如作为专门法律监督机关的人民检察院内部决策机制就存在这一问题。《中华人民共和国人民检察院组织法》第三条规定："检察长统一领导检察院的工作。""各级人民检察院设立检察委员会。检察委员会实行民主集中制，在检察长的主持下，讨论决定重大案件和其他重大问题。如果检察长在重大问题上不同意多数人的决定，可以报请本级人民代表大会常务委员会决定。"这一规定看似确立了检察长在检察院工作中的核心地位，来保障决策的正确性，但从决策机制来看，它既不是个人决策也不是集体决策，甚至不是检察院决策，因为"如果检察长在重大问题上不同意多数人的决定"情况下，可以报请本级人民代表大会常务委员会决定，专门行使法律监督职权的检察院机关的意志独立性也就无从得到明确的法律确认。二是有的监督主体内部决策机制实施不够民主。虽然法律法规规定了各级国家机关的民主决策机制，如法院的委员会制、行政机关的首长负责制，但在实践中常常是"一把手"的意志就是监督主体的意志，民主决策机制不能得到切实贯彻。三是一些监督主体的意志形成过程时常受到外部的干扰。国家监督主体进行法律监督，形成监督意志，应当以事实为根据，以法律为准绳，除此之外不受其他任何机关、团体和个人的干涉。但在实践中，由于监督行为涉及各方利益，被监督对象往往通过各种方式各种途径影响监督主体决策过程，监督主体在许多情况下受到各种干扰因素不同程度的影响。

（2）我国国家法律监督机关主体的监督行为不够统一

对于承担法律监督职权的国家机关来说，行为统一规范，监督才有权威效力，才能实现公平公正。国家法律监督机关的主体意志不够独立，必然导致法律监督行为的不完全统一，"一把尺子"不能"量到底"。此外，法律监督主体实施监督行为过程中受到各种外部因素干扰，也必然影响到法律监督行为的统一，以致监督行为时常"走样""变形"。

（3）我国国家法律监督机关主体的财产尚不独立

财产独立是人格独立的基础，是行为独立的保障。我国法律监督主体的财政经费受其他国家机关的制约较大。按照我国现行财政预算制度，所有国家机关，包括人民代表大会和司法机关每年所需经费都由同级国家行政机关划拨，这种财政预算制度使包括行使法律监督职权的国家机关，如人民代表大会、法院、检察院每年所需经费都要受到国家行政机关的控制。因此，这种财政制度使法律监督主体在行使针对国家行政机关的监督职权时，甚至在监督其他对象的过程中很容易受到行政机关的制约。个别法律监督主体还可能存在经费不足的问题。经费不足不仅影响到职权行使、办事效率，甚至可能诱发权力寻租，进而产生腐败，这与法律监督的职责要求完全背道而驰。

（4）我国国家法律监督机关主体责任追究机制不够健全

当前，我国国家法律监督机关主体责任追究机制不够健全，主要表现在：一是一些法律规定不够明确或者缺乏操作性。国家机关在行使权力过程中都要受到监督和制约，不存在不受监督制约的权力。例如，《宪法》第三条第二、第三款规定："全国人民代表大会和地方各级人民代表大会都由民主选举产生，对人民负责，受人民监督。""国家行政机关、审判机关、检察机关都由人民代表大会产生，对它负责，受它监督。"但这些国家机关如何对人大负责，受人民监督，缺乏明确具体、具有可操作性的相应规定。二是法律法规具体落实不够。我国立法规定了一些对承担监督职权的国家机关进行监督的措施，如全国人民代表大会有权罢免由其选举产生的国家机关领导人，人大代表有权对国家行政机关提出质询案，各级人大常委会有权撤销本级人民政府的不适当决定和命令等，但在实践中这些监督措施却极少运用。这并不是说监督主体都依法履行了监督职权，或者说被监督对象完全能够依法办事，而是在实践中，这些问题常常是通过"法外"方式解决，甚至对一些直接责任人员"大事化小""小事化了"。不规范的监督一方面缺乏制裁性，不能达到督促监督主体依法行使监督职权的效果，另一方面也使法定的监督措施"虚置"，损害了法律的权威。党的十八大以来，习近平总书记在不同场合多次强调"有权必有责、有责要担当、失责必追究"。法律监督主体只有对自己的履责行为负责，特别是对违法失职行为承担相应法律后果，才能在行使法律监督职权时有压力、有动力。

3. 治理网络空间法律监督"虚置"现象必须从完善体制机制和政策制度入手

在信息网络时代，虚拟的互联网世界已经成为人们现实社会生活的一部分，然而浏览"网络世界"，经常可以看到各种违法乱象丛生，甚至"招摇过市""大行其道"。2016年7月22日，"搜狐科技"网名为"首席发言者"发文："为什么互联网反黄赌毒这么难?"① 该文认为，黄赌毒不仅一直是社会的"毒瘤"，如今已经形成了互联网黑色的产业链。打击黄赌毒黑色产业链已经成为互联网共同关注的经常性话题。尽管各大互联网平台长期坚守在反黄赌毒第一线，但黄赌毒问题依然屡禁不止。人们随意打开一个网页，就可以发现涉及黄赌毒的各种链接。目前，黄赌毒信息发布方式如同生物病毒不断进化更新，随着近几年移动互联网的飞速发展，不法分子已经开始将重心转移到视频直播平台、微信和QQ群中。该文认为，"互联网黄赌毒并非某家公司的个案，是所有平台都有可能被卷入其中的事情，而互联网根治黄赌毒是个浩大的工程，上至百度、阿里巴巴、腾讯，下至各大直播平台都一直在与违法行为缠斗不休，但互联网公司毕竟能力有限，很难杜绝违法内容，要让互联网得到净化，最后还需要国家监管出台政策、网民共同监督三方努力才行，而国家层面的网络监管则是关键的因素"。对于网络治理黄赌毒，各网络平台是否尽到了最大的监管义务、一直在"缠●不休"暂不评论，但这里实际上从另一个侧面说明了国家机关法律监督在网络空间法治层面依然存在着严重的"虚置"现象。

有鉴于此，党的十八届四中全会通过的《中共中央关于全面推进依法治国若干重大问题的决定》提出要"完善确保依法独立公正行使审判权和检察权的制度。各级党政机关和领导干部要支持法院、检察院依法独立公正行使职权。建立

---

① 首席发言者. 为什么互联网反黄赌毒这么难 [EB/OL] (2016 - 07 - 22) [2016 - 08 - 05]. http://it. sohu. com/20160722/n460556914. shtml.

领导干部干预司法活动、插手具体案件处理的记录、通报和责任追究制度。任何党政机关和领导干部都不得让司法机关做违反法定职责、有碍司法公正的事情，任何司法机关都不得执行党政机关和领导干部违法干预司法活动的要求。对干预司法机关办案的，给予党纪政纪处分；造成冤假错案或者其他严重后果的，依法追究刑事责任"。要"改革司法机关人财物管理体制，探索实行法院、检察院司法行政事务管理权和审判权、检察权相分离"。要"加强对司法活动的监督。完善检察机关行使监督权的法律制度，加强对刑事诉讼、民事诉讼、行政诉讼的法律监督。完善人民监督员制度，重点监督检察机关查办职务犯罪的立案、羁押、扣押冻结财物、起诉等环节的执法活动"。应当说，这些重大措施的出台，对于根治网络空间法治实践中存在的法律监督"虚置"等痼疾，针对性强，意义重大。

（二）网络空间法律监督"滥用"

与网络空间法律监督"虚置"现象并存的是网络空间法律监督的"滥用"，这突出地表现在网络舆论监督方面。网络舆论监督是宪法赋予公民享有的言论、出版自由在法律监督领域的具体应用。在自媒体时代，网民群体以自己对社会事件的认知和评价日益广泛地参与到网络社会生活中，对网络空间进行着全方位、全时空的法律监督。

1. 网络舆论监督的"广泛性、启动性、标识性"特征

网络舆论监督作为网民公开表达意见的途径，具有社会监督的属性，这种监督不具有运用国家权力的性质，也不会直接产生法律上的强制力。但社会监督具有"广泛性、启动性、标识性"的特征，[①] 而网络舆论监督则在更广泛的意义上"放大"了这些特征。网络空间以其自由、平等、高速、便捷、互动等特性为网络舆论监督提供了前所未有的强大技术平台。网络传播将传统媒介"点对面"的传播模式改写为"点对点""点对面""面对面"的多元传播方式，为多元价值观和多元文化的生存提供了虚拟空间的生长土壤，也为网民提供了最大限度参与舆论监督的可能，网络舆论监督也由此毋庸置疑地成为现实法律监督体系中的"第

---

① 张文显. 法理学［M］. 2 版. 北京：高等教育出版社，2003：332 - 334.

一发声地"和"第一影响力",最大程度上体现了网络社会监督的"广泛性"特征。"启动性"突出表现在网络舆论监督极有可能迅即引发、启动国家机关监督机制,进而促成国家机关法律监督的形成。这是由于网络舆论监督的监督方式颠覆了传统舆论监督模式,其自下而上启动,一定程度上规避了公权力的干预和制约。任何网络用户都可以在网络平台上传播消息、发表意见,这些意见在网络交流聚合后,形成无法忽视的社会压力,再传导回现实生活中,引起公权力的关注,从而对事态的发展起到"启动"作用。"标识性"突出体现在网络舆论监督已经成为现实社会法治建设的"聚焦点""风向标"和"指示器",在最具深度和广度意义上生动体现着现实社会民主法治的发展进程。

2. 网络舆论监督"滥用"的种种表现

网络舆论监督也如同网络技术一样,是一把锋利无比的"双刃剑"。在虚拟网络空间,不仅公权力可能被滥用,私权利——网络舆论监督权利更极有可能被异化,进而导致网络空间法律监督的"滥用",干扰和破坏网络空间公共秩序。网络舆论监督的"滥用"表现在诸多方面。

(1) 网络舆论监督失实

真实本身就是一种力量,真实是舆论监督的生命,舆论监督只有真实才能达到监督效果。但是在网络媒体竞争日趋激烈的今天,一些网民为了吸引眼球,甚至以别有用心的目的,故意制造出一些子虚乌有、捕风捉影的事件,公然违背客观真实的基本价值追求。然而,网络舆论由于传播信息迅速,一些虚假消息被迅速扩散,其所造成的危害也远甚于传统媒体,甚至可能引起社会恐慌,直接导致网络舆论公信力的下降。

虚假监督现象时有发生。2011 年 2 月 17 日,网络上出现一篇题为"内地'皮革奶粉'死灰复燃 长期食用可致癌"的文章,说内地疑有不良商家竟将皮革废料的动物毛发等物质加以水解后掺入奶粉中,意图以此提高奶粉的蛋白质含量蒙混过关。该文在网络上发布后引起了轩然大波,导致三元、蒙牛、伊利、光明的股票价格下跌。[①] 后来该文被有关部门证明属于打着"民生食品监督"旗号的

---

① 黄庆畅,张洋. 社会上产生严重后果的十起网络谣言案例 [EB/OL]. (2012 - 04 - 16) [2016 - 09 - 10]. http://yuqing. people. com. cn/GB/210123/17660501. html.

虚假新闻。2011 年 3 月，云南省某企业的负责人慕名找到云南西双版纳"网络名人"董某某（网名"边民"），并出资 9 万元，这位企业负责人的委托事项是请董某某利用其"网络名人"的影响力，对于曾经与自己结下冤仇的"黄氏四兄弟"在网络上进行恶意的炒作，诋毁他人名誉，此事件造成极大负面影响。2013 年 5 月，云南省某企业负责人因对法院就某个案件的判决不满，便以 8 万元的价码委托董某某在网络上进行恶意炒作，引发更多网民关注"不公判决"，借此通过"网络监督"方式制造舆论，给二审法院施加压力。[①] 打着各种名号的虚假网络监督层出不穷，不一而足。

（2）网络舆论监督侵权

网络舆论失实导致舆论信任危机，而网络舆论侵权则会直接引发相关法律责任。信息网络伴随着海量的网上信息和"汹涌澎湃"的巨大"信息流"，大大增加了人们受网上不法言行侵害的机会，网上网下个人和集体信息随时有被采集、被分析和被使用的风险，个人和群体名誉权以及隐私权极易受到侵害。从各地法院审理的"网络言论"侵权案中可以看出网络舆论侵权案件目前呈现出蔓延发展趋势。

出于网络发布信息的匿名性和低成本性，一些人为达到个人目的，借舆论监督之名，实际上把网络当成侵害他人权益甚至违法犯罪的工具，随意发布侵犯他人法定权益的言论，造成违法侵权。2014 年 10 月 10 日，最高人民法院公布 8 起利用信息网络侵害人身权益的典型案例，第一起就是"徐大雯与宋祖德、刘信达侵害名誉权民事纠纷案"。[②] 2008 年 10 月 18 日凌晨 1 时许，著名导演谢晋因心源性猝死，逝世于入住的浙江绍兴某酒店。2008 年 10 月 19 日至同年 12 月，宋祖德向其开设的新浪网博客、搜狐网博客、腾讯网博客上分别上传了"千万别学谢晋这样死！""谢晋和刘××在海外有个重度脑瘫的私生子谢××！"等多篇文章，称谢晋因性猝死而亡、谢晋与刘××在海外育有一个重度脑瘫的私生子等。2008 年 10 月 28 日至 2009 年 5 月 5 日，刘信达向其开设的搜狐网博客、网易网博客分别上传了"刘信达愿出庭作证谢晋嫖妓死，不良网站何故黑箱操作撤博文？""刘信达：美××确是李××女儿，照片确是我所拍""宋祖德十五大预言件

① 张东锋．云南网络名人"边民"涉嫌三宗罪被批捕［N］．南方都市报，2013 - 10 - 17（2）．
② 最高人民法院司法案例发布［EB/OL］．（2016 - 08 - 12）［2016 - 09 - 10］．http：//www．pkulaw．cn/fulltext_form．aspx？Gid＝235353&EncodingName＝7．

件应验!""宋祖德的 22 大精准预言!"等文章,称谢晋事件是其亲眼目睹、其亲自到海外见到了"谢晋的私生子"等。2008 年 10 月至 11 月间,齐鲁电视台、成都商报社、新京报社、华西都市报社、黑龙江日报报业集团生活报社、天府早报社的记者纷纷通过电话采访了宋祖德。宋祖德称前述文章有确凿证据,齐鲁电视台及各报社纷纷予以了报道。成都商报社记者在追问宋祖德得知消息来源于刘信达后,还通过电话采访了刘信达。刘信达对记者称系自己告诉了宋祖德,并作出了同其博客文章内容一致的描述。2008 年 11 月 13 日,徐大雯以宋祖德、刘信达侵害谢晋名誉为由起诉,请求停止侵害、撤销博客文章、在相关媒体上公开赔礼道歉并赔偿经济损失 10 万元和精神损害抚慰金 40 万元。该案经上海市静安区人民法院一审认为,博客注册使用人对博客文章的真实性负有法律责任,有避免使他人遭受不法侵害的义务。宋祖德、刘信达各自上传诽谤文章在先,且宋祖德称消息来源于刘信达的"亲耳所闻、亲眼所见",而刘信达则通过向博客上传文章和向求证媒体叙述的方式,公然宣称其亲耳听见了事件过程并告诉了宋祖德。两人不仅各自实施了侵权行为,而且对于侵犯谢晋的名誉有意思联络,构成共同侵权。诽谤文章在谢晋逝世的次日即公开发表,在此后报刊等媒体的求证过程中继续诋毁谢晋名誉,主观过错十分明显。宋祖德、刘信达利用互联网公开发表不实言论,使谢晋的名誉在更大范围内遭到不法侵害,两被告的主观过错十分严重,侵权手段十分恶劣,使谢晋遗孀徐大雯身心遭受重大打击。因此,法院判决宋祖德、刘信达停止侵害,在多家平面和网络媒体报醒目位置刊登向徐大雯公开赔礼道歉的声明,消除影响,并赔偿徐大雯经济损失 89 951.62 元、精神损害抚慰金人民币 200 000 元。宋祖德、刘信达不服提出上诉,上海市第二中级人民法院维持原判,驳回上诉。本案是一起利用网络博客侵害他人名誉权的典型案件。被告借网络舆论监督之名,行侵害他人名誉之实。博客开设者应当对博客内容承担法律责任。本案两被告利用互联网和其他媒体侵犯谢晋名誉,法院根据其行为的主观过错、侵权手段的恶劣程度、侵权结果等因素判处了较大数额的精神损害抚慰金,体现了法治的理念和精神。

(3)网络舆论监督谋利

这种现象多集中于网络新闻媒体平台,因其影响力要比个别网民大得多。网络舆论监督汇集意见迅速,参与者更不计其数,在某种程度上要比传统舆论监督更具"杀伤力"。正因为如此,个别网站和网民发现了舆论监督的新"用途"——可以为团体和个人谋取经济利益。于是，某些网络舆论监督异化成为团体和个人攫取利益的工具。2013年10月19日，时任广州羊城晚报报业集团《新快报》记者的陈永洲因在平面和网络媒体连发十余篇关于中联重科的"批评性"报道，被湖南长沙警方以"损害商业信誉罪"跨省刑拘。经过几天协商无果后，《新快报》史无前例地连续两天以罕见的头版特大字号刊文，发出"请放人"和"再请放人"的呼吁，声言"敝报虽小，穷骨头，还是有那么两根的。"其情势之悲壮、言语之悲切、反映之激烈，近年来未见，并借以得到了海内外广泛的同情和声援。中国记者协会罕见地明确表态会"高度关注"事态发展，坚决维护新闻记者正当、合法的采访权益，并与公安部联系，要求确保记者人身安全。一些法学家纷纷站出来，对长沙警方的行为提出自己的观点，其中大都站在《新快报》和记者一边。然而几天之后，情势急转直下。10月28日清晨，在央视长达9分钟的《新快报记者陈永洲受人指使收人钱财发表失实报道》新闻镜头中，陈永洲身着囚衣现身，承认自己受人指使连续在新闻媒体上发表的负面报道"绝对不是客观的"，甚至大部分都不是他自己所写……之后《新快报》迅即道歉，广东新闻出版广电局吊销了陈永洲的记者证，羊城晚报集团随后调整了《新快报》社领导班子。而在此次《新快报》记者"非法牟利虚假报道"事件中，反感警方强势、同情传媒弱者的"新闻监督派""法律程序派""自由知识分子"个个也犹如脸上被掌掴一般而无地自容。①

（4）网络舆论监督干预司法

不可否认，网络舆论监督在表达民情民意、揭露事实真相、维护公民权利、促进司法公开方面发挥着重要的积极作用，但网络舆论监督干预司法现象也引起了人们的广泛关注，这种"媒体审判"直接影响到了司法的独立性和司法的公平公正。

司法独立是法治国家普遍适用的一项基本原则。我国《宪法》和《刑事诉讼法》《民事诉讼法》《行政诉讼法》都明确规定，人民法院依照法律规定独立行使审判权，人民检察院依照法律规定独立行使检察权，不受行政机关、社会团体和个人的干涉。司法的独立性是由司法权和司法活动的性质决定的。司法所追求的

① 许晓宇，邵清龙．从新快报"虚假报道"看当前舆论监督的困境［EB/OL］．（2014-02-14）［2016-09-12］．http://www.chinaxwjd.cn/NewsHtml/Academic/20140214110100.htm.

目标是公平公正，而公平公正的前提是司法人员在司法活动中保持中立，没有中立就没有公平公正可言。公平公正要求司法人员自身摒弃私心杂念，也要求堵塞包括媒体干涉在内的一切影响司法独立的渠道，形成保证司法独立的内外部环境。

司法活动必须重法律、重证据、重程序、重法理，依法独立行使司法裁判权。在网络舆论监督迅速发展的今天，司法的独立性受到了前所未有的挑战。一些媒体言论强势强权，或以真理自居，或煽动舆论，超越网络舆论监督的合理界限，先入为主地制造无形舆论压力，迫使司法人员在独立判断和公众意见之间徘徊，严重破坏了司法独立。如网络上沸沸扬扬的"许霆盗窃 ATM 机钱款案""李昌奎强奸杀人案""药家鑫交通肇事杀人案"等案件的审理，都表现出"网络舆论监督"的魔影，更有一些网民常常用"仇官""仇富""仇名人"等主观善恶评价案件当事人，而忽视了案件本身。如引发人们关注的北京"李某某等人轮奸案"，案件还未审理，许多网民就已将当事人"定罪量刑"，称其"罪大恶极"，而李某某作为未成年人的权利被忽略了，其作为名人之子的非法律因素被人为放大了，这种另类的"媒体审判"同样可能影响司法的公平公正。网络上经常出现"人肉搜索"，众多网民作为强大的"舆论监督"力量甚至对与案件无关的当事人私人信息和私人生活公开披露或者恶意曝光，严重地侵犯了当事人的隐私权和名誉权。一些网络媒体评述个案时缺乏事实基础、程序性制约和技术性证明手段，导致网络舆论结论与法院裁判不一致，而网络舆论便会推定裁判不公，对审判机关随意贬损，甚至丑化法院队伍的整体形象。在舆论的重压下，也有个别法院被迫作出符合"民意"的判决，同样弱化了司法权威，降低了法律的威信。[①]

（5）网络舆论异化为暴力

网络舆论暴力是指网民以舆论监督为目的，通过网络对某些关乎公众利益或社会道德、法治层面的事件发表自己的意见，但由于这些意见过于偏颇或相对情绪化，常常表现为一些不文明的粗口甚至是失去理智的评论，对当事人形成一种无形的舆论压力，进而侵害他人法定权益。[②]

维护社会公平正义是每个公民的法律义务。毫无疑问，绝大多数网民希望社

---

① 张志明. 论网络舆论与司法公正的良性互动 [EB/OL]. （2014－08－16）［2016－09－15］. http://www.chinacourt.org/article/detail/2014/08/id/1363477.shtml.

② 石爽. 网络舆论暴力——网络舆论监督的异化 [C]. 新世纪新闻舆论监督研讨会，2008，372－374.

会向着法治公平的方向发展，在网络上主动"发声"，制止各种不道德甚至违法行为。但是由于互联网中相对自由的言论环境，在网络舆论监督的过程中，一些网民强势"发声"，经过网络集聚，进而形成舆论暴力。网络舆论暴力与其他网络违法侵权的区别在于网民是带着监督的目的参与的，只不过在"监督"过程中出现了过犹不及的现象，使原本的网络舆论监督产生了异化。网络舆论监督之所以会异化为网络舆论暴力，原因是多方面的。现代网络条件下，网民被赋予了更多的监督权和监督对象，有更多的机会发表情绪化的观点，网络传播的群体性特征也使网络舆论监督更容易转化成为网络舆论暴力，个别"网络大V""意见领袖"是影响网络舆论监督走向非理性的关键性因素，而许多网站对点击率的追求也使正常的舆论监督客观上受到操控，引发网络舆论暴力。

应当说，网络舆论法律监督的出现客观上大大提高了我国社会民主法治化的进程，总体上是社会发展中的一股积极力量，但也确实存在着监督不实、监督失度、违法监督等问题。例如，当越来越多的网络舆论暴力出现在人们面前的时候，其所带来的负面影响已经使网络舆论监督的积极作用受到了极大的负面影响，许多时候人们很难再相信网络作为监督载体的客观性和公正性。网络舆论监督的目标是监督法律的运行，如果缺乏相关有序可控的监督程序或者监督手段不合法，这本身就已经破坏了社会秩序的稳定性，与网络舆论法律监督的初衷背道而驰。因此，充分地发挥网络舆论法律监督的积极作用，目前亟需合理地规范网站发展、理性地引导网民的行为，从技术、法律和道德等多层面上对网站和网民行为进行约束，使网络公共舆论平台能够更有效地起到法律监督的作用。

二、 严明网络空间法律监督主体权力（权利）责任

依据监督主体的不同，我国的法律监督可以分为国家机关监督和社会监督。国家机关监督包括立法机关监督、行政机关监督和司法机关监督，社会监督包括政党、企事业单位、社会团体以及公民个人的监督。实现网络空间法治，需要各法律监督主体依照法定的权力（权利）承担起相应的责任（义务）。

（一）国家机关监督是实现网络空间法治的重要保障

国家机关监督是以国家名义进行的，具有国家强制力和法律效力，是我国法

律监督体系的核心。我国宪法和有关法律规定了国家机关监督的权限和范围，以及相关法律程序。

1. 国家权力机关的法律监督

国家权力机关的监督，是指各级人民代表大会及其常务委员会为全面保证国家法律的有效实施，通过法定程序，对由它产生的国家机关实施的法律监督。人民代表大会制度是我国人民民主专政的政权组织形式，是我国的根本政治制度。全国人民代表大会主要职能之一就是制定宪法、法律以及监督宪法和法律的实施。国家机关监督的客体，一是由国家权力机关及其常设机关产生并向它负责的国家机关及其组成人员，包括各级人民政府、人民法院、人民检察院及其组成人员，就全国人大而言，还包括国家主席、中央军事委员会及其组成人员。《宪法》第三条第二款规定："全国人民代表大会和地方各级人民代表大会都由民主选举产生，对人民负责，受人民监督。"该条第三款规定："国家行政机关、审判机关、检察机关都由人民代表大会产生，对它负责，受它监督。"《宪法》第六十二条第二款将"监督宪法的实施"列为全国人民代表大会的职权，第六十七条第一款、第六款将"解释宪法，监督宪法的实施"和"监督国务院、中央军事委员会、最高人民法院和最高人民检察院的工作"列为全国人民代表大会常务委员会的职权。同时，各级地方人大根据《宪法》和法律规定，行使各项地方监督权。根据《宪法》第一百○四条规定，"县级以上地方各级人民代表大会常务委员会……监督本级人民政府、人民法院和人民检察院的工作。"二是有关国家权力机关及其组成人员。根据宪法和法律规定，全国人民代表大会有权改变或者撤销全国人民代表大会常务委员会不适当的决定；全国人大常委会有权撤销省、自治区、直辖市国家权力机关制定的同宪法、法律和行政法规相抵触的地方性法规和决议，地方县以上各级人民代表大会及其常委会有权改变或者撤销下一级人民代表大会的不适当的决议。三是国家武装力量、各政党、各社会团体、各企事业组织和公民个人。根据宪法规定，国家武装力量、各政党、各社会团体、各企事业组织和公民个人必须遵守宪法和法律，而监督宪法和法律的实施又是全国人大、地方各级人大及其常委会的重要职责。国家权力机关的法律监督在国家监督体系中居于根本地位，其他国家机关依法履职尽责的情况都在其监督之下。2000年以来，全国人民代表大会常务委员会先后通过了《关于维护互联网安全的决定》

《关于加强网络信息保护的决定》《中华人民共和国网络安全法》等，为网络空间法律监督提供了基本依据。

2. 国家行政机关的法律监督

国家行政机关所进行的法律监督包括国家行政系统内部上下级之间以及行政系统内部设立的专门机关的法律监督，也包括行政机关在行使行政权时对行政相对人的监督，具体有一般行政监督、专门行政监督、行政复议和行政监管。一般行政监督是依照行政管理权限和行政隶属关系产生的，上级行政机关对所属部门和下级行政机关的监督，上级政府部门对下级政府部门实施法律、法规的监督，它同时也是行政机关行使管理职能的一种手段。专门行政监督是行政系统内部设立的专门机关实施的法律监督，是专门对行政机关及其公职人员进行法纪检查的职能机关，在我国包括行政监察和审计监督两种。1997 年 5 月开始实施的《中华人民共和国行政监察法》是我国行政监察的基本法律依据，监察机关依法行使职权，不受其他行政部门、社会团体和个人的干涉；1995 年 1 月开始实施的《中华人民共和国审计法》是我国审计监督的基本法律依据，审计机关依照法律规定独立行使审计监督权，不受其他行政机关、社会团体和个人的干涉。行政复议是由行政复议机关根据公民、法人或者其他组织的申请，对被申请的行政机关的具体行政行为进行复查并作出决定的一种活动。1999 年 10 月开始实施的《中华人民共和国行政复议法》是行政复议的基本法律依据，该法规定公民、法人或者其他组织认为具体行政行为侵犯其合法权益的，可以向行政机关提出行政复议申请，复议机关在复查原具体行政行为时发现有违法或者不当情况，必须予以纠正，或者予以撤销，或者予以变更。行政复议是在行政相对人的参与下，由上级行政机关对下级行政机关实施的一种事后监督。行政监管是行政机关以法定职权，对行政相对方遵守法律、法规、规章，执行行政命令、决定的情况进行的监督。行政监管的客体是作为行政相对方的公民、法人或者其他组织，这种监督同时是一种行政管理手段，如工商行政监督、质量技术监督等。行政监管是最经常的行政监督。2016 年入夏，河北邢台等地因连降暴雨引发洪水，导致多人伤亡和人民群众大量财产损失。正当邢台市社会各界及灾区群众齐心合力开展灾后重建之时，行为人吉某某（男，1989 年出生，汉族，小学文化，邢台任县人，住邢台市某小区）为泄私愤、引发关注，于 2016 年 8 月 2 日下午在邢台 123 网站发帖，谎称邢台市洪涝灾害后很多淹死猪流入市区多个门市。该谣言帖被网友大量转发，对该市灾后重建秩序以及社会稳定造成了严重影响。公安机关经侦查，对吉某某进行传唤、询问，吉某某对故意编造传播虚假信息的违法事实供认不讳。2016 年 8 月 4 日，依据《中华人民共和国治安管理处罚法》相关规定，公安机关对吉某某作出行政拘留五日的处罚决定。[①]

3. 国家司法机关的法律监督

司法机关，指履行司法职能的特定机构，是国家机构的重要组成部分，在我国特指各级人民法院和人民检察院。司法机关的监督包括检察机关的监督和审判机关的监督。

（1）国家检察机关的法律监督

我国《宪法》第一百二十九条规定人民检察院是"国家的法律监督机关"，由此，法律监督工作是检察机关的核心工作。其工作范围包括：依法对贪污案、贿赂案、侵犯公民民主权利案、渎职案以及认为需要自己依法直接受理的其他刑事案件进行侦查；领导地方各级人民检察院和专门人民检察院的侦查工作；对重大刑事犯罪案件依法审查批捕、提起公诉；领导地方各级人民检察院和专门人民检察院对刑事犯罪案件的审查批捕、起诉工作；领导地方各级人民检察院和专门人民检察院开展民事、经济审判和行政诉讼活动的法律监督工作；对地方各级人民检察院和监所派出检察院依法对执行机关执行刑罚的活动和监管活动是否合法实行监督；对各级人民法院已经发生法律效力、确有错误的判决和裁定，依法向最高人民法院提起抗诉。检察机关作为国家的法律监督机关，其设置的目的和存在的根本价值在于通过法律监督来保障法律的统一正确实施。这既是检察权的根本属性，也是检察权在国家权力结构中独立设置的根本目的。

具体来说，目前我国检察机关的职能主要包括检察侦查权、公诉权、批准和决定逮捕权、诉讼监督权。公诉权，是在发现、确证行为人触犯刑事法律的情况下，将其检举、提交法庭裁判的职权，体现了对社会大众遵守刑事法律的监督或者说对刑法实施的监督。批准和决定逮捕权，即如果公安机关等侦查机关的提请

---

① 邢台公安 . 市公安局对一名网上散布谣言者作出行政拘留处理［EB/OL］.（2016 - 08 - 04）［2016 - 08 - 15］. http://mt. sohu. com/20160804/n462662264. shtml.

逮捕申请符合法律规定，即予以批准，否则就不予批准；如果发现应当逮捕而侦查机关未提请逮捕犯罪嫌疑人的，检察机关可以要求公安机关提请批准逮捕，如果公安机关拒不提请逮捕且其理由不能成立的，检察机关可以直接作出逮捕决定，交侦查机关执行。因此，批准和决定逮捕权是对侦查机关使用逮捕这一强制措施是否合法的监督。诉讼监督权（包括侦查监督权、审判监督权和执行监督权）则属于显而易见的法律监督权，即监督侦查、审判和执行行为是否合法。检察侦查权（包括职务犯罪侦查权和审查起诉时的补充侦查权），其性质并不独立地由其自身确定，而是作为控诉职能的构成部分由公诉权的整体性质决定的，检察侦查权的任务是查清是否存在相关的犯罪事实，以为公诉做必要的准备。正是在这一意义上，检察侦查权因附属于公诉权从而具有了法律监督的性质。信息网络时代，国家检察机关的法律监督面临全新的挑战。一方面，日新月异的互联网信息技术是检察机关加强司法管理、提升司法效能的重要支撑，也是深化司法公开、提升司法公信力的重要手段；另一方面，飞速发展的互联网信息技术也给检察监督带来了挑战。特别是借助互联网、利用互联网技术实施的犯罪行为日益增多，不仅增加了检察机关的司法办案难度，也提高了检察机关依法惩处职务犯罪、信息安全犯罪的技术门槛。既要充分运用信息网络技术，提升检察工作现代化水平，又要充分履行职能，维护网络信息安全；既要善于利用互联网推动科技强检，又要依托互联网打造"阳光"检务；既要自觉接受网络媒体的舆论监督，又要紧紧依靠网络媒体凝聚检察工作正能量，是新形势下检察监督工作必须直面和必须解决的新课题。

（2）国家审判机关的法律监督

国家审判机关的监督即人民法院的监督。在我国，人民法院是行使国家审判权的专门机关，其行使的法律监督主要有三种：一是人民法院系统内的监督。根据宪法和法律规定，最高人民法院监督地方各级人民法院和专门人民法院，上级人民法院监督下级人民法院的审判工作，最高人民法院对各级人民法院已经发生法律效力的判决和裁定、上级人民法院对下级人民法院已经发生法律效力的判决和裁定，如果发现确有错误，有权提审或者指令下级人民法院再审。各级人民法院院长对本院已经发生法律效力的判决和裁定，如果发现在认定事实上或者在适用法律上确有错误，必须提交审判委员会处理。当然，对人民法院的审判监督也是双向多维的，如人民法院依照审判监督程序所从事的诉讼活动，《刑事诉讼法》

第二百零四条规定，当事人及其法定代理人、近亲属的申诉符合下列情形之一的，人民法院应当重新审判：①有新的证据证明原判决、裁定认定的事实确有错误的；②据以定罪量刑的证据不确实、不充分或者证明案件事实的主要证据之间存在矛盾的；③原判决、裁定适用法律确有错误的；④审判人员在审理该案件的时候，有贪污受贿，徇私舞弊，枉法裁判行为的。二是人民法院对检察机关的监督。特别表现在人民法院对检察机关办理刑事案件的过程之中，通过审判职权来实现监督。人民法院对人民检察院的监督是在分工负责、相互配合、相互制约的框架内进行的，因而监督主体与监督客体之间形成双向的监督关系。三是人民法院对行政机关的监督。人民法院通过依法审理与行政机关及其工作人员有关的刑事案件、行政案件、经济案件等，以判决、裁定的形式处理行政机关及其工作人员的违法行为和犯罪行为来实现的对行政机关的监督。人民法院对具体行政行为的合法性进行审查的司法活动就是司法审查和司法监督。2013 年 9 月 9 日，《最高人民法院、最高人民检察院关于办理利用信息网络实施诽谤等刑事案件适用法律若干问题的解释》公布，这个总计只有 10 条的司法解释对利用信息网络实施寻衅滋事、敲诈勒索、非法经营等犯罪的认定，严厉打击信息网络共同犯罪等 8 个方面问题进行了明确规定，厘清了信息网络发表言论的法律边界，为惩治利用网络实施诽谤等犯罪提供了明确的法律标尺，这种法律适用本身也是对网络空间的有效法律监督。

（二）社会监督是实现网络空间法治的主体力量

社会监督，即非国家机关的监督，指由各政党、各社会组织和人民群众依照宪法和法律，对各种法律活动的合法性进行的监督。社会监督具有广泛性和人民性，因此在我国法律监督体系上具有重要的意义。

1. 政党的法律监督

政党的监督是中国特色社会主义法律监督体系的关键环节。中国共产党是执政党，在国家生活中处于领导地位，在监督宪法和法律的实施、维护国家法制的统一、监督党和国家方针政策的贯彻、确保政令畅通、防止权力滥用等方面具有极为重要的作用。中国共产党的监督主要体现在党作为全国各族人民的领导核心，领导人民制定宪法和法律，并领导人民共同遵守、执行宪法和法律，保障宪法和法律的实施。党领导与动员人民群众和各种社会组织依法对所有监督客体，按照"党要管党""从严治党"的原则，运用党内民主监督与制约机制，对党的组织和党员领导干部进行广泛的监督。人民政协的监督是我国政党监督体系的重要力量，是人民监督的重要方面，是我国社会主义监督体系的重要组成部分。《中国人民政治协商会议章程》第二条明确规定，中国人民政治协商会议全国委员会和地方委员会的主要职能是政治协商、民主监督、参政议政。人民政协遵循"长期共存、互相监督、肝胆相照、荣辱与共"的工作方针，对国家宪法和法律的实施、重大方针政策的贯彻执行、国家机关及其工作人员的工作，通过建议和批评进行监督。各民主党派、工商联和无党派人士利用人民政协的组织形式，对执政的中国共产党及其政府进行法律监督。当前，中国共产党正在领导国家积极推进多层次、多领域的依法治理，努力实现依法治国的战略目标。构建多层次网络空间治理规则体系，深化我国网络空间法治建设，必须以党和国家战略为指引。党和国家战略是党的治国方针和决策部署的具体体现，必须以此为宏观指引，将党的领导贯彻落实到各领域工作的实践中。具体来说，就是要在中央网络安全和信息化领导小组的统筹下，完善党的决策部署，落实相关工作机制和程序，加快制定国家网络空间战略，对建设网络强国的战略利益、战略资源、战略手段进行阐释，从立法规划、治理体制、产业发展、国防安全、打击犯罪、国际合作、科研和人才培养、全民网络安全教育等方面，明晰提出法治建设的宏观目标和实施纲要。同时，要加强党的决策与立法的衔接，重大战略部署要及时上升为法律，完善党领导依法治国的制度机制。2016年1月，全国网络宣传工作会强调，要让党的主张成为网络空间最强音，要使党的主张成为网络空间的灵魂。这是建设中国特色社会主义的应有之义，其立足于我国网络空间的基本现实，具有鲜明的时代特征和较强的针对性。①

2. 社会组织的法律监督

社会组织的法律监督是推动社会主义法治建设的重要力量。社会组织是相对独立于政府之外的，具有非营利性、非政府性的组织。社会组织的法律监督在立

---

① 王德华. 党的主张要成为网络空间灵魂 [EB/OL]. （2016 - 01 - 08）［2016 - 09 - 04］. http://news.xinhuanet. com/comments/2016 - 01/08/c_1117717216. htm.

法、普法、执法、法律服务等方面均发挥着重要作用。社会组织在立法中发挥积极作用，可以提高立法的公平性与科学性，推动法治社会建设。社会组织具有公益性、非营利性的特点，代表民意广泛，其有序参与立法，可以遏制立法的部门利益化，推动立法民主化。为此，党的十八届四中全会通过的《中共中央关于全面推进依法治国若干重大问题的决定》专门提出，要"完善立法项目征集和论证制度。健全立法机关主导、社会各方有序参与立法的途径和方式。探索委托第三方起草法律法规草案。"广泛征求社会组织对立法的意见、建议，鼓励社会组织参加立法听证、论证、质询，甚至委托有资质、有能力的社会组织作为第三方，提出法律草案，避免立法被部门"绑架"，淡化乃至消除立法中的部门色彩。社会组织还具有社会调查的优势，可以通过调研立法中存在的主要问题和面临的形势，为立法提供现实依据。社会组织在普法中发挥积极作用，可以有效提高公民的法治意识，推动法治社会建设。社会组织作为民间力量，具有先天的"亲民性""草根性""本土性"，在法治宣传教育方面具有天然的优势。一方面，社会组织作为普法的主体，结合自身的组织目标、会员特征参与普法，可以弥补各级党委和政府普法的缺漏。例如，老年协会可积极宣传、普及老年人权益保障法。另一方面，社会组织在普法渠道上也具有优势，可以结合本土文化，运用本土语言，让更多人了解法律、走近法律、热爱法律、运用法律。社会组织在执法中发挥积极作用，可以提高法治的执行力，推动法治社会建设。当前，法治建设有法不依、执法不严、违法不究现象比较严重，选择性执法现象仍然存在，执法司法不规范、不严格、不透明、不文明现象较为突出。社会组织具有沟通协调作用，在协助解决这些问题上大有可为。例如为充分发挥社会组织的法律监督作用，可以聘任社会信誉好、法律素质高的社会组织人员担任人民监督员，协助调查"有法不依、执法不严、违法不究"的现象；可以扩大社会组织公益诉讼范围，让符合条件的社会组织协助公安机关调查取证、监督法院审判的公正性和执法的公平性；可以选择条件成熟的社会组织（如社会工作服务机构），搭建法律公共服务下基层的平台，对"打不起官司"的弱势群体提供无偿或低偿的法律服务，使他们在碰到法律难题时能享受到"法律福利"。社会组织的法律监督在立法、普法、执法、法律服务等方面发挥法治作用的过程，也是其发挥法律监督作用的过程。据新华网北京 2016 年 7 月 6 日报道，参加第二届全国网络诚信宣传日活动的 52 家国内互联网企业，在京签署了《坚守七项承诺 共铸诚信网络——网络诚信自律承诺书》，承诺依法依规办网、践行社会主义核心价值观、当好诚信主体、保护网民权益、抵制网络谣言、加强用户信用管理、网络信用共建共享。这次网络诚信行业自律行动由中国互联网协会、中国互联网发展基金会、中国文化网络传播研究会、中国网络空间安全协会、中国网络视听节目服务协会、中国互联网上网服务营业场所行业协会、中国互联网金融协会、中国青少年新媒体协会共8家全国性网络社会组织共同发起，旨在充分发挥网络社会组织的行业监督作用，建立起网络诚信行业准则，推动我国互联网企业强化诚信为民办网的理念，为广大网民提供可信的服务，营造风清气正的网络空间。网络社会组织将围绕"承诺"，通过组织网民代表、专家学者等社会各界力量，开展社会评议，加强监督，推动网站把网络诚信建设落到实处。①

3. 人民群众的法律监督

人民群众法律监督是社会主义法治健康发展的不竭动力。群众法律监督是人民群众在既定的社会表达渠道下通过举报、揭发、控告等手段对掌握权力的党政机关及其工作人员的工作、生活、作风等状况进行的监视和督促。它是中国共产党人重视人民群众创造历史作用、实现人民当家做主的完美展现，是中国共产党用以保证政府永不懈怠、跳出"其兴也勃焉，其亡也忽焉"历史周期律的重要"法宝"。党的历代中央领导集体都十分注重依靠群众监督来加强法律实施，维护和巩固人民主体地位。群众监督的内容包括：国家立法机关行使国家立法权和其他职权的行为，国家司法机关行使司法权的行为，国家行政机关行使国家行政权的行为，中国共产党依法执政、各民主党派依法参与国家的政治生活和社会生活的行为，各社会团体、社会组织参与国家的政治生活和社会生活的行为，以及普通公民的法律活动。我国《宪法》规定，中华人民共和国的一切权力属于人民。人民依照法律规定，通过各种途径和形式管理国家事务，管理经济和文化事业，管理社会事务。中华人民共和国公民对于任何国家机关和国家工作人员，有提出批评和建议的权利；对于任何国家机关和国家工作人员的违法失职行为，有向有关国家机关提出申诉、控告或者检举的权利，但是不得捏造或者歪曲事实进行诬

① 8家网络社会组织发起52家互联网企业签署诚信自律七项承诺［EB/OL］.（2016－07－06）［2016－09－08］. http://news.cnhubei.com/xw/2016zt/qgwlxcr/201607/t3665300.shtml.

告陷害。对于公民的申诉、控告或者检举,有关国家机关必须查清事实,负责处理。任何人不得压制和打击报复。由此可见,人民群众法律监督的权利是我国人民拥有的国家权力必不可少的表现形式和组成部分。人民群众的监督行为是一种法律行为,它或者直接促使监督客体纠正错误,改进工作,或者可以启动诉讼程序或国家权力机关的监督。任何阻止和破坏人民群众行使监督权的行为都是违法行为,都应当受到法律的追究。习近平总书记多次强调,要加强和改进对主要领导干部行使权力的制约和监督,我们的权力是人民给的,只能用来为人民谋利益。当前,随着互联网尤其是移动互联网的快速发展以及微博、微信等通信手段的广泛应用,网络舆论监督在社会生活中发挥着越来越重要的作用,成为群众传递信息、参与社会事务的重要渠道。必须加快互联网监督的法治建设进程,对制造和传播网络谣言的行为依法加以打击,推动网络监督走上法治化、规范化轨道,不断提升网络监督的正能量。

三、依法监督,实现网络空间法律监督全时空全覆盖

加强和改进法律实施工作,需要立法、执法、司法、守法等法律运行各环节有效发挥作用,需要对网络空间法律实施全过程全时空进行监督,以此推动书面上的法律条文在虚拟空间发挥现实效力,进而转化为网络空间的共同社会意志和网民具体行动。

党的十八届四中全会通过的《中共中央关于全面推进依法治国若干重大问题的决定》明确提出形成"严密的法治监督体系"目标要求,提出了新形势下加强法治监督、确保法律实施的重大任务。《决定》提出的法治监督就是对法律实施的监督,一定意义上就是法律监督。[1]

(一)发挥国家机关法律监督的核心作用

1. 完善国家权力机关的法律监督

我国《宪法》规定,人民代表大会作为权力机关拥有立法权、决定权、监督

---

[1] 曹建明. 形成严密法治监督体系,保证宪法法律有效实施 [J]. 求是,2014(24):12 - 14.

权和任免权，因此监督权是人大行使权力、展现意志的重要内容。2006 年 8 月 27 日，第十届全国人民代表大会常务委员会第二十三次会议通过了《中华人民共和国各级人民代表大会常务委员会监督法》（以下简称《监督法》），该法于 2007 年 1 月 1 日实施。《监督法》旨在保障国家权力机关健全监督机制，依法行使监督职权，加强监督工作，增强监督实效，促进依法行政和公正司法。为强化人大的法律监督职权，可考虑专设人大监督委员会工作机构，设立监督专员。各级人大承担着宪法赋予的对"一府两院"进行工作监督和法律监督的职能，但长期实行的是"分兵把口"的监督体制，存在着职能易被忽视、整体效率较低等缺陷，不利于充分发挥人大的监督作用。设立监督委员会，专司监督之职，并牵头协调本行政区域内的执法监督工作和监督法制建设。为保证必要的权威性和加强党的领导，该委员会的地位应高于本级人大的其他专门委员会，其成员主要包括各主要地方国家机关、政党组织和社会组织推荐并被选为人大常委的负责人；该委员会设立的经常性办事机构可与纪检、监察机关合署办公，形成"三合一"的核心机构并负责牵头和协调本行政区域内的监督工作，明确分工，以达到监督机构健全、精简、统一和高效的机构改革目标。从职能的角度看，监督委员会应切实加强对包括行政立法在内的抽象行政行为，尤其是在地方行政实务中起着广泛作用且存在问题特别多的大量的非规范性文件的审查监督。探索尝试设立监督专员制度，作为完善现行监督体制的特别措施之一，可以拓展监督方式和救济渠道。在具体操作上，可先在若干地区试点，由全国人大常务委员会有选择地向部分行政区域和特殊地区、机关派出监督专员，对相应区域、机关的行政权力行使过程实行及时、直接和有超越性、权威性的特别监督制约。人大监督专员应拥有关于调查事实、人事处分和权益救济等多方面的通报权、建议权及临时处置权。这种监督专员职位的设立是对常规监督体制的一种有益补充。

2. 完善国家行政机关的法律监督

行政权力具有管理事务领域宽、自由裁量权大、影响范围广等特点，是法律监督的重中之重。十八届四中全会《中共中央关于全面推进依法治国若干重大问题的决定》强调指出，要"加强党内监督、人大监督、民主监督、行政监督、司法监督、审计监督、社会监督、舆论监督制度建设，努力形成科学有效的权力运行制约和监督体系"。这一重要论述，确定了对包括行政权力在内的公权力制约和监督的制度框架，意在增强监督合力和实效，形成配置科学、职责明确、协调有力、运行顺畅的行政权力制约和监督体系。我国现行行政监督体制存在的诸多缺陷和问题中，最关键、最深层次的还是监督的双重领导体制问题。监督机构应保持相对独立性，其地位也应高于监督对象或与监督对象平等，这是实施有效监督的前提条件。然而，在现行内部行政监督机制中，行使监督权的专门机构如监察部门大都设置在政府机关内部，在领导体制上这些部门受双重领导，既受同级行政机关的领导，又受上级业务部门的领导。在组织上，监督机构的负责人或者由同级行政机关的领导成员兼任，或者由行政机关任命。在经济上，监督机构经费一般也受制于同级行政部门。也就是说，在双重领导体制下，专职监督机构缺乏应有的地位和必要的独立性。解决这个问题的有效办法是建立自上而下的独立监督体系。首先，在组织上使现行的监督监察部门从行政机关独立出来，不再隶属于行政部门领导，并提高其地位，至少使其与同级行政部门地位平等，赋予其相应的职权，监督同级行政部门和行政首长。独立出来的监察机关自上而下实行垂直领导体制，下级监察部门只受上级监察部门的领导监督，人事上的任免也应由上级进行，并只对上级负责，不受行政部门的约束。按照我国国体的要求，最高监督机关应隶属于全国人民代表大会，并对其负责。与组织上独立相适应，经济上也要独立，监察部门形成自己独立的经费预算系统，在经济上不再依赖同级行政机关，从而解除其监督的后顾之忧。监督机构相对独立后，还可把其作为整合整个监督力量的统一领导机构，由其统一组织、管理和协调各种监督力量，从而形成一股强大的监督合力，充分发挥监督体系的整体效应。同时，要积极开展政府法制监督。政府监督以政府为主体，以国家现行有效的法律法规为依据，以法定职权为依托，实现对行政权的全面、有效监督。政府法制监督的主体是县级以上人民政府；监督的内容是全部行政行为，包括具体行政行为和抽象行政行为；监督的范围包括行政行为的事前、事中和事后各个阶段；在监督的效果方面，监督机关有权纠正或者撤销不合法、不适当的行政行为；具体实施部门为县以上人民政府的法制机构。

3. 完善国家司法机关的法律监督

我国《宪法》第一百二十六条规定了人民法院依照法律规定独立行使审判权，第一百二十七条第二款又规定"最高人民法院监督地方各级人民法院和专门人民法院的审判工作，上级人民法院监督下级人民法院的审判工作。"可见人民法院的审判监督主要是指人民法院的内部监督，即上级法院监督下级法院。《宪法》还规定，在刑事诉讼中，公、检、法三者的关系是互相制约的关系，但这并不意味着对法院及其工作人员的行为就无从监督。比如，人民法院作为国家机关，它的各级审判员作为国家工作人员，其公务行为同样面临人民检察院的法律监督。这种法律监督与人民检察院对其他国家工作人员的法律监督完全一样，只是国家工作人员所属的国家机关不同而已。

检察机关的法律监督是由宪法和法律明确授权的国家司法权，具有法定性和专门性，在法治监督体系中具有不可替代的地位和作用。党的十八大以来，党中央对检察机关法律监督工作高度重视，习近平总书记多次强调要创新方式方法，加强检察监督。当前，实现法律监督创新发展在目标任务上，就是要紧扣时代主题，依靠公民的权利制约公权力的滥用和误用；在方式和手段上，特别要注重依托高科技的网络信息平台。网络已经成为推进检察事业发展的重要助手，相信在不久的将来通过互联网技术会产生一个更有效率、服务直接便利的"网上检察院"。① 适应网络社会快速发展的新形势设立网络法律监督专门机构，由检察机关牵头，协调法院、公安、司法等涉法诉讼机关及律师、人大代表和科研院校等专业人士，引导公民正确行使其法定权利并做好监督保障工作，努力将纷繁复杂的网络监督信息或涉法涉诉信访案件纳入法制化的轨道。在这方面，北京市石景山区人民检察院派驻中关村石景山园区网络检察联络室做出了很好的探索。其建立的网络检察联络室即为检察机关面向公共信息网络提供的以检务公开为主要内容的一站式互联网查询、接访、普法、预防宣传窗口，旨在充分发挥网络媒体优势，综合运用文字、图片、视频等形式，探索建立一种以官方网站为主、官方微博为辅的检察联络工作模式，搭建一个释检情、聊民意、解民惑的沟通平台，努力提升检察机关服务大局、执法为民、维护稳定的能力和水平。② 网络检察联络室把法律监督的触角延伸到基层、延伸到社会的每个细胞中。通过网络载体延伸检察触角，不但使检务公开进一步深化和普及，而且拓展了检察机关履行法律监

---

① 林成辉，王建华，马力珍. 法律监督科学发展离不开网络监督——谈"网络监督中心"设立的必要性[C]. 国家高级检察官论坛，2010，489-495.
② 冯冠华. 网络检察联络室规范化建设及运行模式的思考[C]. 检察机关服务文化创意产业科学发展专题研讨会，2012，41-47.

督职能的广度和深度，如通过在网上开通案件受理"绿色通道"，加强检察机关同文化创意企业的联系，共同打击针对文化创意产业的违法犯罪。

（二）充分发挥网络舆论监督的主体作用

党的十八大报告指出："加强党内监督、民主监督、法律监督、舆论监督，让人民监督权力，让权力在阳光下运行。"随着网络信息技术的发展，网络舆论监督已经成为信息技术和民主政治结合的社会监督新形式，重视发挥网络舆论监督的重要作用，采取有效对策引导、促进其健康发展，成为当代法治国家建设中的一个不可忽视的重大课题。

1. 网络舆论监督具有重要的法治意义

网络舆论监督是指社会公众通过互联网媒体了解经济、政治、社会、文化等领域的信息，对党和政府的公共管理活动发表意见和建议，并针对权力执行者的违法违纪行为进行披露和评判，从而实现对公权力的监督和制约的行为。随着网络技术的兴起，媒体事件更多的是以网络事件的形式体现，网络事件发生频率越来越高。互联网背景下，网络监督舆论对促进社会发展具有重要的法治意义。

（1）网络舆论监督有利于民意表达

网络民意本质上是宪法赋予公民的民主权利。习近平总书记 2016 年 4 月 19 日在网络安全和信息化工作座谈会上强调："要建设网络良好生态，发挥网络引导舆论、反映民意的作用。网民来自老百姓，老百姓上了网，民意也就上了网。各级党政机关和领导干部要学会通过网络走群众路线，经常上网看看，了解群众所思所愿，收集好想法好建议，积极回应网民关切、解疑释惑。"

网络舆论监督可以畅通民意表达渠道，缓和民意危机。网络民意参与主体多元和话题多样化使得广大群众包括一些弱势群体、边缘群体能够发出声音，促进了政府与群众之间良好的信任合作关系，缓和了由于表达不畅导致的民意危机。客观上，网络使普通百姓真正拥有了自己的话语权，打破了所谓精英阶层对媒体话语权的垄断。传统媒体上出现的"舆论"多是知名人士的言论或媒体自身的意见，普通百姓的观点难得一见。尽管从理论上来讲，媒体应该代表公众，成为公众的代言人，但在现实运作中，受各种现实因素的制约，媒体的言论有时并不能如实地反映公众的意见和呼声。而网络自媒体的出现则为普通百姓提供了一个无限宽广的话语平台。从政府管理角度看，网络舆论监督为政府听取人民意愿，急人民之所急、想人民之所想，全心全意为人民服务奠定了现实基础。

要正确看待和正确引导网络民意。网络民意虽然存在着偏激、暴力、违法等消极的一面，但它不是洪水猛兽，必须正确看待而为我用之。从政府角度讲，对网络民意不要轻易"扣帽子""打板子"、删帖子，要理性分析其是否有道理，有则改之，无则加勉，对错误观点甚至谣言要及时解释和澄清。目前，党和政府高度重视互联网发展，必须有足够的信心和魄力客观面对网络民意的存在。对网民自身而言，应当审慎对待自己在网络上自由发表言论的权利，这是宪法赋予的权利，同时也受法律约束，不得危害国家安全和社会利益，也不得侵犯他人的合法权利。更重要的是，必须加强对网络民意的正确引导。网络空间是亿万民众共同的精神家园，一些群众虽然不是网民，但会受到网民的影响或者影响网民，因此营造风清气正的网络空间符合大多数群众的根本利益。要培育积极健康、向上向善的网络文化，就要加强对网络民意的正确引导，用社会主义核心价值观滋养人心、滋养网络社会，解释和纠正错误舆论，及时将被误导利用的网民拉回正道，避免错误信息被歪曲放大。应当把净化网络民意生存空间、弘扬网络民意正能量列入党的意识形态工作，着眼将网络平台打造成新型社会关系的重要舞台，依托网络平台营造引导民意的网络体系。

保障网络民意的健康发展，最根本的途径还是依靠法治，走依法治网、以德治网之路。网络空间不是法外之地，习近平总书记强调要依法加强网络空间治理，加强网络内容建设，推动互联网和实体经济深度融合。我国在互联网管理、治理方面的法制体系尚不健全，网络信息工作是党和国家全局工作的组成部分，加强网络信息法治建设，健全完善网络管理法律法规十分重要且迫在眉睫。必须从依法管理和教育疏导并举的思路规划网络法治德治，引导网络民意与国家大政方针政策、社会道德底线和公序良俗相契合。2015年年初，新华网、人民网等7家网站联合开展"2015政府工作报告我来写"活动，共收到网民建言7.9万条，摘选送到报告起草组的有代表性的意见1426条。最终，有46条"原汁原味"的网友意见被政府工作报告吸纳，还有7位网友受邀到中南海领取了纪念奖杯。这些网友来自江苏、陕西、山东、北京、河南、河北6个省市，他们中有网站编辑、技术工人、科研人员，也有基层干部。① 网络问政的实质，是公民以网民的身份通过互联网行使对政府政务的知情权、参与权、表达权和监督权。

（2）网络舆论监督有助于制约公共权力

公共权力是人民赋予的，必须受到人民群众的监督。从本质上讲，网络舆论监督是人民群众行使监督权的一种直接方式，具有其他监督手段无可替代的作用。随着互联网尤其是移动互联网的快速发展以及微博、微信等通信手段的广泛应用，网络舆论监督在社会生活中发挥着越来越重要的作用，成为群众传递信息、参与社会事务的重要渠道。因此，必须高度重视运用和规范互联网监督，建立健全网络舆情收集、研判、处置机制和引导、反馈、应对机制，对反映的领导干部违纪违法问题要及时调查处理，对反映失实的要及时澄清，对诬告陷害的要追究责任。同时，要加快互联网监督的法治建设进程，对制造和传播网络谣言的行为依法加以打击，推动网络监督走上法治化、规范化轨道，不断提升网络监督的正能量。

现实中，网络舆论监督在揭露社会阴暗面、关注权力腐败、促进社会公平正义方面起着重要的作用。过去面对公权力的侵害时，公民个体权利的行使难以与其直接抗衡，而伴随着网络舆论监督的出现，公民有了更为便利的渠道表达自己的正当诉求、维护自己的合法权益，为进一步寻求行政和司法的救济提供了可能性。"孙志刚事件"就是典型代表。2003年3月17日晚，任职于广州某公司的湖北青年孙志刚在前往网吧的路上，因缺少暂住证，被警察送至广州市"三无"人员（无身份证、无暂住证、无用工证明的外来人员）收容遣送中转站收容。次日，孙志刚被收容站送往一家收容人员救助站。在这里，孙志刚受到工作人员以及其他收容人员的野蛮殴打，并于3月20日死于这家救助站。孙志刚的悲剧引起全国各地乃至海外各界人士的强烈反响，通过互联网及报纸杂志各媒体，民众呼吁严惩凶手，要求对《城市流浪乞讨人员收容遣送办法》进行违宪审查。同年6月20日，《城市生活无着的流浪乞讨人员救助管理办法》公布；8月1日，《城市流浪乞讨人员收容遣送办法》被宣布废止。"孙志刚事件"表面上看只是收容遣送制度的弊端造成的恶果，是对人的迁徙权的严重侵犯，但从事件的背后，人们思考更多的不仅是迁徙权，而是更广泛的个体权利。人们关注的不仅是事件的

---

① 刘武俊．网络民意就在那里，各级政府请用心听［N］．新华每日电讯，2015 - 03 - 31（3）．

最终解决，而是如何从根本上杜绝类似事件的再次发生。此类个别事件的解决，其法治意义不仅在于某些个人的权利得到维护，更重要的是促进了公民权利意识的觉醒，对于加强人们对自我权利的认识与保护起到了积极推动作用。

（3）网络舆论监督有助于维护司法正义

司法本质上应当是独立的，而网络舆论监督本质上是介入的，二者似乎是"水火不容"的关系，但二者统一于网络空间法治实践之中，必须正确处理网络舆论监督与司法公正之间的辩证关系。之所以说网络舆论监督有助于维护司法正义，是因为：其一，网络舆论有利于查明案件事实，维护实体公正。法律是社会性的，必然要关注社会效果。司法的实体公正不仅需要依据法律，还要考量社会舆论和民意。网络舆论代表着社会各阶层民众对事实的普遍看法，客观上为司法机关裁量个案打开一扇"视窗"，避免司法人员囿于专业思维而失之偏颇。其二，网络舆论有利于减少司法腐败。网络舆论监督作为一种民意呼声，从体制外对司法进行监督，是防止和减少司法腐败的一种有效手段。其三，网络舆论是社会公众的救济方式之一，其本身就是法治教育的普及。"邓玉娇案"被称为网络民意和司法公正的理性结合的典型案例。2009 年 5 月 10 日晚 8 时许，湖北省巴东县野三关镇政府 3 名工作人员在该镇"雄风宾馆"的"梦幻城"消费时，对当时在该处做服务员的邓玉娇进行骚扰挑衅，邓玉娇用水果刀刺向两人，其中一人被刺伤喉部、胸部，经抢救无效死亡。邓玉娇当即拨打 110 报警。次日，警方以涉嫌"故意杀人"对邓玉娇采取强制措施。网络舆论对案发后邓玉娇被送进医院进行精神病鉴定、司法部门取证程序、官方发布信息不及时等问题给予了重点关注，通过网络集聚效应，形成了强大的网络舆论压力。此后，"邓玉娇案"处置工作领导小组严格执行不隐瞒、不偏袒、客观公正、严格依法办理案件办案标准，数次向社会公布案情。网络舆论监督呼声渐渐分成两派，一部分网民继续"无条件"声援支持邓玉娇，另一部分网民则认为应当尊重法律，依法办案，不能因为对方是官员就屈服于网民的压力。2009 年 6 月 16 日，湖北巴东县法院一审判决，邓玉娇的行为构成故意伤害罪，但属于防卫过当，且邓玉娇属于限制刑事责任能力，又有自首情节，所以对其免除处罚。本案中，网络舆论监督对可能干扰司法审判的不正当因素进行关注和披露，在合理合法的范围内，通过舆论压力的形式引起国家监督机构的重视，在一定程度上防止了司法不公。

网络舆论与司法的关系实际上体现着现代社会民主与法治的关系，网络舆论体现着民主的力量，而司法在法治建设中又起着引领作用。民主与法治都是现代文明社会追求的价值目标，既不能完全忽视网络舆论的影响而片面地强调个案正义，也不能为迎合网络舆论而对司法公正置若罔闻，应在积极利用网络舆论监督司法公正的同时极力避免网络舆论的不当干预，使网络舆论与司法公正协调统一。

　　2. 网络舆论监督法治化是网络空间法治的重要标志

　　网络舆论监督源于网民表达自由权利的法律确认。网络表达自由作为表达自由的一种表现形式，与其他传统表现形式没有本质的区别，但鉴于网络传播不同于传统媒体的传播特性，网络舆论监督中表达自由的主体、方式和表达内容都将有所不同。但是自由从来都是相对的，即使在网络世界里，也不存在着绝对的自由。正如孟德斯鸠在《论法的精神》里所说："在一个有法律的社会里，自由仅仅是：一个人能够做他应该做的事情，而不被强迫去做他不应该做的事情。自由是做法律所许可的一切事情的权利；如果一个公民能够去做法律所禁止的事情，他就不再有自由了，因为其他的人也同样会有这个权利。"①

　　正是由于网络空间的特殊性质，以往传统媒体表达自由的法律界限也无法简单地适用于网络空间。为网络言论自由设定合理的限度，需要平衡各种利益之间的矛盾，并坚持以下几个原则：其一，法律明确规定原则，对表达自由的限制必须有法律依据，且有关法律不能过于空泛，必须是普遍的、明确的和肯定的；其二，明显且即刻危险原则，该原则主要用来解决表达自由与国家安全、公共秩序或更大利益之间的冲突；其三，合比例性原则，在具有合理因素的前提下，法律对表达自由的限制措施也应是与目的成比例的；其四，利益衡量原则，即将表达自由的利益同限制表达自由的立法所得利益进行比较，最终确定限制表达自由的法律是否有正当性；其五，个案利害权衡原则，在决定对表达自由的限制是否侵犯人权的问题上，必须根据每一个案件的具体情况、具体需求作出决定。②

　　网络空间本质上是追求民主、自由、多元的。在一定意义上，网络舆论监督的法治化水平标志着网络空间法治化的水平。目前，推进网络舆论监督法治化，

---

① ［法］孟德斯鸠. 论法的精神［M］. 北京：商务印书馆，1961：154.
② 鲍明明. 论网络舆论监督的法制监督功能［D］. 南京：东南大学，2010.

必须以尊重他人名誉权、尊重他人隐私权和尊重司法的独立审判权为基本点，不断提高网络舆论监督的法治化水平。

（1）网络舆论监督必须尊重他人名誉权

《中华人民共和国民法通则》第一百〇一条规定："公民、法人享有名誉权，公民的人格尊严受法律保护，禁止用侮辱、诽谤等方式损害公民、法人的名誉。"名誉权，是人们依法享有的对自己所获得的客观社会评价进行维护，排除他人侵害的权利。它为人们自尊、自爱的安全利益提供法律保障。名誉权主要表现为名誉利益支配权和名誉维护权。人们有权利用自己良好的声誉获得更多的利益，有权维护自己的名誉免遭不正当的贬低，有权在名誉权受侵害时依法追究侵权人的法律责任。

2009 年 10 月 12 日，《南方周末》广告网报道："杨丽娟控告《南方周末》侵名誉权终审败诉。"① 报道说，刘德华"疯狂粉丝"杨丽娟和母亲状告《南方周末》侵犯其名誉权案在广州中院终审宣判，杨氏母女的诉讼请求被全部驳回。2007 年 3 月 26 日，杨丽娟的父亲杨勤冀为圆女儿的追星梦，在香港跳海自杀，引起社会各界广泛关注。同年 4 月 12 日，《南方周末》刊登了《你不会懂得我伤悲——杨丽娟事件观察》一文，对事件进行深度报道。2008 年 3 月 10 日，杨丽娟和母亲陶菊英一起将该报诉至广州市越秀区法院，认为该报道及其网络版（电子报）报道侵犯了他们一家三口的名誉权，索赔 30 万元精神损失费。同年 7 月，越秀区人民法院一审判决，驳回杨丽娟母女全部诉讼请求。杨丽娟母女不服，上诉至广州中院。广州中院经过审理认为，杨丽娟一家曾多次主动联系、接受众多媒体采访，"都属于自愿型公众人物，自然派生出公众知情权"。"《南方周末》发表涉讼文章的目的是揭示追星事件的成因，引导公众对追星事件有真实的了解和客观认识。涉讼文章表面看确是涉及了杨家三口的个人隐私，但这一隐私与社会公众关注的社会事件相联系时，自然成为公众利益的一部分。"法院的判决书还认为，《南方周末》"已尽了谨慎注意义务"："涉讼文章是该报记者根据对杨丽娟及其母亲等知情人士进行采访后撰写的，相关内容已删除了可能对杨勤冀造成严重影响的敏感素材，不存在侵害杨勤冀隐私的主观过错。"法院还认为，杨丽娟及其母也没有证据证明该文发表后，社会公众对其评价进一步降低。因此，法院

① 南方周末广告部. 杨丽娟控告《南方周末》侵名誉权终审败诉 [EB/OL]. （2009 - 10 - 12）[2016 - 09 - 15]. http://www.nfzmgg.com/dongtai/page - 7 - 42. shtml.

驳回了原告的诉讼请求。本案从另一个侧面揭示，网络舆论监督必须尊重他人名誉权。首先，网络舆论监督的动机、目的、手段必须是合法的，应该合乎法律、法规、规章、行业与职业规范规定，如果涉及党和国家机密、个人隐私等法律不允许网上传播的事项，坚决不能上网。其次，网络舆论监督程序必须合法并留有证据。最后，网络舆论监督内容必须合法。内容必须客观真实，用语准确得当，不存在诽谤、侮辱情况。特别是网络舆论监督的有关评论必须公正恰当，应与社会公共利益有关。公正评论的标准包括真实、合法、说理、善意等方面。批评与评论必须以事实为根据，同时必须是真诚的、善意的、公正的，在合理尺度内恰如其分地表达观点，没有诋毁、侮辱性言辞。批评性文字或者评论，依据的事实必须准确并且叙述完整。切忌个人随意妄下论断，授人以柄，引发纠纷。

2016 年 7 月 3 日，中国网信网（http：//www.cac.gov.cn/）发布消息称，为进一步打击和防范网络虚假新闻，国家网信办日前印发《关于进一步加强管理制止虚假新闻的通知》，要求各网站始终坚持正确舆论导向，采取有力措施，确保新闻报道真实、全面、客观、公正，严禁盲目追求时效，未经核实将社交工具等网络平台上的内容直接作为新闻报道刊发。要求各网站要落实主体责任，进一步规范包括移动新闻客户端、微博、微信在内的各类网络平台采编发稿流程，建立健全内部管理监督机制。严禁网站不标注或虚假标注新闻来源，严禁道听途说编造新闻或凭猜测想象歪曲事实。各级网信办要切实履行网络内容管理职责，加强监督检查，严肃查处虚假、失实新闻信息。国家网信办有关负责人表示，将保持整治网络虚假新闻信息的高压态势，进一步健全有关法律法规和工作机制，不断规范网络新闻信息传播秩序。①

（2）网络舆论监督必须尊重他人隐私权

隐私权是指自然人享有的私人生活安宁与私人信息秘密依法受到保护，不被他人非法侵扰、知悉、收集、利用和公开的一种人格权，而且权利主体对他人在何种程度上可以介入自己的私生活，对自己的隐私是否向他人公开以及公开的人群范围和程度等具有决定权。隐私权是一种基本的人格权利。②

---

① 国家网信办加大力度整治网络虚假新闻［EB/OL］.（2016 - 07 - 03）［2016 - 09 - 21］. http：//www. cac. gov. cn/2016 - 07/03/c_1119175517. htm.

② 百度百科. 隐私权［EB/OL］. http：//baike. baidu. com/link？url＝oxb9sZCkyvEgOa6OKYk6mJQxBN DoAlUWuv_0TqKjacp15ROTYhs8vd3HDd8E2xA2TD - UQa - gDmVtMd8rQf38bK.

2010 年 7 月 1 日开始实施的《侵权责任法》中，隐私权作为一项独立的民法权利受到了保护。该法第二条规定："本法所称民事权益，包括生命权、健康权、姓名权、名誉权、荣誉权、肖像权、隐私权、婚姻自主权、监护权、所有权、用益物权、担保物权、著作权、专利权、商标专用权、发现权、股权、继承权等人身、财产权益。"首次以法律形式明确规定隐私权属于民法上的一种法定人格权。法律规定了隐私权的侵权责任形式和民事责任。

发生在 2008 年年初的被称为"中国网络暴力第一案""中国人肉搜索第一案"的王菲诉张乐奕和北京凌云互动信息技术有限公司、海南天涯在线网络科技有限公司侵犯隐私权、名誉权纠纷案就极具代表性。事情的起因是：31 岁的白领姜岩，因丈夫有婚外情跳楼自杀，并在自杀那天开放了自己的"死亡博客"，加之张乐奕在相关网站的主动披露，顿时在网上引起轩然大波。姜岩的丈夫王菲不仅在网上遇到声势浩大的声讨和追杀，还在现实中被解雇、被电话骚扰、被"大字报"讨伐，甚至有网友在王菲及其父母家门口围堵……① 2008 年 12 月 18 日，该案一审宣判，法院判决张乐奕和北京凌云互动信息技术有限公司侵犯了王菲的隐私权和名誉权，判令上述两被告赔偿王菲精神损害抚慰金 9367 元；海南天涯在线网络科技有限公司因在合理期限内及时删除了相关内容，被判免责。张乐奕提出上诉，二审维持了原判。公民的个人感情生活，包括婚外男女关系属于个人隐私范畴。本案中，张乐奕和相关网站将此事实在网站上进行披露，并将网页与其他网站相链接，扩大了该事实在互联网上的传播范围，使不特定的社会公众得以知晓，张乐奕和相关网站的行为构成对王菲隐私权的侵害。《最高人民法院关于审理名誉权若干问题的解答》第七条规定："对未经他人同意，擅自公布他人的隐私材料或以书面、口头形式宣扬他人隐私，致他人名誉受到损害的，按照侵害他人名誉权处理。"这是我国法律以名誉权方式对隐私权进行的间接保护。互联网网站作为网络信息的载体，其提供者有义务对自己的网站进行管理。国务院《互联网信息服务管理办法》第十五条规定："互联网信息服务提供者不得制作、复制、发布、传播含有下列内容的信息：……侮辱或者诽谤他人，侵害他人合法权益的……"第十六条规定：

---

① 丁一鹤．"人肉搜索第一案"的启示 [EB/OL]．（2009－12－17）[2016－09－30]．http://www.le-galdaily.com.cn/zmbm/content/2009－12/17/content_2006656.htm? node＝20349．

"互联网信息服务提供者发现其网站传输的信息明显属于本办法第十五条所列内容之一的,应当立即停止传输,保存有关记录,并向国家有关机关报告。"网络用户利用网络服务实施侵权行为的,被侵权人有权通知网络服务提供者采取删除、屏蔽、断开链接等必要措施;网络服务提供者接到通知后未及时采取必要措施的,对损害的扩大部分则需与该网络用户承担连带责任。本案中,海南天涯在线网络科技有限公司在王菲起诉前已将相关文章及回帖删除,履行了监管义务,故不构成侵权。

有学者提出,平衡网络舆论监督权和隐私权的冲突,在法律上可以考虑设立相应免责情形,包括:其一,当事人同意。任何人都有权利保护自己不欲为人知的隐私,也有权利允许他人介入自己的私生活,包括有权决定他人介入自己私生活的程度,这是隐私权利主体行使其权利的具体方式。其二,合法取得。若某行为经过法律特别授权,或者根据法律规则而获得授权,则可以免责。其三,已被合法公布或自愿公布的资料。若被公布的资料已经是路人皆知,法律便不再承认当事人具有该资料的隐私权。比较典型的有公共记录、已公开的私人事实、罪犯隐私以及罪犯身份信息等。其四,公共利益。为了社会共同利益而公开他人的个人隐私,只要不违反公序良俗原则,不具有粗暴性和攻击性的误导,都可以免除其隐私侵权责任。其五,公众人物。对公众人物的私生活予以舆论监督可以适用免责。公众人物隐私范围的大小取决于其参与社会公共事务的程度,参与公共事务越多,享有的隐私范围越小。[①]

(3)网络舆论监督必须尊重司法独立审判权

司法独立审判权又称为"审判独立",是一项为现代法治国家普遍承认和确立的基本法律准则。司法独立或独立审判原则的基本要求和内容主要包括三个方面:一是外部独立,二是内部独立,三是精神独立。外部独立指司法系统相对于司法系统之外的权力、影响的独立;内部独立是指司法系统内部作出裁判的法官、法官合议体(合议庭、审判委员会)之间以及他们所属机构之间的相互独立;精神独立实质上就是指法官个人人格方面的独立。

司法独立审判权是一种宪法权力。我国《宪法》第一百二十六条规定:"人民法院依照法律规定独立行使审判权,不受行政机关、社会团体和公民个人的干

---

① 鲍明明.论网络舆论监督的法制监督功能[D].南京:东南大学,2010.

涉。"司法审判的独立性是由司法权和司法活动的性质决定的。同时，司法机关作为国家机关，应该接受人民的监督，包括接受网络舆论的监督。

2010 年 10 月 20 日，西安音乐学院大三学生药家鑫驾车撞伤行人张妙，连刺八刀致后者死亡。"药家鑫案"之所以引起舆论关注，除了手段恶劣，更重要的原因在于案发后他接受采访时说的两句话，"撞伤不如撞死"和"农村人难缠"。于是，一起交通肇事引发的杀人案，还没经法院审理，舆论就已经喊杀声一片。在此期间，有关药家鑫是"富二代""军二代"等诸多小道消息经网络扩散到媒体，与被害人张妙挣扎在城市边缘的清贫身世形成鲜明反差。舆论中，真伪难辨的消息构成的贫富、官民之差，强烈刺激着普通民众的神经。当时网络上最受追捧的一种观点就是"要么药家鑫死，要么中国法律死"。① 2011 年 4 月 22 日，西安市中级人民法院一审判处药家鑫死刑，但网络民意并未停息。5 月 20 日，药家鑫案二审开庭。法庭外，张妙的同村友人甚至带来了鞭炮，准备在庭审结束后燃放来庆祝胜利。与此同时，网友也几乎呈现出一边倒的趋势。有人甚至在新浪微博上发起了"各地人民欢送药家鑫"的活动，并迅速得到了数千人的跟帖。当天中午，法院就作出终审判决，维持原判，并依法报请最高人民法院核准。宣判结果一出，法庭外就有围观群众放起了鞭炮庆祝。短短一个上午，仅新浪微博上关注药家鑫二审的帖子就已经超过一百万条，甚至有教授说："药家鑫一看就是个杀人犯。"大多数人都认为，只有药家鑫死才能证明法律还有公正。但汹涌的舆论浪潮仍未就此偃旗息鼓，即使在二审宣判维持死刑判决后，还有人担心最高人民法院是否核准，直到 6 月 7 日药家鑫被执行死刑。在一个法治社会，舆论可以也应该要求司法机关公正地审判案件，进行合理的监督，但绝不能要求法院直接判处被告死刑或者具体多少年，更不能"株连九族"，不分青红皂白，对被告的家人进行谩骂，这实际上是舆论对司法独立的过分干预。舆论需要回归理性。有网友说：法院作出死刑判决，是顺应民意，是舆论的胜利。这看似在赞扬法院，却是对司法独立的误解。一个公正的判决不是为了迎合民意，而是为了忠于法律。

司法同网络舆论虽然追求的都是社会的公平正义，但网络舆论的"感性"同

---

① 林厚美. 司法独立与舆论监督的边界［EB/OL］.（2011 - 12 - 12）［2016 - 09 - 25］. http://media. people. com. cn/GB/22114/70684/236615/16579202. html.

司法的固有"理性"存在无法避免的冲突。解决司法独立审判权和网络舆论监督权之间的冲突，需要采用利益平衡原则，构建网络舆论与司法的良性互动。一方面要依法独立审判，维护司法权威。在寻求构建网络舆论监督和司法公正的平衡关系上，首先要解决的就是司法独立，只有司法真正依法独立，才能有效地防止舆论的不当干预。另一方面，要扩大司法公开，畅通舆论表达机制。司法的独立性并不是说司法可以避开舆论的监督，而是要积极回应社会的关切，让公众参与和表达得到更宽的渠道和更坚实的制度保障。

客观上讲，作为社会监督的网络舆论监督不具有国家强制力保障，与司法权相对，处于相对弱小的位置；从网络空间法治发展大局观上看，网络舆论监督权的行使有利于网络秩序稳定和网络司法高效、廉洁，是为监督司法公正服务的。当网络舆论监督权和司法独立审判权的行使出现冲突时，司法权本就处于社会强势地位，为了更好地制衡权力，应该侧重网络舆论监督权的保护。在这方面，深圳市第三届人民代表大会常务委员会第三十五次会议于 2004 年 12 月 30 日通过的《深圳市预防职务犯罪条例》做了有益的尝试。该《条例》将新闻媒体的舆论监督权写入法规，规定新闻媒体应当对国家工作人员履行职务的行为进行舆论监督。新闻记者在预防职务犯罪采访工作过程中享有知情权、批评建议权和人身安全保障权。对新闻媒体揭露出的问题，主管部门应当在 7 日内进行全面调查，并向社会公布调查结果。对违反本条例规定的，不接受新闻媒体的舆论监督的，将由上级机关或主管部门给予批评教育。拒不改正的，监察机关或主管部门将对单位主要负责人和直接责任人员给予行政处分。新闻舆论监督只有在获得足够信息的基础上才能作出合理的评价，才能在公众知情的基础上形成舆论，达到监督的目的。因此，通过立法保障媒体采访权，进一步推动国家政治生活公开化、透明化，扩大公民的知情权和舆论监督参与度，这既是政治生活民主化的基本要求，也是新闻舆论监督的重要使命。① 2014 年 6 月 25 日，最高人民检察院检察长曹建明在同中央新闻媒体负责人座谈时表示，检察机关是宪法规定的法律监督专门机关，新闻媒体是舆论监督的重要主体。在发展社会主义民主政治进程中，检察机关的法律监督和新闻媒体的舆论监督都是重要的推动力量。各级检察机关要更

---

① 《深圳市预防职务犯罪条例》出台 [EB/OL]. (2004-12-31) [2016-09-26]. http://www.china-court.org/article/detail/2004/12/id/145885.shtml.

加自觉地接受新闻媒体对检察工作的舆论监督，要更加及时全面地提供信息支持，努力汇聚法律监督和舆论监督正能量，更好地促进国家法治建设，维护社会公平正义。①

---

① 曹建明. 积极推动法律监督和舆论监督良性互动 [EB/OL]. (2014 - 06 - 26) [2016 - 09 - 26]. ht-tp://www. gov. cn/xinwen/2014 - 06/26/content_2708216. htm.

第七章　国外网络空间法治比较借鉴

互联网技术是 20 世纪人类最伟大的技术革命之一，它为人类打开了网络空间之门。随着互联网技术的迅猛发展，网络空间的社会活动日益丰富，网络不可避免地成为有组织犯罪、恐怖主义、黑客、知识侵权、网络病毒、垃圾邮件、产业恶意竞争等各类非法活动肆虐的"灰色地带"，为此，世界各国一直在探索依法治理互联网的有效模式。

目前，世界主要发达国家在网络空间法治建设方面都取得了显著成效，虽然仍存在种种问题，但不失为后起国家进行网络空间法治建设的有益参考。合理借鉴国外网络空间法治建设经验，有助于我们更好地推进我国网络空间法治建设，推动我国网络空间法治水平不断提高。

一、国外网络空间立法比较借鉴

立法是法治的基础，国外网络空间法治体系中，立法具有十分重要的作用。以美国为首的发达国家对网络空间立法十分重视，其政府制定颁布的网络空间法规对于我国网络空间立法有着十分重要的借鉴意义。

（一）美国

作为世界领先的互联网大国，美国很早就在探索网络空间立法模式。美国的最高立法机关是国会，由参议院和众议院组成，负责互联网立法的讨论、听证和表决等，直接影响美国网络空间法律的制定。美国第一宪法修正案明确了言论自由基本权利的保护，这对于美国网络空间立法权形成制约。美国传统法律体系并不足以规制网络空间的社会活动。美国不断地制定新的法律，以适应互联网领域的发展。这其中，既有专门规制互联网的立法，也有部分条款涉及互联网规范的法律；既有整体规范，也有具体规定。目前美国已经基本形成了网络空间的立法框架。但从实际效果上看，美国网络空间立法规制还不足以达到政府预想的效果。

1.《电信法》

早在 20 世纪 30 年代，美国出现了空前的经济危机时，为了保障新兴的电信业平稳发展和加强电信业产业监管，于 1934 年制定了《通信法》。1996 年 2 月 1 日，美国参议院以 91 票对 5 票，众议院以 414 票对 16 票的绝对优势通过了新的《通信法》（Telecommunications Act of 1996），并于 8 日正式生效。这是 20 世纪末美国专门规制网络空间的重要法律。该法不仅对美国互联网发展有重要意义，也对世界网络空间立法有借鉴价值和深远影响。

1996 年《通信法》的生效代替了旧法，其内容主要包括三个方面的革新：第一，允许打破媒体间壁垒，各个不同的媒体市场之间可以相互渗透；第二，放宽媒介所有制和属性的限制，以充分促进市场竞争；第三，以立法的形式规范节目内容，尤其限制色情和暴力等低俗内容的传播。[①] 新《通信法》从根本上打破了媒体壁垒，促进了行业竞争，推动了互联网等新媒体的崛起，为互联网时代的媒体发展奠定了法律基础。

2.《数字千年版权法》

1998 年，美国共有 18 部和互联网有关的法律颁布，其中《数字千年版权法》（1998 Digital Millennium Copyright Act，简称 DMCA）是比较重要的一部。互联网发展早期，知识产权保护问题并没有引起人们足够的重视，但随着互联网技术的进步，网上侵犯知识产权的现象越来越严重，传统法律已经不能适应网络

---

① 郭庆光 . 21 世纪美国广播电视事业新构图——1996 年通信法的意义与问题［J］. 国际新闻界，1996
（6）：5－8.

知识产权保护的需要。在此背景下，克林顿政府于 1998 年 10 月签署了《数字千年版权法》，该法案主要把世界知识产权组织（WIPO）于 1996 年颁布的两项条约《世界知识产权组织版权条约》（WCT）和《世界知识产权组织表演与录音制品条约》（WPPT）纳入美国的《著作权法》中。同时，该法案还对《版权法》的部分条款进行了修订。

美国传统法律体系十分重视对知识产权的保护，针对网络空间特点，新的法律条款相应扩展了知识产权所有人的经济权利。例如针对互联网复制、传播便捷迅速的特点，法律规定所有对作品进行网络传播或数字化的过程均属于复制，这无疑对作品的复制权范围作了延展性的规定，大大提高了对版权人权利的保护程度。法律同时规定，如果复制者仅限于自己使用作品，没有大量传播，则不构成侵权。① 针对网络内容服务商应该在侵权事件中负有什么样的责任以及处罚程度的确定问题，相关条款规定，只有在版权人履行了通知义务并确认通知到位的情况下，才能认定网络内容服务商获悉侵权行为的发生，并对此负有有限责任。同时，为了防止网络内容服务商规避责任而对内容传播的质量不负责任，有关条款为其设置了"安全港"，如内容服务商在一定情况下可以只作为一种侵权信息的渠道而不用负赔偿责任，等等。

3.《爱国者法》和《国土安全法》

美国自"9·11"事件之后，加强了对公民言论自由的管控，随之而来的是迅速通过了两部法律，都与互联网发展有关，分别是《爱国者法》（The Patriot Act）和《国土安全法》（Homeland Security Act）。《爱国者法》在"9·11"事件发生之后 6 周即通过并颁布，是美国历史上第一部专门针对恐怖主义而出台的法律。这部法律出台的主要宗旨是赋予政府相关部门更大的权力以调查和打击恐怖犯罪。该法律对《通信法》《外国情报法》《刑事诉讼法》《家庭教育和权利隐私法》等诸多美国既有法律进行了修改和补充。

《爱国者法》主要从法律条款上确立了对网络传播内容、私人信息资料等进行监控和收集的合法性。例如该法规定，政府不仅有权力收集和截听公民的口头谈话内容、电话内容，而且有权力监控通过任何电子通信形式传递的各种形式的

① 苏哲. 美国互联网版权保护制度评析［J］. 天津大学学报（社会科学版），2002（4）：377-380.

信息，如文字、图片、声音、视频等。同时，政府有权力要求美国的电信服务商和运营商提供详细的客户信息资料，并不能让客户得知他们的信息已经被政府所获悉。法案第二百一十二款规定，允许电子通信和远程计算机服务商在为保护生命安全的紧急情况下，向政府部门提供用户的电子通信记录；第二百一十七款规定，特殊情况下窃听电话或计算机电子通信是合法的。①

《国土安全法》则进一步从法律上使政府的网络监控行为合法化，同时对互联网传播的监控也更加严密，力度进一步加大。相对于《爱国者法》，《国土安全法》中增加了进一步监控互联网和惩治黑客的条款。例如，依据《国土安全法》中"加强电子安全"部分的有关条款，提供互联网服务的企业或公司有义务按照有关调查机关的要求，把网络用户的信息、背景资料等呈交政府。还有条款规定，如果出现"危及国家安全"的情况，或"受保护的电脑"遭到袭击，当局无需事先征得法院同意，即可监视电子邮件和互联网上的其他相关信息；为保障政府机构和执法部门电脑系统的安全，《国土安全法》对网上黑客处罚也更严格，如果黑客在电子攻击中导致或企图导致人员死亡，最高刑罚可判终身监禁。②

《爱国者法》和《国土安全法》是美国政府在打击恐怖主义、维护国家安全的政治背景下通过的法案，这两部法律对于民众的言论自由进行了较强的规制，它可以看作美国国际国内环境发生变化使美国在个人自由权利和国家安全利益之间确立的新平衡点。

4. 《反垃圾邮件法》

2003 年 12 月 16 日，布什政府签署了《2003 年控制未经请求的侵犯性色情和营销法》（Controlling the Assault of Non—Solicited Pornography and Market-ing Act of 2003），该法案对于规制垃圾邮件具有开创性意义，在很多方面有重要的借鉴价值。其主要内容和特点有以下几点：

第一，对垃圾邮件的概念进行了法律界定。由于该法案的主要规范对象是商业电子邮件，作出的定义也侧重于商务领域。该法规定：商业电子邮件信息是指任何主要用于商业广告或推销一种商业产品或服务（包括为商业目的而运作的互

---

① 王靖华. 美国互联网管制的三个标准［J］. 当代传播，2008（3）：51-54.
② 李文云. 美国严密监控互联网［N］. 人民日报，2006-05-12（7）.

联网站点的相关内容）的电子邮件信息。①

第二，《反垃圾邮件法》规定了哪些情况属于不法行为，并相应规定了对不法行为的处罚措施。例如，法案第四款"禁止掠夺性和诽谤性的商业电子邮件"中规定，未经授权访问受保护的计算机并经由该计算机传送大量的商业电子邮件信息，或者以伪造标题资料、注册身份资料、IP 地址等方式误导或欺骗收件人接入互联网，发送商业电子邮件的，将视情节严重程度给予罚款或监禁的处罚。

第三，《反垃圾邮件法》中确立了 opt‐out 条款，中文可译为"事后同意"或"选择拒收"条款。其核心精神为，垃圾邮件发件人在发送未经请求的商业性电子邮件之前不必获得收件人事前同意，但是如果收件人在收到邮件后表示不同意继续接收类似邮件，则发件人不得再继续向其发送类似的邮件。② 该法案通过后在很多地方引起了持续的讨论，如关于垃圾邮件涵盖的范围，仅仅针对商业电子邮件似乎过窄，有人提出按照内容对垃圾邮件进行分类也有失偏颇；关于 opt‐out 条款也有很多人认为给了垃圾邮件制造者以规避法律的空隙，不像 opt‐in 条款那样严谨；同时该法案也没有赋予垃圾邮件受害人提起诉讼以维护个人权益的权利。

根据美国互联网犯罪举报中心 2009 年的数据，从 1 月到 12 月，在举报中心接到的全部互联网犯罪举报中，以联邦调查局名义进行的电子邮件诈骗案件居首位，占总举报数的 16.6％。③ 由此可见，虽然美国对垃圾邮件问题已有立法，但垃圾邮件在互联网发展中的负面影响仍将长期存在，如何更健康地促进电子邮件业务的发展，仍需世界各国进一步探索实践，而作为治理垃圾邮件的专门法规《反垃圾邮件法》，对于电子邮件业务法律规制的进一步完善奠定了十分重要的基础。

5. 保护隐私权立法

在互联网时代，隐私权保护的难度大大增加。在互联网上，一旦个人隐私泄露，将会被互联网成倍放大，影响远超传统媒体。当前，随着社会生活中各种业务往来被置于网上，个人资料信息被放入网络中，始终都有遭到泄露而造成个体

---

① 欧树军，译. 美国 2003 年反垃圾邮件法 [J]. 网络法律评论，2004（2）：275‐294.
② 志云. 一石激起千层浪——美国《2003 年反垃圾邮件法》评介 [J]. 互联网天地，2004（5）：30‐31.
③ 谢华. 美国的互联网犯罪 [J]. 人民公安，2010（13）：57‐60.

隐私权被侵犯的危险。

隐私权是重要的人身权利。美国早在 1974 年就制定并通过了《隐私权法》，形成较为完善的隐私权保护法律体系。互联网的兴起使隐私权保护问题受到新的挑战，网络传播的迅捷性、隐蔽性使得任何一个人的个人隐私随时都有可能被暴露在整个网络空间中。对此，美国在 1986 年通过了《电子通讯隐私权法案》。1997 年 10 月，克林顿政府在《全球电子商务发展框架》报告中把保护隐私权作为网络空间发展的一项基本原则提了出来。1998 年，美国政府再次制定发布了《儿童网上隐私保护法》，不断加大立法力度以适应包括网络空间中个人隐私权的特点。

《电子通讯隐私权法案》至今仍然对美国的互联网隐私权保护有着重大的作用和影响。例如，它禁止政府、个人和第三方在未经授权的情况下进入、截获以及公布个人的电子通信内容，是公众隐私权保护的重要法律依据。1998 年通过的《儿童网上隐私保护法》，要求网站或其他网络内容服务商在收集 13 岁以下儿童个人信息时必须获得家长确切的同意；同时，法案要求网站的运营者必须采用和保持合理的程序确保收集的儿童信息保密、安全、准确和完整。①

美国对网络隐私权的保护十分重视，但是在技术不断更新的情况下，立法的脚步总会有所滞后，要想解决好网络隐私权保护问题，即使是美国，也仍需不断探索。

6. 保护未成年人立法

互联网发展至今，很多有害信息也散布于网络世界，如色情信息、恐怖主义、种族歧视等。为了保护未成年人的身心健康，尤其是避免以色情信息为主的不适宜内容侵蚀，美国自 1996 年开始先后通过了《通信内容端正法》（Communication Decency Act，简称 CDA）、《儿童在线保护法》（Child On-Line Protection Act，简称 COPA）、《儿童互联网保护法》（Children's Internet Protection Act，简称 CIPA）等，以严格监管色情等信息的传播。这几部法律的主要精神包括：禁止向 18 岁以下的未成年人传播色情信息，清除父母为限制孩子接触色情信息而使用过滤技术的障碍，在电脑中安置色情信息过滤芯片或软件，等等。

① 王勇. 论美国网络隐私权法律保护的缺陷 ［D］. 北京：对外经济贸易大学，2001.

但这几部法律在通过几个月或几年后均遭遇到共同的命运，被最高法院或州法院判决违宪或部分条款违宪，这也对保护未成年人立法构成了挑战。通过美国政府未成年人保护立法的努力和结果可以看出，仅仅依靠法治来规制互联网带来的社会问题是远远不够的，仍需结合其他有益手段，与立法构建形成合力，才能更好地保护未成年人。

作为网络技术先进、网络活动发达、司法体系完善的国家，美国在网络空间立法领域中一直处于领先地位，虽然仍存在诸多不足，但是在一些重要问题上，尤其在处理信息技术快速发展和立法相对滞后的矛盾上，美国的做法十分具有借鉴意义，值得我们更多地关注和学习。

（二）德国

德国网络空间法律规制的特点集中表现为"自由"与"规制"并重。立法是其主要的管理手段之一。

1.《多媒体法》

1997 年 6 月 13 日，德国通过了世界上第一部全面规范互联网空间的法律，即"规定信息和通信服务的一般条件的联邦法令——信息和通信服务法"，简称《多媒体法》，该法于当年 8 月 1 日正式实施。德国前教育、科学、研究与技术部部长于尔根·瑞特格斯博士曾自豪地说："联邦政府的多媒体法为电子商业确立了发展方向，德国以其崭新的多媒体法成为全球范围内在网络这个未来型产业中的立法先驱。"[①]

《多媒体法》共 11 章，在其全部内容中，只有前三章是新制定的法律条文，分别为电信服务法（The Tele‐Service Act）、电信服务数据保护法（The Data Protection Act）和数字签名法（The Digital Signature Act）。第四章至第九章则是对既有法律，如《刑法典》《著作权法》《危害青少年道德的出版物传播法》《违反治安条例法》《价格法》等的修订。最后两章分别为恢复行政法令的统一次序和生效。

---

① 唐绪军. 破旧与立新并举，自由与义务并重——德国"多媒体法"评介［J］. 新闻与传播研究，1997（3）：55‐61.

根据中国社会科学院唐绪军对德国《多媒体法》的详细解读，该法在内容上确立了 5 个中心性原则：一是自由进入的原则；二是对传播内容分类负责的原则；三是网上网中数字签名的合法性原则；四是保护公民个人数据的原则；五是保护未成年人的原则。① 通过这 5 个原则可以看出德国在互联网管理中所体现出的核心思想，即自由与规制并重。自由进入的原则确保了网络市场的开放性和低门槛性，对于公民个人权利尤其是未成年人的保护则体现出德国政府对网络进行合法合理规制的决心。

虽然这是第一部专门针对互联网进行规范的法律，但是在综合性和全面性上可圈可点，对各国立法都具有很大的启发性和借鉴性。该法对从保护公民隐私、数字签名、网络犯罪到未成年人保护等都有相关规定，比如它明确规定在网上传播色情、谣言、诽谤、纳粹言论、种族主义言论等为非法。其中，较为核心的内容主要包括以下几点：

一是对电信服务提供者的法律责任作了分层处理规定。其基本原则是：第一，服务提供者对其所提供的网上信息内容负全部责任；第二，服务提供者对其所提供的来自第三者的网上信息内容只有在一定的条件下才负有责任，这一定的条件是，服务提供者了解该信息的内容、在技术上有可能并且理应阻止其使用；第三，服务提供者对那些只是通过他们促成使用的第三方的网上信息不负有责任。该规定明确了电信服务提供者在何种情况下负何种责任，在规制的对象上可谓抓住了一个颇为棘手的问题，是具有先见力和洞察力的。事实证明，电信服务提供者和信息来源之间的关系经常成为网络侵权诉讼中的核心关系之一。

二是对个人数据的保护成为《多媒体法》的重要组成部分。网络技术的发展逐渐渗透到社会生活的每一个角落，数据的大量传输和交换成为须臾不可缺少的网络功能。大量的个人数据在计算机上的储存、上传和使用成为信息流动和交换的重要部分，这既方便了管理和使用，但同时个人数据的保护也成为一个难题，一旦有人妄图对所掌握的个人信息进行非法传播或使用，则是非常简单和容易的操作。该法的基本原则是：通过法律对个人数据实行有效的保护，同时也考虑到电信服务经营活动的实际需要；法律要求服务提供者应尽量少地收集个人数据，

---

① 唐绪军．破旧与立新并举，自由与义务并重——德国"多媒体法"评介［J］．新闻与传播研究，1997（3）：55－61．

必需收集时，使用者有权知道他所提供的个人数据用在了何处；同时又规定，服务提供者欲将这些数据挪作他用时，应事先征得使用者的同意。《多媒体法》在互联网发展的初期已经认识到个人数据和隐私安全的重要性问题，因此在法律中对此作了相对完善的保障性规定，这对于网络空间中个人数据的保护具有重要的法律意义。

三是对数字签名的法律规定。电子商务是互联网空间最重要的事务之一，网络无疑迅速促进了世界经济的发展，改变了经济交往的模式，信息传输技术的发展对经济活动的效率有很大的提升。同时，电子商务的安全也成为相应产生的问题，网络经济犯罪已经逐步发展为互联网问题治理中的一大难题。《多媒体法》通过对概念、主管部门、证明程序和数据保护等方面的规定，勾勒出了关于数字签名的法律框架，从而为电子商务活动及网络电子通信提供了相应的法律保障。

四是对未成年人保护的规定。保护未成年人的身心健康，使其免遭互联网不适宜内容的侵害是当今各个国家都致力解决的问题。在这个过程中很容易发生表达自由和政府规制的冲突，因为要想对互联网上传播的内容尤其是色情类信息进行完全控制是非常困难的。

《多媒体法》中对未成年人的保护原则主要如下：一是修正《刑法典》和《违反治安条例法》的相关条款，把《刑法典》中著作权的概念扩大到电子网络上来，谁提供了严重危害青少年身心健康的不法内容，谁就得受到刑事追究；二是由危害青少年出版物联邦检查处将有害青少年身心健康的内容记录在案，只有当这些内容通过技术手段确保未成年人无法获得方可传播；三是如果网络服务提供者在其所提供的信息中有可能包含有害青少年身心健康的内容，就有义务接收政府委派的"青少年保护特派员"指导其业务。[①] 其中的第三项原则把政府和企业各自的功能优势结合了起来，以更有力地对互联网内容进行规范管理，保护未成年人不受不良信息的侵害。这对于各国互联网的管理具有启示意义。关于其中具体的举措，《多媒体法》中都有详细而明确的规定，网络服务商如果既没有接受"青少年保护特派员"的指导，又没有履行自律义务，就被视为违反了行政法规并负相应的法律责任。

---

① 唐绪军. 破旧与立新并举，自由与义务并重——德国"多媒体法"评介 [J]. 新闻与传播研究，1997
　　(3)：55－61.

通过《多媒体法》可以看到德国对网络内容调控的严厉性和严密性，但同时其又不失时机地规定了网络的自由准入原则。因此，德国的网络管理原则更趋向于在"自由"和"限制"之间取得一种平衡。

2.《青少年媒介保护国家条约》

2003 年 4 月，德国政府通过了《广播电视和电信媒体中人格保护和少年保护国家合同》，又称为《青少年媒介保护国家条约》。在该条约中，详细规定了互联网上不允许向青少年提供的十种有害内容，主要包括：反对自由民主基本制度或民族和解的宣传材料；使用《刑法典》规定的违宪组织标志；宣扬种族主义；辱骂、诽谤或对人格尊严进行侵犯；宣扬纳粹主义；宣扬暴力；颂扬战争；通过展示正在或已经死亡或承受身体上或精神上严重痛苦的人，重现真实的场景，但却不存在运用这一展示或报道形式的正当利益的；展示儿童或少年非自然的强调性别的身体姿势的；宣扬色情、性虐待等不良性内容的。[①]

该法令主要为了保护青少年健康使用互联网而推出，同时也展现了德国对互联网进行法治规制的坚强决心。此后，该法令几经修改。2010 年 6 月，德国各联邦批准了《青少年媒介保护国家条约》的最新修改版本，新《青少年媒介保护国家条约》于 2011 年 1 月 1 日正式生效。在新条约中，重点规定和推出了互联网内容分级制度。

在内容分级制度正式出台之前，德国政府通过在线问卷调查，将德国所有网站、内容提供商、电信服务商及各大网络媒体提供服务的内容作了考察和分类，如其内容服务中是否包含色情、暴力等不适宜内容。根据问卷结果，德国政府规定了各网站及服务商的分级情况，要求各大网站和服务商为提供的网络内容设置年龄许可标志。这一措施同时配合了过滤软件等技术手段，目的是使青少年在登录互联网时只能看到其年龄允许接触的内容。目前德国网络内容分级标准分为 6 岁以上、12 岁以上、16 岁或 18 岁以上（可浏览）三个年龄级别。[②] 这部法规再次加大了德国使用立法对互联网进行监管的力度，体现了法律规制在德国网络管理中的重要角色。

---

① 郝振省. 中外互联网及手机出版法律制度研究 [M]. 北京：中国书籍出版社，2008.
② 崇山. 德国：网络分级助力青少年健康成长 [N]. 法制日报，2010 - 10 - 26（8）.

对网络内容进行分级管理已经成为很多国家正在探索并实施的规制手段，尤其是针对青少年网络使用群体。但是其实施起来的技术难度是非常大的，毕竟互联网不同于电影或者电视剧，它的信息流动快、更新快而且互动性强，不同于一经制作完成就不会改变的传统媒体内容如电影、电视剧等。同时，它的合法性、合理性以及可行性等都需要经过严密论证和大量的前期准备工作。

以上两部法律是德国针对网络规制而推出的两部专门立法。此外，《刑法》《商业法》《青少年保护法》等既有法律的相关条款也同样适用于对互联网的内容规制。德国网络规制的特点就是在立法内容上体现出自由与规制并重。配合立法的手段，德国还建立了严格的执法队伍，以保障法治的实施。德国政府的这种规制理念仍然体现了在个人利益和公共利益之间作出权衡的原则，只是这种权衡原则因国家不同而标准不同。

德国不仅通过专门立法来规制互联网，而且对普通法的适用范围作了延伸，来限制不适宜内容的传播。例如，德国《刑法典》第一百三十一条，其条目名称是暴力描述，处罚的对象是向 18 岁以下的人发表或者转播"暴力描述""非人道"言论的人。[①] 根据该条款，在互联网上向未成年人传播暴力或非人道言论，同样触犯了法律，应受到相应的制裁。同样情况，德国关于限制传播纳粹言论及相关标志、行为的法律一应俱可适用于互联网管理。

（三）新加坡

当前，新加坡已经基本形成了网络空间立法框架，其中主要的内容包括：一是对互联网实行注册登记制度；二是明确规定了互联网内容服务商和技术服务商的责任；三是确定了新加坡互联网管理的重点领域；四是强调行业自律和用户自律相结合。

1.《新加坡互联网行业准则》

新加坡广播局早在 1997 年 10 月就制定了《新加坡互联网行业准则》，[②] 这个准则对于指导新加坡网络事业的发展具有重要意义，阐释了新加坡互联网规制政

---

① 邢璐．德国网络言论自由保护与立法规制及其对我国的启示［J］．德国研究，2006（3）：34 - 38.
② 钟新，译．新加坡因特网行业准则［M］//陈晓宁．广播电视新媒体政策法规研究．北京：中国法制出版社，2001.

策主要思路和内容，对一些不明晰问题的提出和解决也具有启发性，奠定了进一步讨论的基础。在这个准则中，提出了对互联网发展具有政策导向性的七项根本原则，在其条文的基础上简要解析如下：

第一，政府完全支持互联网的发展，因为互联网已经不仅是重要的传播媒介，而且集信息、教育和娱乐等功能于一体；第二，互联网规制重点集中在公共教育、行业自律、主流网站等方面，基本原则是进行最低程度的限制，同时对互联网管理实行透明许可证制度，这种制度要建立在反映新加坡社会价值观的基础上；第三，对于互联网传播信息的规制对象主要是信息提供者，个人或公司私下接受或传播信息不在规制之列，如以电子邮件、即时通信等方式进行信息交流等；第四，对于互联网的规制更加注重涉及新加坡国家利益和社会利益的问题，以民族和宗教内容为例，政府只干预有可能引发民族冲突或宗教仇恨的内容传播；第五，对传播色情信息的网站，尤其是可能对未成年人带来负面影响的色情信息传播将是法律规制的重点；第六，在对互联网服务的规制上，采取相对宽松的政策，如违反法律法规的责任人在政府有关部门采取行动之前有一次改正错误的机会；第七，由于互联网的开放性和发展的迅即性，政府欢迎各行业和公众随时提供反馈信息，以使政府的法规制定准确反映技术进步与社会发展带来的问题。

在该行业准则中，还有几处比较具有亮点的条款。如第十四款规定，侵犯性内容主要包括色情、暴力以及可能削弱新加坡民族与宗教和谐的内容，同时在第十五款解释道，该标准比较宽泛，原因在于根本不可能对每一种侵犯性内容下定义，因此任何被举报涉嫌传播侵犯性内容的网站都将被列为审查对象。该准则鼓励内容服务商主动抵制侵犯性内容，但并不强制要求他们监控互联网信息传播和用户的网上活动。

在界定不适宜内容传播的责任问题上，该准则非常明确地规定了网络内容的主要责任人是网络作者而不是内容服务商或技术服务商，同时规定内容服务商和技术服务商不必监视或预先审查互联网内容，只需要根据政府的有关规定拒绝刊登和载入禁止的内容即可。这些条款对于互联网内容和技术服务商提供了保护性，使他们只需和政府协调配合，而不用去监管用户及其内容传播，为网络产业的发展提供了空间。

在对于国外站点的链接问题和责任归属上，该准则也有明确规定，就是鼓励国外互联网站在新加坡开辟镜像站点，但是国内的内容服务商应当对有关超链接的境外网站进行评估，以确定其是否含有禁载内容。如果事后发现某些链接网站出现禁载内容，政府不会追究内容服务商的责任，但要求其必须在发现问题后取消这类链接。

2.《新加坡互联网运行准则》

几乎与互联网行业准则的出台同时，新加坡广播局制定并公布了《新加坡互联网运行准则》（以下简称《运行准则》）。同行业准则体现了政策的宏观层面的导向性相比，《运行准则》更加注重实践层面的具体操作。《运行准则》出台的依据是新加坡《广播法》中的规定：广播服务不得违反公众利益、公共秩序与维护民族和睦的责任，并保证节目的正派、有品位。[①]

《运行准则》的宗旨在于要求网络内容服务商和技术服务商尽最大努力保证所有被禁止传播的内容不通过互联网传播到新加坡的网络用户。当新加坡广播局通知发现某些站点含有禁载内容时，要求 ICP 和 ISP 关闭这些站点的通道。同时，对于网络新闻、网络论坛及其他类信息节目，一旦发现法律法规禁载的内容，ICP 和 ISP 应该拒绝接受或使用这类内容。

《运行准则》中明确规定了禁止传播的内容主要包括违反公众利益、社会道德、公共秩序、社会安全、国家安定以及其他新加坡适用法律禁止的内容。此外，准则在后面 3 款条文中以更加细化的方式规定了禁止的内容，如以使人刺激的方式描写性、详细和赞赏地描写极端暴力和残忍的行为等。同时准则也考虑到需要考察以上的这些内容是否具有医学价值、艺术价值等，并可以申请由传媒发展管理局来认定。

为了保护网络内容服务商和技术服务商的积极性，运行准则还规定了免责条款，如两者在接到政府通知后，立刻关闭登载禁止内容的网站链接，即可免责，按照政府要求取消订阅禁止内容的新闻组即可免责，等等。

3. 维护国家安全立法

针对互联网对国家造成的安全威胁，新加坡政府在法律规制上绝不留情，采

---

① 王宇丽，译. 新加坡因特网运行准则［M］//陈晓宁. 广播电视新媒体政策法规研究. 北京：中国法制出版社，2001.

用传统立法和专门立法相结合的方式。其《国内安全法》中早就规定，政府有权逮捕任何涉嫌危害国家安全的人。《煽动法》规定，任何行为、言论、出版或表达，只要含有对政府或司法不满，或在国民中煽动仇恨或种族之间制造对立等内容，均定为煽动罪。这些既有法律都完全适用于互联网的法律规制。2005 年 9月，3 名新加坡青少年因在博客上发布种族主义言论，被以违反《煽动法》为由分别判处不同程度的监禁、罚款和其他指控。

2003 年，新加坡修订了 1998 年通过的《滥用计算机法》，旨在应付日益严重的网络犯罪及其对国家安全的威胁。根据修订后的法律，新加坡安全机构可以在互联网上"巡逻"，一旦发现企图利用互联网进行破坏行为的黑客，立刻采取有关措施予以制止或惩治。根据法律规定，一旦违反相关规定，将被处以最高 3年有期徒刑或 1 万新元的罚款。

4. 反垃圾邮件立法

2004 年 5 月，新加坡公布了反垃圾邮件法令的草案，规定通过电子邮件发送广告必须注明是"广告信息"，同时发送者必须使用真实的电子邮件地址，否则将受到民事诉讼。

（四）韩国

韩国在互联网立法上采用将现有法律和专门立法相结合的方式调节互联网的运行。这样做的好处是可以把现有法律中适用的部分运用到互联网管理中。毕竟广播、电视等法律法规中有一部分内容和互联网有相近的地方，既有法律相对来说比较成熟，无论是管理部门还是执法部门都容易配合。其缺点是既有法律不可能完全适应互联网的"语境"，因为不管是技术还是传播的方式都有很大的改变。在这样的情况下，重新制定专门的法律就成为其互补"动作"，新的法令既可以填补既有法律的不足和空白，同时更加具有针对性。

1. 既有法律

在既有的法律中，《未成年人保护法》《国家安全法》《反色情法》等法律均涉及互联网内容的规制。同时，为了适应互联网的发展，政府也对一些法律作了相应的修订，如《未成年人保护法》修订后规定，高中以下学生禁止在晚上 10

点以后出入网吧，从而加强了对未成年人的互联网使用管理。在《有关性暴力处罚和受害者保护法》中明确规定，对于利用互联网或手机制作和传播色情信息者可处以"2 年以下劳教或 500 万韩元以下罚款"的处罚。①

2. 专门立法

韩国的媒体规制传统使政府在 20 世纪 90 年代初就意识到要及早涉入网络管理中，因此韩国 1995 年就通过了《电信商务法》并成立了信息传播伦理委员会，在上述内容中已经有所提及。2001 年，信息传播伦理委员会相继颁布了两部法令——《不健康网站鉴定标准》和《互联网内容过滤法》。这两部法令出台的主要目的在于为互联网的内容技术审查提供法律依据。

近年来，博客、播客、即时通信等新媒体形式不断创新和发展，韩国相继出台了《促进利用信息和通信网络法》《电信事业法》《促进信息化基本法》等法律。其中《电信事业法》明确规定，传播淫秽信息、通过黑客手段攻击电脑和网络、传播电脑病毒等属于非法行为，应严格禁止。② 2000 年 7 月，韩国制定了《促进利用信息和通信网络法》，该法规定：韩国信息和通信部可以开发技术过滤软件，政府有权对互联网内容进行分级，个人权利受到网络侵害的可以要求网络服务商删除相关内容或发表辩护文章等。同时，韩国也在加大对个人信息的保护力度，以从立法上保障国民的正当权益。

3.《媒体法》的修改及争议

2009 年 7 月 22 日，以执政的大国家党为主的韩国国会议员在国会强行通过了部分内容存在争议的《媒体法》。本次韩国《媒体法》修改事件历时半年多，在韩国各党派和社会中引起了巨大争议。2008 年 12 月，韩国大国家党首次提出媒体法修改提案，其中共包括 7 项法律的修改，分别是《报纸法》《舆论仲裁法》《广播法》《互联网多媒体广播产业法》《无线电法》《无线电视广播的数字转换特别法》和《信息通信网利用促进和情报保护法》（简称《通信网法》）。③ 该提案最核心的内容是要求允许韩国的报业进入电视经营领域，以打破 2005 年《报纸

---

① 顾金俊. 韩国如何应对网络和手机色情传播［N］. 光明日报，2009-12-24（8）.
② 艾云. 韩国互联网信息安全治理结构和特点［J］. 信息网络安全，2007（12）：60-63.
③ 王刚. 韩国新媒体法呼之欲出［N］. 法制日报，2009-07-14（6）.

法》所设立的经营壁垒。同时还包括，如果在互联网上对别人进行诽谤和侮辱等行为，将受到处以罚金等处罚。

虽然韩国报纸行业的垄断地位仍然不可撼动，但随着互联网的发展壮大，传统报纸的影响力和关注度在逐步下降。根据韩国首尔大学的一项调查，韩国的电视台尤其是占垄断地位的 KBS、MBC、SBS 三家电视台的影响力远远超过网站和报纸，而网站的影响力又超过报纸。该提案的主要争议集中在修改后的《媒体法》是否会造成进一步的媒体垄断。

在野的民主党认为，一旦允许报业进入广电媒体领域，将可能导致大量的资本注入，从而引起媒体市场垄断的进一步扩大，这将损害新闻自由和舆论的多元化。大国家党则认为，不允许报业进入广电经营领域，本身就是一种垄断行为，在信息技术发展的背景下，必须打破这种垄断，促进市场的自由竞争。韩国社会对此也意见不一，有的韩国媒体研究人员认为，广电公司可以拥有报纸的股份，但报纸却不可以涉足广电经营，这不利于市场的进一步竞争。韩国广播电视通信委员会委员长崔时仲表示："世界各国正在通过消除行业壁垒，全力培育全球化媒体企业。各国希望培养媒体产业具有的无限潜力，为经济危机以后全球媒体地位的洗牌做准备。"①

《媒体法》提案争议，仍然是韩国政党之间的斗争在媒体界的体现。由于传统报纸行业的保守性和垄断性，加上背后强大财团的支持，无形中成为韩国保守派的代言，但其舆论影响力的下降让大国家党和有关财团感到担心，因此他们必须提升报纸的舆论影响力。民主党之所以极力反对该提案的通过，目的也在于阻止大国家党及其媒体势力扩大"地盘"，成为其舆论声音的反对者。《媒体法》修改提案的通过势必会对未来韩国的媒体发展格局产生重要影响，对韩国政治的影响也将日渐显现。

二、国外网络空间守法比较借鉴

网络空间传播的匿名性、复杂性等决定了网络空间规制仅仅靠政府部门立法是不够的，还需要全社会共同形成守法的良好氛围。世界主要国家都十分重视网

---

① 王刚. 韩国新媒体法呼之欲出 [N]. 法制日报，2009 - 07 - 14 (6).

络空间守法的建设，主要包括行业自律机制和公民道德教育两个方面，从而形成行业内自我约束、公民主动守法的有序网络空间。

（一）美国

在传统的新闻业发展中，世界各国都高度重视新闻职业道德建设，并在长期的实践过程中逐渐形成一套独立体系，作为对新闻业法治管理的有益补充。美国更是如此。但互联网具有不同于以往媒体的特点，无论在传播模式还是手段上都有革命性的变化，和政治、经济、文化、社会之间的关系也越来越密切。因此，虽然有传统媒体规制的经验作基础，但网络自律建设和伦理道德建设实际上需要重新研究和实践。美国也十分注重通过自律手段和技术手段来规制互联网。

在互联网时代，新闻准入的门槛越来越低，通过博客、微博等社交平台，个体很小的事情都可以成为新闻，也都有成为热议话题的可能性。信息门槛的降低导致信息的真实性、可靠性也大为下降。虽然美国对网络空间立法方面十分重视，但在网络空间法律规制的作用十分有限，更何况美国宪法第一修正案对言论自由的保护更加掣肘法律的规制作用，所以美国十分注重倡导行业自律、公民守法，从而由政府、行业、公民共同维护良好的网络秩序。

美国的网络空间守法主要包括两个方面：一是政府制定相关导向性政策，鼓励行业组织具体制定规范并进行操作，对相关企业进行教育和引导。通过行业组织辅助监督网络秩序，既有助于维护本行业基本权益，也有助于保护本行业健康发展，同时减轻了政府负担，实现社会管理的分工合作。二是政府通过教育和技术手段直接引导公民守法。例如通过广泛的公众教育，呼吁家长加强保障儿童不受网络不适宜内容侵害的力度。为了给予个人自律以比较适宜的手段和方法，美国政府在充分保障公民表达自由、隐私权和其他相关权利的前提下赋予网络终端用户有效的技术和方法，使用户本人自觉自愿地对不适宜网络传播内容进行有效的规制。虽然美国网络空间守法已经取得了一定效果，但美国相关调查研究表明，互联网领域职业道德自律的状况并不使人满意，自律机制仍待进一步完善。

1. 关于隐私权的自律

虽然美国国会和政府也针对隐私权的保护进行了立法，但行业自律近年来成为其主要发展模式。美国网络隐私权的自律保护形式主要有两种：建议性的行业指引和网络隐私认证计划。

建议性的行业指引是由网络隐私权保护的自律组织制定的，参加该组织的成员都承诺将遵守保护网络隐私权的行为指导原则。[①] 在这种机制下，加入行业组织的成员可以制定本行业的网络隐私权保护准则。当前美国最典型的网络隐私权自律组织当属美国隐私在线联盟（Online Privacy Alliances，简称OPA），其成员包括雅虎、迪士尼、美国在线等100多家成员单位。其制定的隐私指引包括：同意采取并执行隐私政策；应全面公布和告知其隐私政策；选择与同意；信息数据的安全；信息数据的质量和接近等。

网络隐私认证计划是一种类似于商标注册的网络隐私认证标志张贴形式，它要求那些张贴其隐私认证标志的网站必须遵守相应的行为准则，并服从多种形式的监督管理。[②] 网络隐私认证计划最大的优势在于，公众可以通过张贴的标志迅速判断网站是否遵守有关的隐私权保护准则或公约。这种认证在一定程度上赋予了网站以信誉等级和公信力。目前，美国国内存在多种形式的网络认证组织，如电子信任组织（TRUSte）、商业促进局在线组织（BBB online）、网誉认证（CPA Webtrust）和互动式数字软件协会（DSA）等。

2. 打击色情网站

美国政府特别注重非政府组织和行业团体在打击色情信息传播中的重要作用，鼓励其积极开展打击色情网站的活动。例如，这些组织或团体可以通过相互合作，加强对色情网站及其服务器的追踪和定位，一旦发现传播色情信息的网站，就可以向美国联邦调查局等政府部门举报。美国儿童网站协会在保护未成年人不受色情网站侵害的行动中已经向政府部门举报了数千家色情网站，充分发挥了行业团体的优势和作用。另外，美国的一些企业也参与到打击色情网站的行动中，美国互联网服务商韦里孙通讯公司、时代华纳公司以及移动通信运营商斯普林特通信公司等曾联手封杀全美范围内的儿童色情网站及论坛。[③]

---

① 徐敬宏. 美国网络隐私权的行业自律保护及其对我国的启示 [J]. 情报理论与实践，2008（6）：955-957.

② 王贵国，蒋新苗. 国际IT法律问题研究 [M]. 北京：中国方正出版社，2003.

③ 张恒山. 透视美国互联网内容监管的主要内容和措施 [J]. 中国出版，2010（13）：56-60.

3. 公众自律意识教育

仅仅依靠行业组织的自律还不足以控制网络不良信息，加强公众自身的守法意识，使他们自觉过滤和控制网上的内容，是美国政府推行的又一重要举措。例如针对互联网上的病毒、恶意攻击等，美国政府广泛宣传信息技术，加强公众对网络安全性的认识，提高防范水平。为了保障青少年的合法权益，规避网络上的色情等不良信息，美国新泽西州成立了由青少年组成的"网络天使"志愿组织，其宗旨是为家长和青少年讲解如何防范和规避网络上的不良信息。这些青少年都接受了美国联邦调查局等政府部门的培训，成为青少年守法行动的典范。

(二) 新加坡

新加坡也十分注重加强网络空间守法的建设。一方面，新加坡政府十分注重通过教育进行道德引导，向公民宣传维护网络公共道德的重要性；另一方面，新加坡政府也鼓励行业自律，通过企业和非政府团体，加强对互联网的监管，及时纠正不良现象。

1. 道德引导

1991年，新加坡国会通过了关于"共同价值观"的白皮书，其主要内容包括：国家至上，社会为先；家庭为根，社会为本；社会关怀，尊重个人；协商共识，避免冲突；种族和谐，宗教宽容。① 在此基础上，新加坡政府规定，媒体"不得与政府提倡的社会价值观相违，尤其禁止传媒进行鼓励、放纵和渲染淫秽色情的内容和极度暴力的内容，以维护社会道德和信仰的安全，从而维护政府的统治及民众思想的净化"。② 由此可见，新加坡的媒体规制中，公共道德和社会价值观的准则要高于表达自由权利，这是新加坡政府在均衡原则中的取舍。

近年来，新加坡积极推动公共教育计划，敦促家长指导孩子正确运用互联网，以减少互联网使用的负面影响，尤其是要重视网络对未成年儿童的侵害。1999年11月，新加坡广播局成立了一个志愿者组织——互联网家长顾问组，专

---

① 王靖华. 新加坡对大众传媒的法律管制 [J]. 东南亚纵横，2005（2）：33-37.
② Rodan Garry. The Internet and Political Control in Singapore [J]. Political Science Quarterly, 1998, 113（1）：80.

门指导家庭中父母教育孩子正确使用互联网。自成立以来，该组织积极开展活动，如以讲座、培训班等形式辅导家长提高互联网技术运用技能，增强家长自身的媒介素养，促进他们对孩子使用互联网的控制和调节。

2. 行业自律

新加坡政府更倾向于有法可依和执法必严，但是互联网媒体的特性给执法带来了挑战。新加坡一向被称为"警察国度"，但传统的执法手段已经无法跟上信息技术发展的步伐，仅从执法人员的数量上来看已经远远不能满足需求。因此，新加坡也在互联网管理中大力提倡行业自律。

新加坡的行业自律机制主要从企业、团体、非政府组织等行业层面和家庭层面构建。1998 年，新加坡互联网咨询委员会（NIAC）提出了加强行业自律的建议，目的是配合法治进一步规范互联网的发展。2001 年 2 月，在征求互联网用户意见和建议的基础上，政府部门和互联网企业联合出台了一部行业自律规范——《行业内容操作守则》。该守则不具有法律强制性，但采用该守则的网络服务商和内容提供商必须按照守则实施。目前，新加坡三家最主要的网络技术服务商星枢网、太平洋网和新加坡网都已经采用了《行业内容操作守则》。

该守则的主要内容包括：第一，公平竞争。被纳入该守则的互联网企业必须在经济和技术上保持平等的地位，不能因为一方处于劣势而受到歧视。第二，自我监督。采用该守则的企业不得在网络上故意传播法律明令禁止的内容，要将不同的信息按照内容进行分级和区分，更要保障互联网用户的个人信息和隐私权。第三，为用户服务。建立内容过滤机制和投诉解决机制，尽量做到较好地解决各种用户提出的问题。

（三）韩国

韩国近年来不断推行网络道德教育计划，以增强国民的媒介素质和自律意识。韩国的网络道德教育主要包括以下几个层面：第一，通过政府机构和媒体渠道进行宣传教育，借助政府的号召力和媒体的影响，提高国民对网络道德和自律的重视。第二，通过街道、学校、社会团体等非政府组织开展网络道德教育宣传。第三，加强教育，及早抓起。韩国教育部门在中小学教科书中增加了有关网络道德、伦理和自律的内容，同时要求教师进修相关课程。

2009 年 8 月起，韩国广播通信审议委员会和互联网振兴院共同提出"用手指尖打造 E 世界"的口号，在全国范围内推出青少年网络道德巡回讲演和体验展，以加强对青少年的网络伦理教育。① 该委员会和振兴院还决定编写有关网络伦理和道德的教材，在韩国的学校和学生中分发，这同样是其 2009 年网络道德教育计划之一。

（四）英国

英国的互联网管理一直坚持这样的理念：最低限度的规制，基于事实的规制和与市场竞争状况相称的规制。因此，在英国的网络规制中体现出来的就是行业自律为主的模式，同时大力提高用户的媒介素养。与美国相比，英国的互联网规制模式呈现出"监督而非监控"的特点。坚持最低限度的管理理念，这种"最低限度"比美国还要低。英国的网络规制模式承袭传统媒体，主要通过自律机制来构建，辅之以政府立法和行政手段，但其自律机制的作用更加明显，角色更加重要。其网络自律机制虽然仍在不断探索和发展中，但已经呈现出一如既往的英国特色。

随着网络媒体的日益勃兴，英国专门成立了一个行业自律组织——互联网观察基金会（Internet Watch Foundation，简称 IWF）。该组织成立于 1996 年 9 月，是网络服务提供商在政府的引导和压力下成立的，具有半官方性质。IWF 当前有 50 多个国际机构加盟，其中包括欧洲的很多互联网企业和组织，在英国的互联网规制中起着举足轻重的作用。IWF 成立的宗旨确定为消灭互联网上的色情信息、种族歧视等不适宜传播的内容，同时要和网络犯罪作斗争。IWF 的工作流程为搜集互联网上的不法信息，尤其是儿童色情信息等，然后将搜集到的信息及相关网站情况通知网络内容服务商和技术服务商，以便让他们阻止网络用户访问这些网站。这样做的好处有两方面：一是保护网络用户不受不法信息侵害，二是网络服务商可以迅速采取措施处理不法信息和网站，以免遭到故意传播非法信息指控并受到法律制裁。

IWF 的自律方式主要有四种。第一，通过网络热线接受社会公众的问题投诉。IWF 鼓励社会公众和网络用户举报传播不良信息的非法网站。在接到投诉

---

① 佚名. 韩国打造健康网络环境的努力［N］. 参考消息，2010－01－05（13）.

后，IWF 将首先评估该网站是否非法，确认后移交相关政府部门。第二，制定并落实由英国网络服务商协会制定的"3R 网络安全协议"，这是当前英国互联网界的行业规则。3R 分别代表分级管理（Rating）、举报告发（Report）和承担责任（Responsibility）。该表述虽然简单，但却非常明确地传达了规制互联网不良信息的三个层面。第三，设立内容分级和技术过滤系统，鼓励用户自行选择要浏览的网络内容。IWF 主张通过内容分级的举措让网络用户自己决定是否要浏览不良信息，如成人色情、种族主义言论等。第四，通过官方网站、大众媒体和出版物等形式进行网络安全教育，向家长传达最新的网络安全信息。

IWF 的行业自律并非"孤掌难鸣"，而是与政府有关部门通力合作，共同构建英国的互联网规制机制。英国政府认为，在互联网时代，媒介融合日益增强，因此传统的管理机构已经不能适应形势的需要。根据 2003 年 7 月英国议会通过的新《通信法》，英国政府在电信办公室（Office of Telecommunications）、独立电视委员会（Independent Television Commission）、广播标准委员会（Broadcasting Standard Commission）、广播局（The Radio Authority）和无线电通信局（Radio Communication Authority）五家电信和广播电视管理机构的基础上，合并成立了通信办公室（Office of Communications，简称 OFCOM），负责英国电信、电视和无线电的监管。该组织既非政府的一个部门，也非民间组织，而是直接对议会的专门委员会负责。IWF 正是与 OFCOM 合作，共同在英国贸易与产业部、内政部和城市警察署的支持下展开工作。

三、国外网络空间执法比较借鉴

网络空间秩序能否良好维持，关键在于网络空间的执法机制。世界主要国家在网络空间执法建设方面各有思路，有的国家从行政许可方面对网络空间进行有效管控，有的国家专门成立了网络执法机构执行有关法规，管理网络空间。

（一）美国

美国网络空间执法主要由司法部的反托拉斯局和商务部的国家电信与信息管理局负责，这两个部门在互联网管理方面承担主要责任。此外，美国还有一些专门委员会负责具体领域，如依据 1934 年出台的《通信法》成立的联邦通信委会（Federal Communications Commission，简称 FCC）对美国通信领域监管，直接对国会负责，可以执行各项政策法规，其行为受联邦法院监督；美国国土安全部重点负责网络安全，通常也需由联邦通信委员会具体执行；美国联邦贸易委员会（FTC）对网络贸易负有相应的监管职责。根据 2003 年《反垃圾邮件法》的规定，联邦通信委员会和美国联邦贸易委员会还主管有关电子邮件的网络事务。此外，还有一个"互联网名称与数字地址分配机构"（简称 ICANN），负责全世界的域名服务器系统管理和域名管理等。

由于美国实行联邦制，在机构的设置和权限分配上也实行从联邦和州两个层次入手建立规制体系，如今已经发展得较为成熟。美国政府也一向标榜自己对互联网根本管理原则是"少干预，重自律"，但实际上这是建立在其对互联网的内容传播有一定掌控能力的基础之上的。事实证明，美国政府绝对不会放任互联网上的绝对表达自由的出现。美国政府的行为基本表现为既不过多干涉，但也不会不闻不问；既有调节，也有控制。

（二）德国

德国是典型的大陆法系国家，以成文法对各种社会关系和行为进行调整，同时也是世界上第一个制定网络成文法的国家。承续传统的媒体规制政策，德国政府对互联网发展的态度仍然是发展与限制并存，在政策上施行"自由"与"规制"并重的理念。通过互联网立法，一方面对互联网内容加强了规制，另一方面确立了网络自由的原则。同时，德国在互联网规制过程中严格执法，以将法规政策落到实处，实现有效管理。

德国政府非常重视信息技术在政治、经济和社会生活中的推广及应用，重视对网络表达自由的保护。德国前司法部长齐普里斯在 2003 年访华时曾经发表演讲："对于一个国家而言，必须拥有充分的勇气和智慧，才会允许互联网在最大可能的宽松气氛下运行，才能够让生活在这个国家中的每个人都有平台自由地（即使可能不是严肃地）表达自己的意见，才能够承受没有经过严格审查的内容对民族、国家的冲击。"[①] 基于德国《基本法》的规定，公民个人的表达自由权利在互联网上依然得到充分的保护。

---

① 高燃. 德国司法部长齐普里斯——制约网络滥用［N］. 经济观察报，2003 - 12 - 06（7）.

同时，德国政府的一项重要原则就是对不适宜传播的内容如涉及纳粹主义、恐怖主义、极端主义、儿童色情、种族歧视等的内容不遗余力地打击和管制。因此，德国互联网规制的一大特点就是在充分保障信息民主、表达自由的同时制止互联网的滥用。自 2003 年开始，联邦有害青少年出版物检察署开始负责检查所有互联网内容。该署本是负责传统媒体规制的政府机构，如今其职责已经扩展到对互联网上不适宜青少年内容的检查和规制。德国联邦内政部负责检查互联网上不适宜传播的内容，尤其重点监控和防范儿童色情信息的传播。

德国内政部十分重视在规制中以技术对抗技术，组织专业技术人员成立了信息和通信技术服务中心，以便为互联网内容传播规制提供技术支持和指导。信息和通信技术服务中心下设一个名为 ZARD 的调查机构，具有特殊的调查权限；内政部下属的刑侦局 24 小时系统跟踪和分析互联网传播中的可疑情况，尤其是涉及儿童色情信息传播和犯罪的问题。①

德国政府对网吧的管理也十分严格，如未满 16 周岁的青少年不得进入网吧上网等。德国政府规定，周一至周五早上 9 点至下午 3 点，中学生严禁出入网吧，因为这是学生的上课时间；所有网吧的电脑必须设有过滤和监控黄色有害网站的系统，如顾客输入德国政府"黄色网站黑名单"里的地址，电脑立即会出现"警告"，指出这个网址"有害健康，禁止链接"，违反规定的责任人将被处以罚款，并受到指控。② 通过此措施也可以看到德国在互联网规制执法当中的思维缜密性和严谨性。

虽然德国政府采取多种措施坚决管制和打击网络违法行为，然而 2010 年 9 月德国联邦刑事局对外公布的 2009 年数据表明，在过去的一年中德国的互联网犯罪率明显上升。调查显示，2009 年德国警方共处理了 5 万起互联网犯罪，比 2008 年上升了 33％；在互联网犯罪中，网上银行犯罪案件增多，比 2008 年增加了 68％，而且继续呈上升趋势，不法分子采取网上"钓鱼"等方式在德国盗取的资金达 1700 万欧元；2009 年，德国有 43％的电脑用户受到过有害程序侵害，比上一年增加了 5％。③ 联邦刑事局局长齐尔克表示，这组数字只是对所发现案件的统计，尚有大量的网络犯罪并没有被有关部门发现，因此处置的案件只是

---

① 张小罗.论网络媒体之政府管制［M］.北京：知识产权出版社，2009.
② 王洪波.各国互联网不适宜内容政府管制比较研究［D］.北京：中国社会科学院，2005.
③ 王怀成.德国互联网犯罪呈上升趋势［N］.光明日报，2010－09－08（9）.

"冰山之一角"。从这组数据可以看出，德国政府对互联网犯罪虽然坚决出手打击，不遗余力，但是存在的问题仍然十分严重，并将对社会发展造成巨大的负面影响。

（三）新加坡

互联网的管理是全球都需要面对的一项挑战，新加坡在探索管理机制的过程中仍然继承了对传统媒体规制政策的严格性，表现出了"法治严明"的特色。同时，为了鼓励互联网的发展，建设高水平的信息化国家，新加坡在对新媒体管理上采用了"柔性"方式。在有法可依的前提下，在保证国家利益和社会利益至上的基础上，最低限度地规制互联网的使用，保障人民的表达自由权利，也尽可能多地给予技术服务商和内容服务商发展空间，促进信息产业的发展。

1. 网络管理机构

新加坡广播局（Singapore Broadcasting Authority，SBA）是新加坡在互联网发展早期的管理机构。自 1996 年 7 月至 2002 年 12 月，新加坡广播局负责管理有关互联网的事务。SBA 成立于 1994 年 10 月，其本来的职责是管理新加坡的广播电视事业。互联网的发展扩展了其政府职能。1996 年 3 月，SBA 发布公告阐述了管理互联网的总体政策，称："互联网如同广播和印刷媒介一样，将成为一个广泛应用的媒介。新加坡将鼓励互联网的发展，开发其潜力。同时，也要加强对赛博空间的检查，排除那些色情、容易诱发社会和宗教骚乱以及犯罪行为的内容。"①

1997 年，新加坡成立了国家互联网咨询委员会（National Internet Advisory Committee，NIAC），由政府部门、电信服务商、内容服务商、互联网用户等代表组成，其主要职责是就网络发展中出现的各种问题提出对策建议，协助政府制定有关法律法规等。1999 年 12 月，受信息技术融合的影响，新加坡合并了国家计算机协会（National Computer Board）和电信管理局（Telecommunication Authority of Singapore），成立了一个新的机构——新加坡资讯通信发展管理局（Infocomm Development Authority of Singapore，IDA），主要负责基础设施建

---

① 张小罗. 论网络媒体之政府管制［M］. 北京：知识产权出版社，2009.

设、网络安全、电子商务发展等有关互联网问题的法律法规制定和执行。

2003 年 1 月，新加坡电影与出版物管理局（Films and Publications Department）、电影管理委员会（Singapore Film Commission）和 SBA 合并成立了传媒发展管理局（Media Development Authority，MDA），成为新加坡互联网内容管理的主要机构。MDA 的主要职责：一是保证信息传媒业的快速发展，把新加坡建设成为全球领先的信息咨询国家；二是对互联网内容进行规制，禁止和防范不适宜内容的传播，促进社会的伦理道德和核心价值观建设，保障国民个人权利。

2. 分类许可制

1996 年 7 月，新加坡广播局宣布对互联网实行分级注册，主要是对互联网内容服务商和技术服务商实行分类登记制度，其目的是鼓励互联网的健康传播和发展，保护网络用户的正当权益，尤其是使青少年免受不适宜内容的危害，促进互联网的良性发展。分类许可制于 1996 年 7 月 15 日正式生效，2001 年 10 月 10 日新加坡政府对该制度进行了重新修订并再次生效。

新加坡的分类许可制与一般的登记审批制度不同，实行自动取得许可证制度。凡是主动向政府主管部门（2003 年 1 月之前为 SBA，之后为 MDA）登记，并遵循分类许可制规定的服务商，均被视为自动取得了执照。其后，取得许可证的网站应该根据《新加坡互联网运行准则》的条款，自行判断网页内容是否符合法律规定。分类许可证制度主要涉及新加坡的互联网内容服务商和技术服务商。

新加坡政府把互联网技术服务商分为三大类：第一类是互联网接入服务商，主要指根据《新加坡电信法》规定取得执照的三家服务商，即新加坡网络、太平洋网络和星枢网络；第二类是定点网络服务转售商，主要指在公共场所如图书馆、学校、咖啡屋等地点的互联网服务提供者；第三类是非定点服务转售商，主要指从第一类接入服务商那里取得网络连接权限，又再次转售给公众的网络服务者。对于互联网内容服务商，则主要包括讨论政治或宗教问题、在新加坡国内注册的政党组织、经营网上报纸并收费三类内容服务商。

新加坡广播局认为，不可能依靠政府监管发现和清除所有有害网站，必须要求网络内容服务商和技术服务商按照政府的指示关闭网站。对于网络新闻、论坛、社区等信息内容，则希望 ICP 和 ISP 按照有关政策法规检查是否含有禁止内容。同时，新加坡广播局规定，凡是向未成年人提供互联网接入的服务商，应该接受更加严格的规制标准。

3. 对《广播法》的扩展适用

新加坡政府规定，1996年7月颁布的《广播法》仍然适用于对互联网的规制，这意味着政府认为互联网具有新闻传播的属性，因此部分适用于广播、电视的法律法规也适用于互联网，这同时也决定了政府对传统媒体的规制风格也将沿袭到互联网身上。但稍有变化的是，为了鼓励新业务的发展并为新媒体创造良好的发展环境，新加坡政府的总体原则是对新业务的规制可以稍微宽松一些。

以IPTV业务为例，《广播法》规定，在新加坡经营广播电视设施、提供广播电视服务必须获得MDA的许可，要求许可的广播电视服务包括电视、无线电服务和计算机在线服务；要求许可的广播电视设施包括所有用于传输、接受任何广播电视服务的装置。① 由此规定可以看出，对于IPTV的经营只需向传媒发展管理局提出申请并获得许可即可。

4. 技术控制

新加坡早就意识到技术在规制互联网中的作用，以技术控制技术也是其管理手段之一。其主要的技术控制机制包括如下三点。

第一，研究开发"家庭上网系统"（Family Access Networks）等控制平台。家庭上网系统的主要功能是过滤不适宜传播的内容，如色情信息等。如今新加坡的主要技术服务商已经全部向用户提供该系统的服务。同时，在学校、社区、图书馆等场所的计算机中也要安装必要的控制软件。

第二，通过与网络技术服务商协作，控制互联网不适宜内容的传播。由于新加坡媒体和政府的协作传统，网络技术服务商会和政府在服务器代理上合作，管理用户的互联网使用行为。比如，一旦有用户试图进入政府已经列入"黑名单"的禁止网站，该网页将自动跳转，变为SBA解释分类许可制度的网页。

第三，加大投入，研制开发先进的互联网内容管理软件和系统。由于互联网技术本身发展的快速性，政府推出的过滤软件或系统可能很快就会被淘汰，正所谓"道高一尺，魔高一丈"，因此政府也必须不断加强技术研究，以跟上信息技

---

① 唐子才，梁健雄. 互联网规制理论与实践［M］. 北京：北京邮电大学出版社，2008.

术的发展步伐，才能应对随之而来的社会问题。自 2003 年 1 月起，新加坡传媒发展管理局投入了 500 万美元作为网络技术研究基金，专门用来开发有效的互联网内容管理工具。

（四）韩国

韩国十分注重从技术角度实现对网络空间的管理，除了设置专门审查互联网的机构外，还较早推行了网络实名制和网络识别系统，进而对网络实施分级制管理及其他技术过滤，从而更好地预防可能出现的网络空间问题，促进互联网的健康发展。

1. 管理机构

韩国是世界上最早建立审查机构对互联网实施审查的国家，1995 年即成立了信息传播伦理委员会（Information and Communication Ethics Committee，ICEC），其主要职责随着互联网技术的发展也相应扩展，由最开始的仅仅检查网络信息是否适合传播发展为对互联网内容的全面监控。该委员会是根据修改通过的《电信商务法》（Telecommunication Business Law）建立的，在该法中"危险通信信息"被列为规制对象。

在 ICEC 的基础上，韩国成立了互联网安全委员会（Korean Internet Safety Commission，KISCOM），隶属于韩国信息和通信部（Ministry of Information and Communication，MIC）。KISCOM 具有相当大的网络审查权力，其审查对象包括互联网论坛、聊天室以及其他有可能"损害公共道德的公共领域""可能伤害国家主权""可能伤害青少年及老人的感情、价值判断能力"的有害信息等。[1]

KISCOM 下辖 5 个专家委员会，这些委员会及委员的职能是鉴别互联网上的内容是否适宜传播，对相关事件作出评估报告，以及针对可能出现的违法及有害信息提出鉴定标准等。其鉴别的内容包括：反国家、支持朝鲜和诽谤诉讼内容；非法赌博、食品卫生和自杀内容；色情与成人内容；博客、播客、网络聊天室、移动网络等新兴信息传播技术；需要特别处理的内容。[2]

---

[1][2] 张小罗. 论网络媒体之政府管制［M］. 北京：知识产权出版社，2009.

2. 网络实名制和网络识别系统

网络实名制是各国政府都非常关注的一个问题。实施实名制可以大大震慑互联网上的不良信息传播和网络犯罪，有利于政府部门追究相关嫌疑人的责任，但同时也存在互联网的发展将会大大萎缩的风险。无论是BBS、博客、播客、微博、即时通信等网络空间的表达，还是网络自由意见市场的形成，都大大依赖于互联网匿名性的特征。韩国早在2002年即提出了网络实名制的构想和实施问题，这与韩国的互联网发展情况有关。韩国的互联网普及率早在几年前已经达到70％以上，其国民已经形成了利用互联网沟通信息、讨论国事的习惯，如此活跃的信息流动产生积极行为的同时，势必导致高频率的消极行为。

2005年10月开始，韩国政府决定逐步推行网络实名制。该制度要求互联网用户在登录BBS、博客、社区等空间，发表文字、图片和视频等内容时，必须首先登记真实姓名和身份证号码，否则将无法操作。2005年以来，韩国相继发生数起网络公共事件，加速了网络实名制的推行速度。例如，2005年韩国部分演艺明星的"X档案"流传网络；2007年，韩国当红女歌手Unee在家中自杀，原因是不堪忍受恶毒的网络言论；2008年，韩国影星崔真实因"高利贷"网络谣言自杀，等等。社会对网络负面影响的关注因此而加大，恰在此时韩国政府大力倡导网络实名制的实施，因此在很多国家至今没有成行的"网络实名制"在韩国得以实现。

2006年7月，韩国发布和修改了《促进信息化基本法》和《信息通信基本保护法》等法律法规，以此为网络实名制提供法律依据。2008年1月开始，韩国的主要网站已经全部实施实名制。为了保护网民的隐私，维护互联网上的表达自由空间，韩国信息通信部允许网民登记注册后，用匿名或化名参与相关网络讨论或活动。但对于违反政府规定的网站，将可处以最高3000万韩元的罚金。

在网络实名制的基础上，韩国政府进一步推出了网络识别系统。按照韩国《青少年保护法》的规定，已经被确认为含有不适宜未成年人浏览内容的网站必须采取一定措施确认网络用户的身份。网站经营者有责任验证网络用户的年龄和身份，以确保未成年人不接触不良信息。这本来是一个难题，但是韩国的"居民登记码（IRN）"解决了这一问题。韩国每一位公民都有一个居民登记码，类似于我国的居民身份证，这一登记码永远不会变更，即使居民去世这个号码也具有唯一性。

因此，借助于互联网软件和居民登记码系统的结合，网站经营者可以通过验证居民登记码识别用户的年龄和身份。虽然该措施不能完全杜绝使用别人的登记码登录网站的情况，但的确在保护未成年人方面发挥了重要作用。但网站经营者并不愿意执行这项法令，因为如果要验证网络用户的身份，就必须将居民登记码验证系统建立起来，这需要一定的软件和硬件设施，经营者往往不愿意承担这笔费用，因此一些经营者宁愿关门停业也不愿意执行这项政策。

3. 内容分级

韩国政府和民众认为，互联网的发展具有无可估量的价值和意义，但同时既要保护好互联网上的表达自由，也要限制不适宜内容的传播，尤其保护青少年不受不良内容的侵害。因此，在法治之外，韩国竭力打造自律机制。2001 年 9 月开始，韩国开始实施互联网"内容分级制"，主要要求互联网运营商对所有将要发布的信息进行内容分级，并开发了一套内容分级系统。

韩国的内容分级系统称为互联网内容筛选系统（PICS），政府要求含有未成年人不适宜浏览内容的网站必须按照 PICS 的标准设置醒目标志，互联网接入中心必须安装过滤系统，对国外的色情和暴力网站编制"黑名单"等。此外，KISCOM 开通了互联网内容排名服务，KISCOM 对网络内容设置了一个标准，鼓励网络用户传播信息时按照该标准将内容登记排名，同时用户也可以使用按照该标准建立的排名数据库，以免遭受网络有害信息的侵扰。

4. 技术过滤

从 2009 年 4 月开始，韩国广播通讯审议委员会联手教育科学技术部以及地方教育厅推出"绿色网络计划"，免费提供能够屏蔽对青少年有害信息的软件。据统计，到 2009 年 10 月，软件下载次数已达 100 万次。[①] 虽然韩国已经实行了实名制，但是技术手段的配合是不可缺少的。比如在保护未成年人方面，为了防止青少年接触成人信息，韩国一方面在网吧、学校、图书馆等公共上网场所安装过滤软件，限制色情或不适宜网站站点的连接；另一方面，韩国法律要求门户网站的检索技术在输入成人类的检索词时，必须自动启动成人认证程序。对于含有

---

① 徐志坚. 分级制实名制打造绿色网络 ［N］. 法制日报，2010 - 01 - 24（8）.

不适合青少年浏览内容的网站，则要求必须确认浏览者的身份和年龄，要求使用者在接入网页前填写准确的身份证号码和真实姓名。

韩国信息传播伦理委员会在 2001 年颁布了《不健康网站鉴定标准》和《互联网内容过滤法》，这两部法令为韩国政府对互联网内容进行技术审查和过滤提供了法律依据。为了阻止不适宜内容在网络上传播，韩国政府通过技术手段对相关内容进行过滤，将非法站点或疑似站点列入黑名单，进行隔离。其重点针对的内容有：色情信息，暴力内容，危害国家安全的信息，海外网站等。同时，韩国警察署在网上开辟了"网络警察署"，接受个人和社会的举报。

针对垃圾邮件、广告信息等的骚扰，韩国采取"堵追并重"的手法。韩国法律规定，未经接受者同意，发送广告信息为违法行为，传播者要对不良后果负法律责任。法律的规定从源头上对滥发广告信息行为作了定性，一旦发现此类行为即可执法。同时，受到垃圾邮件、广告短信骚扰可以向互联网振兴院举报，由广播通信委员会通过网络技术手段进行查处，最高可处 3000 万韩元的行政罚款。

四、国外网络空间司法比较借鉴

网络空间司法是网络空间法治体系不可缺失的环节。在实践中，立法确立了网络空间运行的基本规则，守法是网络空间秩序得以维护的主要形式，执法则能够处理大多数网络空间法律争议。但是作为一个完整的法治体系，司法是最终的必不可少的争议解决机制。司法从根本上确保立法、守法、执法的有效性。

（一）美国

在司法层面，美国最高法院、联邦地方法院和联邦上诉法院等组成了美国的联邦司法体系，他们有权对网络管理机构、法律法规等进行监督。此外，联邦通信委员会（Federal Communications Commission，FCC）根据 1934 年的《通信法》可以对争议作出裁决。

美国的立法权与司法权之间历来存在相互制衡，美国国会通过的几项有关互联网规制的法案，后来均被地方法院或最高法院判决违宪，其理由都是因为对表达自由的保护，认为这些法案构成了对个人表达自由权利的侵犯。因此，一部涉及互联网规制法令的出台往往在美国引起巨大争议和讨论。由于美国实行"三权分立"的政治体制，立法、行政和司法相互制衡，宪法第一修正案的地位当然十分重要，但其中没有规定宪法本身的解释问题，法定修改程序使宪法本身的修改比较难以实现。为了使宪法不断适应社会的发展，从 19 世纪末开始，美国逐步形成了最高法院有权解释法律和有权审查法律是否违宪的传统。对表达自由的一贯重视，使得美国联邦最高法院形成了一旦某项法律涉嫌侵犯这项权利，则很有可能被判为违宪。

如关于互联网规制能否援引广播规则的问题，美国政府认为可以援引对广播的规制原则来规制互联网，最高法院则明确表明对于互联网应该有自己独特的适用原则。最高法院则认为，之所以允许政府对广播进行规制是因为广播在技术上具有不同于其他媒介的特性，它在技术上需要占用频道，而这是一种"稀缺性"的资源，而且政府对广播的规制已经有了比较长的历史，形成了传统，互联网则不同，自互联网在美国开始发展以来就处于放任发展的状态，并没有政府和法律规制的介入。互联网同广播相比，为所有人提供了一种不受限制的交流途径，最重要的是，"我们的判例并没有提供允许政府对这种媒介进行审查的程度的标准"。①

《通信内容端正法》（Communication Decency Act，CDA）违宪案就反映了最高法院的这一观点。1996 年，美国通过的《通信内容端正法》作为同年通过的《电信法》的一部分，刚刚签署就遭到美国公民自由联盟等团体的激烈反对，最终该法案被联邦地方法院和最高法院双双判决违宪，判决理由为该法案的主要条款侵犯了公民的表达自由权利。该法案的主要内容实际上是对在互联网上传播猥亵内容包括文字、图片等的规制，尤其是要保护未成年人不受不适宜传播内容的侵害。一个在常人看来或者在一般国家均可接受的保护性法案，在美国却遭遇如此命运，从中可以看到美国宪法所规定的表达自由权利保障的坚实性及其法律传统决定的均衡原则中对于权利发生冲突时的衡量和取舍。

美国联邦最高法院在对互联网表达自由的规制中一再表明对于个体自由权利进行捍卫的决心。一旦认为政府或国会的立法行为超出了对于表达自由进行保护的底线，最高法院将判决法案违宪。美国法院对于政府颁布的一系列法案的判决表明了其态度，即立法慎行。但是对于立法的严格限制并不意味着最高法院反对

---

① 秦前红、陈道英 . 网络言论自由法律界限初探——美国相关经验之述评 ［J］. 信息网络安全，2006（5）：
59‐61.

通过立法的方式管理互联网，而是更加重视政府通过立法行为有可能带来的对公民表达自由权利的侵犯。作为美国宪法中最重要的权利之一，最高法院是不愿意允许这个伴随美国历史发展并被人们密切关注的权利遭到侵权质疑的。最高法院提倡的规制原则是在适当立法的基础上，更加广泛地寻求其他的规制手段管理互联网，并希望构建互联网这种新媒介不同于广播电视规制的管理框架。

（二）德国

虽然德国力求在自由与规制中取得一种平衡，但和其他国家相比，德国的法律规制仍然相对严苛。2007年，德国汉堡州级法院对德国"超自然"论坛经营者马丁·高于斯（Martin Geuss）作出一项判决，认为互联网论坛经营者不论是否知情，都要对发表在论坛上的内容负完全责任。汉堡法院认为，由于网络论坛传播的开放性，论坛经营者必须对其所传播的言论负责；即使论坛上的言论是被允许的，如果言论涉及的一方要求其停止侵权行为，论坛也必须立刻删除相关言论。汉堡法院在判决中这样写道，"互联网论坛原则上是具有编辑报道性质的媒体，而媒体作为新闻的供应者，必须在传播之前仔细审查其内容、来源和真实性。"通过该案件可以看到，德国对互联网论坛的监管相当严苛，不论其是否知情、消息来源是己方还是他方，一旦发生侵权，都必须承担相关的责任。从中我们可以体会到德国在通过立法规制互联网中的严苛性。

五、国外网络空间法律监督比较借鉴

法律监督的概念分为狭义和广义，狭义的法律监督是指有关国家机关依照法定职权和程序，对立法、执法和司法活动的合法性进行监察和督促。广义的法律监督是指由所有的国家机关、社会组织和公民对各种法律活动的合法性所进行的监察和督促。通常来讲，狭义的法律监督权是检察权的组成部分，由具有法律监督职能的检察机关行使。西方资本主义国家以三权分立为制度基础，并未赋予检察机关特定的法律监督权，其对网络空间的法律监督主要由一些独立的机构负责。本节将从法律监督的广义角度出发，介绍国外主要国家的网络空间法律监督机制。

（一）美国

美国是最早引入网络空间法律监督制度的国家之一。如依据 1934 年《通信法》成立的联邦通信委员会（Federal Communications Commission，FCC）既是执法部门，也是相对独立的法律监督部门，它是世界上第一个现代意义的独立监督机构。FCC 除了执行美国电信法规外，还是美国针对广播电视、电信进行管理的独立监管机构，在国内具有管理美国州际和国际通信的权力。委员会的主席和 5 个委员由总统任命，它具有审批、建设、修改资费等很多权限。而按照法律，州内的通信业务主要由州的决策部门——公益事业委员会决定。

1996 年《通信法》针对原有通信法作了局部修改，增加了竞争性市场的发展和普遍服务等内容，进一步完善了政府监管制度。美国 FCC 模式的显著特征是：电信业政府监管机构对民用电信、广播电视等业务实行一体化监管，既负责实施监管又负责制定产业政策，既监管网络又监管内容；集准立法权、行政权和准司法权于一身；独立于政府系统之外，直接对国会负责。美国各州没有设立与FCC 相对应的州通信委员会，但设立了包括通信在内的公用事业委员会。这些委员会在职责与权限、机构设置、人员组成等方面存在较大差别，但都是对州内通信、电力、煤气等公用事业的市场准入、价格、服务质量等进行综合监管。按照美国法律的规定，FCC 负责州际和国际通信业务的监管，而各州相关委员会负责州内通信业务监管。政府将运营商分成传统意义的运营商和竞争性服务提供商两类进行监管，对前者的监管立足于普遍服务的责任承担，对后者的监管重点在于价格和市场的监管，如设定价格上限。三网业务融合对监管机构提出了新的要求。2001 年 9 月 13 日，FCC 为了统一监管融合业务，决定将内设的公共电信的监管机构与有线电视的监管机构合并为一个"竞争监管局"。竞争监管局监管范围包括电信、广播电视和互联网，这样有利于制定和实施统一的监管政策。至此，FCC 在监管定位和监管政策方面有了显著的变化。

（二）英国

1984 年，英国制定《电信法》，并依法设立英国第一个电信业领域独立监管机构——电信监管局（OFTEL）。与美国 FCC 不同，英国 OFTEL 不监管广播、无线电和电视产业，也不制定产业政策。电信产业政策由贸易工业部负责制定，监管职能和产业政策制定职能相分离。监管机构独立于政府产业政策制定部门，直接对议会负责。按照法律规定，其必须每年向议会汇报，并接受国家审计办公室的检查，同时对国家会计委员会负责，保证资金的合理利用。

随着英国移动通信市场和互联网市场竞争加剧，对监管提出了新的要求。英国为了顺应互联网技术的发展趋势和电信、广播电视、互联网三网融合的需要，于2003年制定了《通信法》。该法对英国电信业、广播电视业和互联网业的监管体制进行了重大调整，将原有的5家监管机构包括电信监管局OFTEL、独立电视委员会ITC、广播标准委员会BSC、无线监管局RA和无线通信局RCA融合为英国通信办公室（OFCOM），对三网产业提供统一的监管。OFCOM是英国通信行业的管理机构，负责电视、电信、广播和无线电通信服务的监管。OFCOM的决策机构是理事会，由执行委员会（包括首席执行委员）和兼职成员（包括主席）统一组成。OFCOM的结构与其所监管的公司结构相同。OFCOM未设置总裁来负责行使决策权，理事会全部由兼职人员或委员会群体构成，这些委员群体代表OFCOM所取代的管理部门。OFCOM有许多委员会和咨询机构，它们或已被OFCOM授权，或向其提供咨询意见。这些委员会和咨询机构包括消费者委员会、内容委员会、国家和地区咨询委员会、老年人与残疾人咨询委员会等。作为一个对电子通信服务和广播电视服务实施融合监管的机构，OFCOM是欧盟范围内权力和责任最为广泛的监管机构。

依据2003年《通信法》，OFCOM负责通信市场相关的竞争法的适用，而英国反托拉斯局（OFT）负责竞争法在所有领域的适用，因此这两个机构对通信领域竞争都有管辖权。根据特别法优于一般法的法律原则，OFCOM在处理通信和广播电视市场竞争事务中拥有相应地优先权。相应的，OFT被认为在并购领域内更为胜任。通信法还设置了进一步的协商和合作机制，如为保持监管的一致性发表建议的权力。然而，如果两个管理部门中的一个已经发布了决定，另一个机构就不能再行使权力，同时为防止冲突，由国务秘书确定哪一个部门的权力优先。OFCOM是一个法定机构，独立于政府，对电信、电视、广播和无线电通信的网络和内容实施统一监管。其主要职责包括：增进民众与通信相关的利益，增进相关市场消费者福利并促进竞争；确保电磁频率的优化使用；确保电信服务在全国范围内的有效性、通用性；确保在全国范围内提供高质量的广播与电视服务，并满足不同消费者的品位与兴趣；确保广播与电视服务提供商的多样化；规范广播与电视服务的标准，为公众提供适当保护，使公众免受服务中不受欢迎的或有害内容的干扰和免受服务过程中的不公平对待以及由服务带来的对隐私权的侵犯等。

（三）德国

德国的网络监管机构是德国联邦网络局。作为德国高级管理机构，联邦网络局隶属于联邦科技和经济部，负责联邦电力、煤气、电信及邮政和铁路的监管。联邦网络局的中心任务是实施电信法及其条例，通过非歧视接入和收费的有效使用确保电信市场自由化和放松监管。德国电信法是竞争法在专业领域的特殊应用。因此，网络监管局与德国反垄断部门之间难免有很多职能交叉重叠，也促使两个部门在执法时需相互合作，同时为避免法律冲突，在制定一般竞争法和电信法时都应遵从同样的理念和规则，如联邦网络局必须允许反垄断部门介入滥用市场势力的处理程序。

德国网络空间法律监督的权力由分属联邦政府和州政府的不同组织机构来实施，电信网络传输与网络内容监管分开。联邦政府负责电信网络传输监管，监管范围包括电信的网络基础设施和传输，而完全不考虑传输的内容，无权进行内容监管。各州建立媒体广播管理机构——媒体监管局监管网络内容。联邦各州媒体监管局属于行政监管机关，负责各州的广播电视和网络监管。它根据广播法来分配和授予传输容量，与电信监管部门共同监管频率分配。州媒体监管局有权授予和撤销私人广播电视提供商的许可证，并对于自己授予的许可证的提供商负有在联邦全境监督其运营活动的职责。在德国，广电运营商要先取得州媒体监管局授予的广播和电视节目传输的许可证，再办理广播传输容量的审定。某一个州的媒体监管局所颁发的许可证同样也被其他各州媒体监管局所认可，并适用于在德国全境的业务经营。州媒体监管局审查播放的节目和广告内容的权力是有限的，确保言论多元化和监督媒体集中程度。运营商所传播的政治问题内容的审查由专门的多元化委员会承担。广播电视提供组织中均设有由来自不同领域的代表组成的"广播及媒体委员会"审查传输内容过分的倾向性问题。州媒体监管局审查内容违法情况，如涉及法西斯言论、反对自由民主的基本秩序以及损害消费者、青少年保护等方面的内容。

德国监管的特点主要有：广播电视监管与电信监管分开、网络监管与内容监管分开；监管机构隶属行政机关，其独立性不强，只是内部相对独立；电信监管权力属于联邦政府，广播电视和网络监管属于州政府；电信监管机构与其他公用企业管理同属一个监管部门，没有单独设立电信监管部门。

（四）韩国

韩国互联网规制的一个亮点是政府设置了一些部门或组织，接受国民的投诉，如果某项权利受到侵犯，均可通过网络或电话向有关部门反馈，以维护自己的合法权益。韩国的这种做法不失为互联网规制的一种模式探索，如果这些部门或组织的设置及其功能能够逐渐变得成熟、完善，并成为一个独立的系统，则对于互联网不良信息的监管将大有帮助。韩国建立的有关监管部门或组织主要有以下几个。

首先是个人信息保护委员会。考虑到互联网会对个人权利产生侵害的可能性，2002 年韩国就设立了互联网个人信息保护委员会和反垃圾支援中心，如果个人的隐私权被侵犯、个人信息等资料不慎泄露，或者经常受到垃圾邮件的侵扰等，可向这两个中心进行投诉，以维护自己的合法权益。韩国还成立了网络空间诽谤和性暴力咨询中心，既负责接待公众投诉，还帮助网络用户安全使用互联网。

其次是有害信息举报中心。1992 年，韩国成立了有害信息举报中心。该中心主要针对当时的电信商和电脑商，针对其不法行为接受国民的举报。随着互联网的快速发展，该中心的职能已经跟不上形势的发展，不能适应社会需要。互联网安全委员会为了加大对违法、有害信息的打击力度，进一步保护国民的个人信息权利，在有害信息举报中心的基础上成立了违法及有害信息举报中心，任何人都可以通过互联网或热线电话进行举报。

2002 年 4 月，有害信息举报中心成立了一个非政府组织——网络巡警，该组织全部由志愿者组成。任何年龄超过 20 岁的申请者都可以成为任期一年的网络巡逻员，协助有关部门维护网络空间的有序发展。如今其职能已经从监控互联网不法信息的传播发展到监测手机短信息等传播行为。该组织每月得到政府一定的经济补助，用于组织成员的专业训练。2002 年 5 月，有害信息举报中心又创办了"Internet 119"热线，专门受理有害网站信息的举报。该热线专门成立了一个评议小组，对被举报的网站进行评议，如果查实的确是有害信息网站，将会立即对其执行纠正措施。

参考文献

[1] 习近平. 在网络安全和信息化工作座谈会上的讲话（2016 年 4 月 19 日）［M］. 北京：人民出版社，2016.

[2] 张文显. 法理学［M］. 北京：法律出版社，2007.

[3] 沈宗灵. 法理学［M］. 北京：北京大学出版社，2009.

[4] 孙国华，朱景文. 法理学［M］. 北京：中国人民大学出版社，1999.

[5] 应松年. 行政法与行政诉讼法学［M］. 北京：法律出版社，2009.

[6] 高铭暄. 刑法学［M］. 北京：法律出版社，1984.

[7] 刘品新. 网络法学［M］. 北京：中国人民大学出版社，2009.

[8] 张新宝. 隐私权的法律保护［M］. 北京：群众出版社，1997.

[9] 王利明. 电子商务法律制度：冲击与回应［M］. 北京：人民法院出版社，2005.

[10] 赵秉志，于志刚. 计算机犯罪比较研究［M］. 北京：法律出版社，2004.

[11] 李德成. 网络隐私权保护制度初探［M］. 北京：中国方正出版社，2005.

[12] 郭卫华，金朝武. 网络上的法律问题及其对策［M］. 北京：法律出版社，2006.

[13] 张翔. 基本权利的规范建构［M］. 北京：高等教育出版社，2008.

[14] 莫于川. 走向民主法治的中国行政法［M］. 北京：中国人民大学出版社，2012.

[15] 张鸿霞，郑宁. 网络环境下隐私权的法律保护研究［M］. 北京：中国政法大学出版社，2013.

[16] 翁岳生. 行政法［M］. 北京：中国民主法制出版社，2009.

[17] 杨正鸣. 网络犯罪研究［M］. 上海：上海交通大学出版社，2004.

[18] 倪正茂. 激励法学探析［M］. 上海：上海社会科学出版社，2012.

[19] 曹刚. 法律的道德批判［M］. 南昌：江西人民出版社，2001.

[20] 马长山. 法治的社会根基［M］. 北京：中国社会科学出版社，2003.

[21] 钟瑛，刘瑛. 中国互联网管理与体制创新［M］. 广州：南方日报出版社，2006.

[22] 齐爱民，刘颖. 网络法研究［M］. 北京：法律出版社，2003.

[23] 张小罗. 论网络媒体之政府管制［M］. 北京：知识产权出版社，2009.

[24] 唐子才，梁健雄. 互联网规制理论与实践［M］. 北京：北京邮电大学出版社，2008.

[25] 王贵国，蒋新苗. 国际 IT 法律问题研究［M］. 北京：中国方正出版社，2003.

[26] 郝振省. 中外互联网及手机出版法律制度研究［M］. 北京：中国书籍出版社，2008.

[27] 刘兆兴. 比较法学［M］. 北京：社会科学文献出版社，2004.

[28] 王军. 网络传播法律问题研究［M］. 北京：群众出版社，2006.

[29] 饶传平. 网络法律制度［M］. 北京：人民法院出版社，2005.

[30] 郭宏生. 网络空间安全战略［M］. 北京：航空工业出版社，2006.

[31] 杨勇萍，李祎. 行政执法模式的创新与思考——以网络行政为视角［G］//中国法学会行政法学研究会. 中国法学会行政法学研究会论文集. 北京：中国政法大学出版社，2011.

[32] 汪毅. 关于建立电子商务安全体系的研究［M］//李步云. 网络经济与法律论坛（第一卷）. 北京：中国检察出版社，2000.

[33] 张果. 网络空间论［D］. 武汉：华中科技大学，2013.

[34] 罗斌. 网络时代政府治理法治化探索［D］. 湘潭：湘潭大学，2012.

[35] 王之晖. 网络时代司法公信力研究［D］. 长沙：湖南师范大学，2013.

[36] 鲍明明. 论网络舆论监督的法制监督功能［D］. 南京：东南大学，2010.

[37] 高富平. 电子商务立法研究报告［M］. 北京：法律出版社，2004.

[38] 王晓芸. 关于网络空间法治化建设的几点思考［J］. 陕西行政学院学报，2015（3）：114－117.

[39] 韩丽. 网络空间法治化建设研究［J］. 青海师范大学学报（哲学社会科学版），2015（3）：46－49.

[40] 张佑任. 践行依法治国，深化网络空间法治建设［J］. 中国信息安全，2014（10）：36－39.

[41] 黄志雄. 网络空间国际法治：中国的立场、主张和对策［J］. 云南民族大学学报（哲学社会科学版），2015（4）：135－142.

[42] 苗国厚，谢霄男. 网络空间治理法治化路径：依法办网、上网、管网［J］. 重庆理工大学学报（社会科学版），2015（9）：87－91.

[43] 张鸫. 依法治网是全面推进依法治国的时代课题［J］. 信息安全与通信保密，2014（12）：55－56.

[44] 朱莉欣，闫倩. 网络空间的法律属性困境与信息安全立法［J］. 中国信息安全，2015（5）：95－98.

[45] 崔保国. 世界网络空间的格局与变局［J］. 新闻与写作，2015（9）：21－23.

[46] 张平. 互联网法律规制的若干问题探讨［J］. 知识产权，2012（8）：3－16.

[47] 隋岩，曹飞. 从混沌理论认识互联网群体传播特性［J］. 理论界，2013（2）：86－94.

[48] 邬江，等. 人肉搜索：网络隐私权的侵犯与保护［J］. 群文论丛，2008（7）：18－19.

[49] 夏燕. 论网络法律的基本理念与原则［J］. 重庆邮电大学学报（社科版），2007（6）：56－59.

[50] 陈毅松. 浅析互联网时代的传播变革［J］. 新闻传播，2012（1）：94－95.

[51] 郝大林. 论守法道德［J］. 安徽农业大学学报（社会科学版），2006，15（1）：59－61.

[52] 冯雪峰. 不守法的兔子［J］. 文化博览，2006（5）：11.

[53] 吴威威. 追求公共善：当代西方对公民责任的研究［J］. 唐都学刊，2007（1）：37－41.

[54] 左玉迪. 权利意识简论［J］. 南阳师范学院学报，2008，7（11）：16－19.

[55] 陈联俊，李萍. 网络社会中的"网络公民"及其教育［J］. 学术论坛，2009（05）：198－201.

[56] 陈纯柱，王露. 我国网络立法的发展、特点与政策建议［J］. 重庆邮电大学学报（社会科学版），2014，26（1）：31－37.

[57] 黎慈. 网络空间法治化及其在中国的路径选择［J］. 云南行政学院学报，2015（6）：156－160.

[58] 姜金良，柳冠名. 大学生网络违法行为及其防范对策［J］. 北京邮电大学学报（社会科学版），2008（4）：77－81.

[59] 陈桃. 青少年网络违法行为及其预防［J］. 长春教育学院学报，2016（6）：6.

[60] 孙佑海. 互联网：人民法院工作面临的机遇和挑战［J］. 法律适用，2014（12）：89－90.

[61] 王立. 信息时代对司法审判的挑战——兼论未来的法庭［J］. 法律适用，2005（4）：74－75.

[62] 董萧萧. 浅论"互联网＋司法"利与弊 [J]. 商界论坛，2016（23）：239.

[63] 陈洪，徐昕，等. "信息化时代的司法与审判"学术研讨会精要 [J]. 云南大学学报（法学版），2010（7）：128.

[64] 陈欧飞. 网上法庭的建设与发展 [J]. 人民司法・应用，2016（13）：52－56.

[65] 吴仕春. 信息时代司法公开对庭审中心主义的挑战 [J]. 法制资讯，2014（6）：60－62.

[66] 王健. 网上法庭的先行者系列报道（二）：杭州法院开启网上法庭新模式 [J]. 民主与法制，2016（5）：18－20.

[67] 申欣旺. 网上法庭的先行者系列报道（四）：互联网司法，便利了谁 [J]. 民主与法制，2016（5）：27－29.

[68] 于志刚. 网络"空间化"的时代演变与刑法对策 [J]. 法学评论，2015，190（2）：113－120.

[69] 曹建明. 形成严密法治监督体系，保证宪法法律有效实施 [J]. 求是，2014（24）：12－14.

[70] 林成辉，王建华，马力珍. 法律监督科学发展离不开网络监督——谈"网络监督中心"设立的必要性 [C]. 国家高级检察官论坛，2010，489－495.

[71] 杨建军. 我国法律监督体制与监督过失责任研究 [J]. 刑法论丛，2011（2）：149－183.

[72] 陈新. 法律监督主体人格论 [J]. 江汉论坛，2003（1）：103－106.

[73] 蒋德海. 法律监督需要一部《法律监督法》[J]. 求是学刊，2010，37（4）：64－70.

[74] 邬思源. 论网络监督主体权利的法律规制与保护 [J]. 重庆工商大学学报（社会科学版），2012，29（6）：95－100.

[75] 罗静. 国外互联网监管方式的比较 [J]. 世界经济与政治论坛，2008（6）：117－121.

[76] 张楚，肖毅敏. 国外信息网络立法概览与启示（下）[J]. 信息网络安全，2001（10）：29－30.

[77] 孟威. 欧盟"硬"手段：错落有致的互联网法律监管 [J]. 网络传播，2006（9）：76－77.

[78] 曹诗权. 全面推进网络空间法治化 [J]. 网络安全技术与应用，2016（10）：1－3.

[79] 中共中央关于全面推进依法治国若干重大问题的决定 [N]. 人民日报，2014－10－29（1）.

[80] 曹复兴. 让网络空间正能量更充沛 [N]. 甘肃日报，2016－08－15（10）.

[81] 刘武俊. 网络空间的法律标尺 [N]. 人民法院报，2013－09－12（12）.

[82] 陈克祥，向科元. 遏制"网络情绪型舆论"负面影响 [N]. 光明日报，2005－04－19（6）.

[83] 于志刚. 建构当代中国互联网法律体系 [N]. 中国社会科学报，2013－04－03（2）.

[84] 新华网. 十八届四中全会公报全文 [EB/OL]. （2014－10－24）[2016－07－20]. http://www.js.xinhuanet.com/2014－10/24/c_1112969836.htm.

[85] 蓝向东. 互联网时代注意从三方面提升司法权威 [EB/OL]. （2016－08－01）[2016－08－25]. http://news.163.com/16/0801/11/BTCM5SCC00014SEH.html.

[86] 夏月星. 以"互联网＋"推进行政执法精准化 [EB/OL]. （2016－01－19）[2016－09－17]. http://www.ahfzb.gov.cn/content/detail/569d9d93cfd9f35c0600000c.html.

[87] [古希腊] 亚里士多德. 政治学 [M]. 北京：商务印书馆，1997.

[88] [德] 黑格尔. 历史哲学 [M]. 上海：三联书店，1956.

［89］［英］亚当·斯密. 道德情操论［M］. 蒋自强，钦北愚，等，译. 北京：商务印书馆，1997.

［90］［英］韦恩，莫里森. 法理学：从古希腊到后现代［M］. 李佳林，等，译. 武汉：武汉大学出版社，2003.

［91］［美］科特威尔. 法律社会学导论［M］. 潘大松，等，译. 北京：华夏出版社，1989.

［92］［美］约纳森·罗森诺. 关于因特网的法律［M］. 张皋彤，等，译. 北京：中国政法大学出版社，2003.

［93］［美］威廉·J. 米切尔. 伊托邦：数字时代的城市生活［M］. 上海：上海科技教育出版社，2005.

［94］［日］川岛武宜. 现代化与法［M］. 北京：中国政法大学出版社，1994.

［95］［法］狄骥. 公法的变迁［M］. 郑戈，译. 北京：中国法制出版社，2010.

［96］［美］阿列克斯·英格尔斯. 人的现代化［M］. 殷陆君，译. 成都：四川人民出版社，1985.

［97］Wahl - Jorgensen K, Galperin H. Discourse Ethics and the Regulation of Media：The Case of the U. S. Newspaper［J］. Journal of Communication on Inquiry，2000，24（1）：19 - 40.

后 记

习近平主席指出，网络空间不是"法外之地"，必须坚持依法治网、依法办网、依法上网，让互联网在法治轨道上健康运行。

互联网是当今信息时代的生存载体，是人类社会生活的虚拟现实空间。互联网超越时间、跨越国界的全新特质使得网络空间法治成为有别于现实社会法治的崭新课题。已有的网络空间发展历史反复证明，网络空间发展呼唤法治化，网络空间健康发展必须法治化。于是，探究网络空间法治的内涵特征、现实困境、"症结"根源、发展路径成为徜徉于信息领域法律学人的聚焦、聚力、聚智之处。

本书共分为七章，笔者在深刻把握网络空间法治的本质特征以及既有的网络空间法治实践经验基础上，从加强网络立法、网络执法、网络司法、全网守法和网络空间法律监督，借鉴国外网络法治先进经验等多个维度，全面、系统地探讨了网络空间法治化基本理论与实践问题。主要内容包括：第一章，揭开网络空间法治面纱；第二章，编就网络空间缜密法系；第三章，增强网络空间守法意识；第四章，严格网络空间行政执法；第五章，完善网络空间司法保障；第六章，强化网络空间法律监督；第七章，国外网络空间法治比较借鉴。

本书由董国旺任主编，逯保乐、曾贝任副主编，任仕坤、袁少恺、张金鑫任编委。具体撰写分工为：第一章、第六章由董国旺撰写，第二章由曾贝撰写，第三章由袁少恺撰写，第四章由逯保乐撰写，第五章由任仕坤撰写，第七章由张金鑫撰写。本书由主编提出撰写大纲，由主编、副主编统一修改并定稿。

在本书编写过程中，为丰富写作视角和提升写作高度，笔者深刻领会党和国家在推进网络空间法治化治理方面的决策、政策和制度，尽最大可能阅读了相关领域专家学者近年来颇具价值的著作、论文。引文注释除行文脚注外，在全书最后列出了参考文献，在此对相关作者深表谢意。初稿完成后，战略支援部队信息工程大学以及理学院、人文社科教研室的有关领导和专家学者提出了宝贵的修改建议，进一步提升了本书的质量，在此一并表示感谢。

法治是当今社会发展的主旋律，也是网络空间优美"协奏"的重音符。社会在发展，法治在前进，网络空间法治的探索也应永不止步。由于作者水平有限，加之编写时间仓促，书中难免有不足之处，敬请读者批评指正。